# STEEL TABLES

## (MKS & S.I. UNITS)



*By*
**S. Vizrani**
*&*
**R. Sood**

**S.K. KATARIA & SONS®**
**Publisher of Engineering Books**
4885/109, Prakash Mahal, Dr. Subhash Bhargav Lane,
Opposite Delhi Medical Association, Daryaganj, New Delhi-110002 (INDIA)
Phones: +91-11-43551243, Mobile: +91-9871775858
e-mail: katariabook@gmail.com; katariabooks@yahoo.com
Website: www.skkatariaandsons.com
***(e-books, subscriptions and bulk buying also available on our website)***

*Published by :*
**S.K. Kataria & Sons®**

4885/109, Prakash Mahal, Dr. Subhash Bhargav Lane,
Opposite Delhi Medical Association, Daryaganj, New Delhi-110002
Phones: +91-11-43551243, Mobile: +91-9871775858
e-mail: katariabook@gmail.com, katariabooks@yahoo.com
Website: www.skkatariaandsons.com



First Edition: July 1996 Reprint: 2026

Printed at : Al-Aziz Book Binding House

# PREFACE

Contained in this hand book are the Steel Tables which give the properties of various shapes of steel sections. The tables are arranged starting from simple and individual sections and followed by their combinations. Properties given in this hand book are as recognised by Bureau of Indian Standards. All tables useful to the students of engineering in designing standard structural members are included in this hand book. The hand book is so compiled that it may be safely permitted for use by the students in examination. Special case is taken to ensure that work of practising engineers is also facilitated.

Editor

# CONTENTS

# SYMBOLS

Letter symbols used in this handbook shall have the meaning assigned to them as indicated below:

$a$ = Sectional area in sq cm

$b$ = Width of flange

$A$ = The longer lag of an unequal angle or one of the legs in the case of an equal angle

$B$ = The shorter leg on an unequal angle or one of the legs in the case of an equal angle

$C_{xx}$ = The lesser of the two extreme fibre distances from the X-X axis

$C_{yy}$ = The lesser of the two extreme fibre distances from the Y-Y axis

$D$ = Slope of the flange

$e_{xx}$ = Distance of extreme fibre from the X-X axis

$e_{yy}$ = Distance of extreme fibre from the Y-Y axis

$g$ = Rivet gauge distance in the flange

$g_1$ = Rivet gauge distance in the web

$h$ = Overall depth of section

$I_{uu}$ = Moment of inertia about the U-U axis

$I_{vv}$ = Moment of inertia about the V-V axis

$I_{xx}$ = Moment of inertia about the X-X axis

$I_{xy}$ = Product of inertia about the X-X and Y-Y axis

$I_{yy}$ = Moment of inertia about the Y-Y axis

$M$ = Maximum allowable moment

$r_1$ = Radius at root of the flange

$r_2$ = Radius at toe of the flange

$r_{uu}$ = Radius of gyration about the U-U axis

$r_{vv}$ = Radius of gyration about the V-V axis

$r_{xx}$ = Radius of gyration about the X-X axis

$r_{yy}$ = Radius of gyration about the Y-Y axis

$S$ = Maximum allowable shear in the web

$t$ = Thickness of angles, plates, etc.

$t_c$ = Mean thickness of compression flange

$t_f$ = Thickness of flange at the centre of the outstand

$t_t$ = Mean thickness of tension flange

$t_w$ = Thickness of web

$W$ = Calculated weight in kg per m (= 0.785 α)

$Z_c$ = Modulus of extreme fibre of the compression flange

$Z_t$ = Modulus of section based on the distance of extreme fibre of the tension flange

$Z_{xx}$ = Modulus of section about the X-X axis

$Z_{yy}$ = Modulus of section about the Y-Y axis

*Y-Y* axis = A line parallel to the axis of the web of the section (in the case of beams, channels and tee bars) or parallel to the axis of the longer flange (in the case of unequal angles and bulb angles) or either flange (in the case of equal angles) and passing through the centre of gravity of the profile of the section

*X-X* axis = A line passing through the centre of gravity of the profile of the section, and at right angles to the Y-Y axis.

*U-U* axis, *V-V* axis = Lines passing throught the centre of gravity of the profile of the section, representing the principal axis of the section

# SYMBOLS FOR TOR STEEL DESIGN TABLES

| | |
|---|---|
| $A_c$ | Area of cross section of concrete |
| Ast | Area of tension reinforcement in rectangular-sections/slabs |
| Asc | Area of compression reinforcement in rectangular section |
| $Ast_2$ | Additional area of tension reinforcement in doubly reinforced rectangular section |
| Asv | Area of stirrup |
| b | Width of rectangular section |
| bf | Effective width of flange in T-section |
| bw | Width of web in T-section |
| D | Overall depth of rectangular or T-section or slab |
| d | Effective depth of rectangular or T-section or slab |
| Df | Depth of flange in T-section |
| d' | Effective cover for compression reinforcement |
| fy | Characteristic strength of steel |
| fck | Characteristic strength of concrete |
| K | Moment factor for rectangular section |
| $K_T$ | Moment factor for T-section or slab |
| M | Moment capacity of rectangular or T-section or slab |
| Mu | Factored (or design) moment |
| Mx | Moment capacity along long span |
| My | Moment capacity along short span |
| $P^t$ | Percentage of tension reinforcement in rectangular or T-section or slabs |
| $p^{sc}$ | Percentage of compression reinforcement in rectangular section |
| Vc | Shear capacity of concrete |
| Vus | Capacity of shear reinforcement |
| $a$ | Angle of inclination of bent-up bars |

NOTE: Tables are given for Steel Tor 40 ($f_y$ = 415 N/mm$^2$) and Concrete Grade M20($f_{ck}$ = 20 N/mm$^2$)

## TABLE 1 : ROUND BARS

| Designation | | Diameter | Cross-Sectional Area | Weight per Metre | | Perimeter |
|---|---|---|---|---|---|---|
| | | mm | cm² | kg | N | cm |
| ISRO | 5 | 5.0 | 0.20 | 0.2 | 2.0 | 1.6 |
| ISRO | 6 | 6.0 | 0.28 | 0.2 | 2.0 | 1.9 |
| ISRO | 8 | 8.0 | 0.50 | 0.4 | 3.9 | 2.5 |
| ISRO | 10 | 10.0 | 0.79 | 0.6 | 5.9 | 3.1 |
| ISRO | 12 | 12 | 1.13 | 0.9 | 8.8 | 3.8 |
| ISRO | 16 | 16 | 2.01 | 1.6 | 15.7 | 5.0 |
| ISRO | 20 | 20 | 3.14 | 2.5 | 24.5 | 6.3 |
| ISRO | 25 | 25 | 4.91 | 3.8 | 37.3 | 7.8 |
| ISRO | 28 | 28 | 6.16 | 4.8 | 47.1 | 8.8 |
| ISRO | 32 | 32 | 8.04 | 6.3 | 61.8 | 10.1 |
| ISRO | 36 | 36 | 10.18 | 8.0 | 78.5 | 11.3 |
| ISRO | 40 | 40 | 12.57 | 9.9 | 97.1 | 12.6 |
| ISRO | 45 | 45 | 15.90 | 12.5 | 122.6 | 14.1 |
| ISRO | 50 | 50 | 19.64 | 15.4 | 151.1 | 15.7 |
| ISRO | 56 | 56 | 24.63 | 19.3 | 189.3 | 17.6 |
| ISRO | 63 | 63 | 31.17 | 24.5 | 240.3 | 19.8 |
| ISRO | 71 | 71 | 39.59 | 31.1 | 305.1 | 22.3 |
| ISRO | 80 | 80 | 50.26 | 39.5 | 387.5 | 25.1 |
| ISRO | 90 | 90 | 63.26 | 49.9 | 489.5 | 28.3 |
| ISRO | 100 | 100 | 78.54 | 61.7 | 605.3 | 31.4 |
| ISRO | 110 | 110 | 95.03 | 74.6 | 731.8 | 34.6 |
| ISRO | 125 | 125 | 122.72 | 96.3 | 944.7 | 39.3 |
| ISRO | 140 | 140 | 153.94 | 120.8 | 1185.0 | 44.0 |
| ISRO | 160 | 160 | 201.06 | 157.8 | 1548.0 | 50.3 |
| ISRO | 180 | 180 | 254.47 | 199.8 | 1960.0 | 56.6 |
| ISRO | 200 | 200 | 314.16 | 246.6 | 2419.2 | 62.8 |

Note : The weights per metre of bars given in the table are calculated on the basis that steel weighs 7.85 g/cm³ or 0.077 N/cm³ and are rounded off to one decimal place.

## TABLE 2 : SQUARE BARS

| Designation | | Side Width | Cross-Sectional Area | Weigh per Metre | | Perimeter |
|---|---|---|---|---|---|---|
| | | mm | $cm^2$ | kg | N | cm |
| ISSQ | 5 | 5.0 | 0.25 | 0.2 | 2.0 | 2.0 |
| ISSQ | 6 | 6.0 | 0.36 | 0.3 | 2.9 | 2.4 |
| ISSQ | 8 | 8.0 | 0.64 | 0.5 | 4.9 | 3.2 |
| ISSQ | 10 | 10.0 | 1.00 | 0.8 | 7.8 | 4.0 |
| ISSQ | 12 | 12 | 1.44 | 1.1 | 10.8 | 4.8 |
| ISSQ | 16 | 16 | 2.56 | 2.0 | 19.6 | 6.4 |
| ISSQ | 20 | 20 | 4.00 | 3.1 | 30.4 | 8.0 |
| ISSQ | 25 | 25 | 6.25 | 4.9 | 48.1 | 10.0 |
| ISSQ | 32 | 32 | 10.24 | 8.0 | 78.5 | 12.8 |
| ISSQ | 40 | 40 | 16.00 | 12.6 | 123.6 | 16.0 |
| ISSQ | 50 | 50 | 25.00 | 19.6 | 192.3 | 200 |
| ISSQ | 63 | 63 | 39.69 | 31.2 | 306.1 | 25.2 |
| ISSQ | 80 | 80 | 64.00 | 50.2 | 492.5 | 32.0 |
| ISSQ | 100 | 100 | 100.00 | 78.5 | 770.1 | 40.0 |

**Note:** The weights per metre of bars given in the table are calculated on the basis that steel weighs 7.85g/cm$^3$ or 0.077N/cm$^3$ and are rounded off to one decimal place.

Tabland\1

## TABLE 3 : STRIPS

| Thickness *t* mm | 1.60 | | 1.80 | | 2.00 | | 2.24 | | 2.50 | | 2.80 | | 3.15 | |
|---|---|---|---|---|---|---|---|---|---|---|---|---|---|---|
| **Width *b* mm** | **Weight per metre (w)** | | | | | | | | | | | | | |
| | kg | N | kg | N | kg | N | kg | N | kg | N | kg | N | kg | N |
| 100 | 1.3 | 12.8 | 1.4 | 13.7 | 1.6 | 15.7 | 1.8 | 17.7 | 2.0 | 19.6 | 2.2 | 21.6 | 2.5 | 24.5 |
| 125 | 1.6 | 15.7 | 1.8 | 17.7 | 2.0 | 19.6 | 2.2 | 21.6 | 2.4 | 23.5 | 2.7 | 26.5 | 3.1 | 30.4 |
| 160 | 2.0 | 19.6 | 2.3 | 22.6 | 2.5 | 24.5 | 2.8 | 27.5 | 3.1 | 30.4 | 3.5 | 34.3 | 4.0 | 39.2 |
| 200 | 2.5 | 24.5 | 2.8 | 27.5 | 3.1 | 30.4 | 3.5 | 34.3 | 3.9 | 38.3 | 4.4 | 43.2 | 4.9 | 48.1 |
| 250 | 3.1 | 30.4 | 3.5 | 34.3 | 3.9 | 38.3 | 4.4 | 43.2 | 4.9 | 48.1 | 5.5 | 54.0 | 6.2 | 60.8 |
| 320 | 4.0 | 39.2 | 4.5 | 44.1 | 5.0 | 49.0 | 5.6 | 54.9 | 6.3 | 61.8 | 7.0 | 68.7 | 7.9 | 77.5 |
| 400 | 5.0 | 49.0 | 5.6 | 54.9 | 6.3 | 61.8 | 7.0 | 68.7 | 7.8 | 76.5 | 8.8 | 86.3 | 9.9 | 97.1 |
| 500 | 6.3 | 61.8 | 7.1 | 69.7 | 7.8 | 76.5 | 8.8 | 86.3 | 9.8 | 96.1 | 11.0 | 107.9 | 12.4 | 121.6 |
| 650 | 8.2 | 80.4 | 9.2 | 90.3 | 10.2 | 100.1 | 11.4 | 111.8 | 12.8 | 125.6 | 14.3 | 140.3 | 16.3 | 157.9 |
| 800 | 10.0 | 98.1 | 11.3 | 110.9 | 12.6 | 123.6 | 14.1 | 138.3 | 15.7 | 154.0 | 17.6 | 172.7 | 19.3 | 194.2 |
| 950 | — | — | 13.4 | 131.5 | 14.9 | 146.2 | 16.7 | 163.8 | 18.6 | 182.5 | 20.9 | 205.0 | 23.5 | 230.5 |
| 1050 | — | — | — | — | 16.5 | 161.9 | 18.5 | 181.5 | 20.6 | 202.1 | 23.1 | 226.6 | 26.0 | 255.1 |
| 1150 | — | — | — | — | — | — | 20.2 | 198.2 | 22.6 | 221.7 | 25.3 | 248.2 | 28.4 | 278.6 |
| 1250 | — | — | — | — | — | — | — | — | 24.5 | 240.3 | 27.5 | 269.8 | 30.9 | 303.1 |
| 1300 | — | — | — | — | — | — | — | — | — | — | 28.6 | 280.6 | 32.1 | 314.9 |
| 1450 | — | — | — | — | — | — | — | — | — | — | — | — | 35.8 | 351.2 |
| 1550 | — | — | — | — | — | — | — | — | — | — | — | — | 38.3 | 375.7 |

Note : Combinations denoted by dashes are not manufactured.

(Continued)

Tabland\2
(Continued)

## TABLE 3 : STRIPS

| 3.55 | | 4.00 | | 4.50 | | 5.0 | | 6.0 | | 8.0 | | 10.0 | | Thickness *t* mm |
|---|---|---|---|---|---|---|---|---|---|---|---|---|---|---|
| Weight per metre (w) | | | | | | | | | | | | | | Width *b* mm |
| kg | N | kg | N | kg | N | kg | N | kg | N | kg | N | kg | N | |
| 2.8 | 27.5 | 3.1 | 30.4 | 3.5 | 34.3 | 3.9 | 38.3 | 4.7 | 46.1 | 6.3 | 61.8 | 7.8 | 76.5 | 100 |
| 3.5 | 34.3 | 3.9 | 38.3 | 4.4 | 43.2 | 4.9 | 48.1 | 5.9 | 57.9 | 7.8 | 76.5 | 9.8 | 96.1 | 125 |
| 4.5 | 44.1 | 5.0 | 49.0 | 5.6 | 54.9 | 6.3 | 61.8 | 7.5 | 73.6 | 10.0 | 98.1 | 12.6 | 123.6 | 160 |
| 5.6 | 54.9 | 6.3 | 61.8 | 7.1 | 69.7 | 7.8 | 76.6 | 9.4 | 92.2 | 12.6 | 123.6 | 15.7 | 154.0 | 200 |
| 7.0 | 68.7 | 7.8 | 76.5 | 8.8 | 86.3 | 9.8 | 96.1 | 11.8 | 115.8 | 15.7 | 154.0 | 19.6 | 192.3 | 250 |
| 8.9 | 87.3 | 10.0 | 98.1 | 11.3 | 110.9 | 12.6 | 123.6 | 15.1 | 148.1 | 20.1 | 197.2 | 25.1 | 246.2 | 320 |
| 11.1 | 108.9 | 12.6 | 123.6 | 14.1 | 138.3 | 15.7 | 154.0 | 18.8 | 184.4 | 25.1 | 246.2 | 31.4 | 308.0 | 400 |
| 13.9 | 136.4 | 15.7 | 154.0 | 17.7 | 173.6 | 19.6 | 192.3 | 23.6 | 231.5 | 31.4 | 308.0 | 39.2 | 384.6 | 500 |
| 18.1 | 177.6 | 20.4 | 200.1 | 23.0 | 225.6 | 25.5 | 250.2 | 30.6 | 300.2 | 40.8 | 400.2 | 51.0 | 500.3 | 650 |
| 22.3 | 218.8 | 25.1 | 246.2 | 28.3 | 277.6 | 31.4 | 308.0 | 37.7 | 369.8 | 50.2 | 492.5 | 62.8 | 616.1 | 800 |
| 26.5 | 260.0 | 29.8 | 292.3 | 33.6 | 329.6 | 37.3 | 365.9 | 44.7 | 438.5 | 59.7 | 585.7 | 74.6 | 731.8 | 950 |
| 29.3 | 287.4 | 33.0 | 323.7 | 37.1 | 364.0 | 41.2 | 404.2 | 49.5 | 485.6 | 65.9 | 646.5 | 82.4 | 808.3 | 1050 |
| 32.0 | 313.9 | 36.1 | 354.1 | 40.6 | 398.3 | 45.1 | 442.4 | 54.2 | 531.7 | 72.2 | 708.3 | 90.3 | 885.8 | 1150 |
| 34.8 | 341.4 | 39.2 | 384.6 | 44.2 | 433.6 | 49.1 | 481.7 | 58.9 | 577.8 | 78.5 | 770.1 | 98.1 | 962.4 | 1250 |
| 36.2 | 355.1 | 40.8 | 400.2 | 45.9 | 450.3 | 51.0 | 500.3 | 61.2 | 600.4 | 81.6 | 800.5 | 102.0 | 1000.6 | 1300 |
| 40.4 | 396.3 | 45.5 | 446.4 | 51.2 | 502.3 | 56.9 | 558.2 | 68.3 | 670.0 | 91.1 | 893.7 | 113.8 | 1116.4 | 1450 |
| 43.2 | 423.8 | 48.7 | 447.7 | 54.7 | 536.6 | 60.8 | 596.4 | 73.0 | 716.1 | 97.3 | 954.5 | 121.7 | 1193.9 | 1550 |

## TABLE 4 : MILD STEEL FLATS (CROSS SECTIONAL AREA)

| Thickness $t$ mm | 3.0 | 4.0 | 5.0 | 6.0 | 8.0 | 10 | 12 |
|---|---|---|---|---|---|---|---|
| Width $b$ mm | Cross-Sectional Area in cm$^2$ | | | | | | |
| 10 | 0.30 | 0.40 | 0.50 | 0.60 | — | — | — |
| 15 | 0.45 | 0.60 | 0.75 | 0.90 | 1.20 | — | — |
| 20 | 0.60 | 0.80 | 1.00 | 1.20 | 1.60 | 2.00 | — |
| 25 | 0.75 | 1.00 | 1.25 | 1.50 | 2.00 | 2.50 | 3.00 |
| 30 | 0.90 | 1.20 | 1.50 | 1.80 | 2.40 | 3.00 | 3.60 |
| 35 | 1.05 | 1.40 | 1.75 | 2.10 | 2.80 | 3.50 | 4.20 |
| 40 | 1.20 | 1.60 | 2.00 | 2.40 | 3.20 | 4.00 | 4.80 |
| 45 | 1.35 | 1.80 | 2.25 | 2.70 | 3.60 | 4.50 | 5.40 |
| 50 | 1.50 | 2.00 | 2.50 | 3.00 | 4.00 | 5.00 | 6.00 |
| 55 | 1.65 | 2.20 | 2.75 | 3.30 | 4.40 | 5.50 | 6.60 |
| 60 | 1.80 | 2.40 | 3.00 | 3.60 | 4.80 | 6.00 | 7.20 |
| 65 | — | — | — | 3.90 | 5.20 | 6.50 | 7.80 |
| 70 | — | — | — | 4.20 | 5.60 | 7.00 | 8.40 |
| 75 | — | — | — | 4.50 | 6.00 | 7.50 | 9.00 |
| 80 | — | — | — | 4.80 | 6.40 | 8.00 | 9.00 |
| 90 | — | — | — | 5.40 | 7.20 | 9.00 | 10.80 |
| 100 | — | — | — | 6.00 | 8.00 | 10.00 | 12.00 |
| 110 | — | — | — | — | 8.80 | 11.00 | 13.20 |
| 120 | — | — | — | — | 9.60 | 12.00 | 14.40 |
| 130 | — | — | — | — | 10.40 | 13.00 | 15.60 |
| 140 | — | — | — | — | 11.20 | 14.00 | 16.80 |
| 150 | — | — | — | — | 12.00 | 15.00 | 18.00 |
| 200 | — | — | — | — | — | 20.00 | 24.00 |
| 250 | — | — | — | — | — | 25.00 | 30.00 |
| 300 | — | — | — | — | — | — | 36.00 |
| 400 | — | — | — | — | — | — | — |

(Continued)

(Continued)

## TABLE 4 : MILD STEEL FLATS

### (CROSS SECTIONAL AREA)

| 16 | 18 | 20 | 25 | 32 | 40 | Thickness *t* mm |
|---|---|---|---|---|---|---|
| Cross-Sectional Area in $cm^2$ | | | | | | Width *b* mm |
| — | — | — | — | — | — | 10 |
| — | — | — | — | — | — | 15 |
| — | — | — | — | — | — | 20 |
| — | — | — | — | — | — | 25 |
| 4.80 | — | — | — | — | — | 30 |
| 5.60 | 6.30 | 7.00 | — | — | — | 35 |
| 6.40 | 7.20 | 8.00 | — | — | — | 40 |
| 7.20 | 8.10 | 9.00 | — | — | — | 45 |
| 8.00 | 9.00 | 10.00 | 12.50 | — | — | 50 |
| 8.80 | 9.90 | 11.00 | 13.75 | — | — | 55 |
| 9.60 | 10.80 | 12.00 | 15.00 | 19.20 | — | 60 |
| 10.40 | 11.70 | 13.00 | 16.25 | 20.80 | 26.00 | 65 |
| 11.20 | 12.60 | 14.00 | 17.50 | 22.40 | 28.00 | 70 |
| 12.00 | 13.50 | 15.00 | 18.75 | 24.00 | 30.00 | 75 |
| 12.80 | 14.40 | 16.00 | 20.00 | 25.60 | 32.00 | 80 |
| 14.40 | 16.20 | 18.00 | 22.50 | 28.80 | 36.00 | 90 |
| 16.00 | 18.00 | 20.00 | 25.00 | 32.00 | 40.00 | 100 |
| 17.60 | 19.80 | 22.00 | 27.50 | 35.20 | 44.00 | 110 |
| 19.20 | 21.60 | 24.00 | 30.00 | 38.40 | 48.00 | 120 |
| 20.80 | 23.40 | 26.00 | 32.50 | 41.60 | 52.00 | 130 |
| 22.40 | 25.20 | 28.00 | 35.00 | 44.80 | 56.00 | 140 |
| 24.00 | 27.00 | 30.00 | 37.50 | 48.00 | 60.00 | 150 |
| 32.00 | 36.00 | 40.00 | 50.00 | 64.00 | 80.00 | 200 |
| 40.00 | 45.00 | 50.00 | 62.50 | 80.00 | 100.00 | 250 |
| 48.00 | 54.00 | 60.00 | 75.00 | 96.00 | 120.00 | 300 |
| 64.00 | 72.00 | 80.00 | 100.00 | 128.00 | 160.00 | 400 |

## TABLE 5 : MILD STEEL FLATS
### (WEIGHTS)

| Thickness t mm | 3.0 | | 4.0 | | 5.0 | | 6.0 | | 8.0 | | 10 | | 12 | |
|---|---|---|---|---|---|---|---|---|---|---|---|---|---|---|
| Width b mm | Weight per metre length (w) | | | | | | | | | | | | | |
| | kg | N | kg | N | kg | N | kg | N | kg | N | kg | N | kg | N |
| 10 | 0.2 | 2.0 | 0.3 | 2.9 | 0.5 | 4.9 | — | — | — | — | — | — | — | — |
| 15 | 0.4 | 3.9 | 0.5 | 4.9 | 0.6 | 5.9 | 0.7 | 6.9 | 0.9 | 8.8 | — | — | — | — |
| 20 | 0.5 | 4.9 | 0.6 | 5.9 | 0.8 | 7.8 | 0.9 | 8.8 | 1.3 | 12.8 | 1.6 | 15.7 | — | — |
| 25 | 0.6 | 5.9 | 0.8 | 7.8 | 1.0 | 9.8 | 1.2 | 11.8 | 1.6 | 15.7 | 2.0 | 19.6 | 2.4 | 23.5 |
| 30 | 0.7 | 6.9 | 0.9 | 8.8 | 1.2 | 11.8 | 1.4 | 13.7 | 1.9 | 18.6 | 2.4 | 23.5 | 2.8 | 27.5 |
| 35 | 0.8 | 7.8 | 1.1 | 10.8 | 1.4 | 13.7 | 1.6 | 15.7 | 2.2 | 21.6 | 2.8 | 27.5 | 3.3 | 32.4 |
| 40 | 0.9 | 8.8 | 1.3 | 12.8 | 1.6 | 15.7 | 1.9 | 18.6 | 2.5 | 24.5 | 3.1 | 30.4 | 3.8 | 37.3 |
| 45 | 1.1 | 10.8 | 1.4 | 13.7 | 1.8 | 17.7 | 2.1 | 20.6 | 2.8 | 27.5 | 3.5 | 34.3 | 4.2 | 41.2 |
| 50 | 1.2 | 11.8 | 1.6 | 15.7 | 2.0 | 19.6 | 2.4 | 23.5 | 3.1 | 30.4 | 3.9 | 38.3 | 4.7 | 46.1 |
| 55 | 1.3 | 12.8 | 1.7 | 16.7 | 2.2 | 21.6 | 2.6 | 25.5 | 3.4 | 33.4 | 4.3 | 42.2 | 5.2 | 51.0 |
| 60 | 1.4 | 13.7 | 1.9 | 18.6 | 2.4 | 23.5 | 2.8 | 27.5 | 3.8 | 37.3 | 4.7 | 46.1 | 5.6 | 54.9 |
| 65 | — | — | — | — | — | — | 3.1 | 30.4 | 4.1 | 40.2 | 5.1 | 50.0 | 6.1 | 59.8 |
| 70 | — | — | — | — | — | — | 3.3 | 32.4 | 4.4 | 43.2 | 5.5 | 54.0 | 6.6 | 64.7 |
| 75 | — | — | — | — | — | — | 3.5 | 34.3 | 4.7 | 46.1 | 5.9 | 57.9 | 7.1 | 69.7 |
| 80 | | — | — | — | — | — | 3.8 | 37.3 | 5.0 | 49.1 | 6.3 | 61.8 | 7.5 | 73.6 |
| 90 | — | — | — | — | — | — | 4.2 | 41.2 | 5.6 | 54.9 | 7.1 | 69.7 | 8.5 | 83.4 |
| 100 | — | — | — | — | — | — | 4.7 | 46.1 | 6.3 | 61.8 | 7.8 | 76.5 | 9.4 | 92.2 |
| 110 | — | — | — | — | — | — | 5.2 | 51.0 | 6.9 | 67.7 | 8.6 | 84.4 | 10.4 | 102.0 |
| 120 | — | — | — | — | — | — | 5.6 | 54.9 | 7.5 | 73.6 | 9.4 | 92.2 | 11.3 | 110.9 |
| 130 | — | — | — | — | — | — | — | — | 8.2 | 80.4 | 10.2 | 100.1 | 12.2 | 119.7 |
| 140 | — | — | — | — | — | — | — | — | 8.8 | 86.3 | 11.0 | 107.9 | 13.2 | 129.5 |
| 150 | — | — | — | — | — | — | — | — | 9.4 | 92.2 | 11.8 | 115.8 | 14.1 | 138.3 |
| 200 | — | — | — | — | — | — | — | — | — | — | 15.7 | 154.0 | 18.8 | 184.8 |
| 250 | — | — | — | — | — | — | — | — | — | — | 19.6 | 192.3 | 23.6 | 231.5 |
| 300 | — | — | — | — | — | — | — | — | — | — | — | — | 28.3 | 277.6 |
| 400 | — | — | — | — | — | — | — | — | — | — | — | — | — | — |

(Continued)

## TABLE 5 : MILD STEEL FLATS
### (WEIGHTS)

| 16 | | 18 | | 20 | | 25 | | 32 | | 40 | | Thickness *t* mm |
|---|---|---|---|---|---|---|---|---|---|---|---|---|
| Weight per metre length (w) | | | | | | | | | | | | Width *b* mm |
| kg | N | kg | N | kg | N | kg | N | kg | N | kg | N | |
| — | — | — | — | — | — | — | — | — | — | — | — | 10 |
| — | — | — | — | — | — | — | — | — | — | — | — | 15 |
| — | — | — | — | — | — | — | — | — | — | — | — | 20 |
| — | — | — | — | — | — | — | — | — | — | — | — | 25 |
| 3.8 | 37.3 | — | — | — | — | — | — | — | — | — | — | 30 |
| 4.4 | 43.2 | 5.0 | 49.1 | 5.5 | 54.0 | — | — | — | — | — | — | 35 |
| 5.0 | 49.1 | 5.6 | 54.9 | 6.3 | 61.8 | — | — | — | — | — | — | 40 |
| 5.6 | 54.9 | 6.4 | 62.8 | 7.1 | 69.7 | — | — | — | — | — | — | 45 |
| 6.3 | 61.8 | 7.1 | 69.7 | 7.8 | 76.5 | 9.8 | 96.1 | — | — | — | — | 50 |
| 6.9 | 67.7 | 7.8 | 76.5 | 8.6 | 84.4 | 10.8 | 105.9 | — | — | — | — | 55 |
| 7.5 | 73.6 | 8.5 | 83.4 | 9.4 | 92.2 | 11.8 | 115.8 | 15.1 | 148.1 | — | — | 60 |
| 8.2 | 80.4 | 9.2 | 90.3 | 10.2 | 100.1 | 12.8 | 125.6 | 16.3 | 159.9 | 20.4 | 200.1 | 65 |
| 8.8 | 86.3 | 9.9 | 97.1 | 11.0 | 107.9 | 13.7 | 134.4 | 17.6 | 172.7 | 22.2 | 215.8 | 70 |
| 9.4 | 92.2 | 10.6 | 104.0 | 11.8 | 115.8 | 14.7 | 144.2 | 18.8 | 184.4 | 23.6 | 231.5 | 75 |
| 10.0 | 98.1 | 11.3 | 110.9 | 12.6 | 123.6 | 15.7 | 154.0 | 20.1 | 197.2 | 25.1 | 246.2 | 80 |
| 11.3 | 110.9 | 12.7 | 124.6 | 14.1 | 138.3 | 17.7 | 173.6 | 22.6 | 221.7 | 28.3 | 277.6 | 90 |
| 12.6 | 123.6 | 14.1 | 138.3 | 15.7 | 154.0 | 19.6 | 192.3 | 25.1 | 246.2 | 31.4 | 308.0 | 100 |
| 13.6 | 135.4 | 15.5 | 152.0 | 17.3 | 169.7 | 21.6 | 211.9 | 27.6 | 270.8 | 34.5 | 338.4 | 110 |
| 15.4 | 148.1 | 17.9 | 166.8 | 18.8 | 184.4 | 23.6 | 231.5 | 30.1 | 295.3 | 37.7 | 369.8 | 120 |
| 16.3 | 159.9 | 18.4 | 180.5 | 20.4 | 200.1 | 25.5 | 250.2 | 32.7 | 320.8 | 40.8 | 400.2 | 130 |
| 17.6 | 172.7 | 19.8 | 194.2 | 22.0 | 215.8 | 27.5 | 269.8 | 35.2 | 345.3 | 44.0 | 431.6 | 140 |
| 18.8 | 184.4 | 21.2 | 208.0 | 23.6 | 231.5 | 29.4 | 288.4 | 37.7 | 369.8 | 47.1 | 462.1 | 150 |
| 25.1 | 246.2 | 28.3 | 277.6 | 31.4 | 308.0 | 39.2 | 384.6 | 50.2 | 492.5 | 62.8 | 616.1 | 200 |
| 31.4 | 308.0 | 35.3 | 346.3 | 39.2 | 384.6 | 49.1 | 481.7 | 62.8 | 616.1 | 78.5 | 770.1 | 250 |
| 37.7 | 369.8 | 42.4 | 415.9 | 47.1 | 462.1 | 58.9 | 577.8 | 75.4 | 739.7 | 94.2 | 924.1 | 300 |
| 50.2 | 492.5 | 56.5 | 554.3 | 62.8 | 616.1 | 78.5 | 970.1 | 100.5 | 985.9 | 125.6 | 1232.1 | 400 |

**Note :** In this table the weight per metre values are calculated on the basis that steel weighs 7.85 $g/cm^3$ or 0.077 N/cm3 and are rounded off to one decimal place.

# TABLE 6 : PLATES

## (SURFACE AREA)

| Width b mm | 900 | 1000 | 1100 | 1200 | 1250 | 1400 | 1500 | 1600 | 1800 | 2000 | 2200 | 2500 |
|---|---|---|---|---|---|---|---|---|---|---|---|---|
| Length *l* mm | Surface Area in m² | | | | | | | | | | | |
| 2000 | 1.80 | 2.00 | 2.20 | 2.40 | 2.50 | 2.80 | 3.00 | 3.20 | 3.60 | 4.00 | 4.40 | 5.00 |
| 2200 | 1.98 | 2.20 | 2.42 | 2.64 | 2.75 | 3.08 | 3.30 | 3.52 | 3.96 | 4.40 | 4.84 | 5.50 |
| 2500 | 2.25 | 2.50 | 2.75 | 3.00 | 3.125 | 3.50 | 3.75 | 4.00 | 4.50 | 5.00 | 5.50 | 6.25 |
| 2800 | 2.52 | 2.80 | 3.08 | 3.36 | 3.50 | 3.92 | 4.20 | 4.48 | 5.04 | 5.60 | 6.16 | 7.00 |
| 3200 | 2.88 | 3.20 | 3.52 | 3.84 | 4.00 | 4.48 | 4.80 | 5.12 | 5.76 | 6.40 | 7.04 | 8.00 |
| 3600 | 3.24 | 3.60 | 3.96 | 4.32 | 4.50 | 5.04 | 5.40 | 5.76 | 6.48 | 7.20 | 7.92 | 9.00 |
| 4000 | 3.60 | 4.00 | 4.40 | 4.80 | 5.00 | 5.60 | 6.00 | 6.40 | 7.20 | 8.00 | 8.80 | 10.00 |
| 4500 | 4.05 | 4.50 | 4.95 | 5.40 | 5.625 | 6.30 | 6.75 | 7.20 | 8.10 | 9.00 | 9.90 | 11.25 |
| 5000 | 4.50 | 5.00 | 5.50 | 6.00 | 6.25 | 7.00 | 7.50 | 8.00 | 9.00 | 10.00 | 11.00 | 12.50 |
| 5600 | 5.04 | 5.60 | 6.16 | 6.72 | 7.00 | 7.84 | 8.40 | 8.96 | 10.08 | 11.20 | 12.32 | 14.00 |
| 6300 | 5.67 | 6.30 | 6.93 | 7.56 | 7.875 | 8.82 | 9.45 | 10.08 | 11.34 | 12.60 | 13.86 | 15.75 |
| 7100 | 6.39 | 7.10 | 7.81 | 8.52 | 8.875 | 9.94 | 10.65 | 11.36 | 12.78 | 14.20 | 15.62 | 17.75 |
| 8000 | 7.20 | 8.00 | 8.80 | 9.60 | 10.000 | 11.20 | 12.00 | 12.80 | 14.40 | 16.00 | 17.60 | 20.00 |
| 9000 | 8.10 | 9.00 | 9.90 | 10.80 | 11.25 | 12.60 | 13.50 | 14.40 | 16.20 | 18.00 | 19.80 | 22.50 |
| 10000 | 9.00 | 10.00 | 11.00 | 12.00 | 12.50 | 14.00 | 15.00 | 16.00 | 18.00 | 20.00 | 22.00 | 25.00 |
| 11000 | 9.90 | 11.00 | 12.10 | 13.20 | 13.75 | 15.40 | 16.50 | 17.60 | 19.80 | 22.00 | 24.20 | 27.50 |
| 12500 | 11.25 | 12.50 | 13.75 | 15.00 | 15.625 | 17.50 | 18.75 | 20.00 | 22.50 | 25.00 | 27.50 | 31.25 |

TABLE 7 : **PLATES**

## (WEIGHTS OF 5 MM PLATES)

| Width b mm | 900 | 1000 | 1100 | 1200 | 1250 | 1400 | 1500 | 1600 | 1800 | 2000 | 2200 | 2500 |
|---|---|---|---|---|---|---|---|---|---|---|---|---|
| Length mm | Weight in kg | | | | | | | | | | | |
| 2000 | 70.6 | 78.5 | 86.4 | 94.2 | 98.1 | 109.9 | 117.8 | 125.6 | 141.3 | 157.0 | 172.7 | 196.2 |
| 2200 | 77.7 | 86.4 | 95.0 | 103.6 | 107.9 | 120.9 | 129.5 | 138.2 | 155.4 | 172.7 | 190.0 | 215.9 |
| 2500 | 88.3 | 98.1 | 107.9 | 117.8 | 122.7 | 137.4 | 147.2 | 157.0 | 176.6 | 196.2 | 215.9 | 245.3 |
| 2800 | 98.9 | 109.9 | 120.9 | 131.9 | 137.4 | 153.9 | 164.8 | 175.8 | 197.8 | 219.8 | 241.8 | 274.8 |
| 3200 | 113.0 | 125.6 | 138.2 | 150.7 | 157.0 | 175.8 | 188.4 | 201.0 | 226.1 | 251.2 | 276.3 | 314.0 |
| 3600 | 127.2 | 141.3 | 155.4 | 169.6 | 176.6 | 197.8 | 212.0 | 226.1 | 254.3 | 282.6 | 310.9 | 353.2 |
| 4000 | 141.3 | 157.0 | 172.7 | 188.4 | 196.2 | 219.8 | 235.5 | 251.2 | 282.6 | 314.0 | 345.4 | 392.5 |
| 4500 | 159.0 | 176.6 | 194.3 | 212.0 | 220.8 | 247.3 | 264.9 | 282.6 | 317.9 | 353.2 | 388.6 | 441.6 |
| 5000 | 176.6 | 196.2 | 215.9 | 235.5 | 245.3 | 274.8 | 294.4 | 314.0 | 353.2 | 392.5 | 431.8 | 490.6 |
| 5600 | 197.8 | 219.8 | 241.8 | 263.8 | 274.8 | 307.7 | 329.7 | 351.7 | 395.6 | 439.6 | 483.6 | 549.5 |
| 6300 | 222.5 | 247.3 | 272.0 | 296.7 | 309.1 | 346.2 | 370.9 | 395.6 | 445.1 | 494.6 | 544.0 | 618.2 |
| 7100 | 250.8 | 278.7 | 306.5 | 334.4 | 348.3 | 390.1 | 418.0 | 445.9 | 501.6 | 557.4 | 613.1 | 696.7 |
| 8000 | 282.6 | 314.0 | 345.4 | 376.8 | 392.5 | 439.6 | 471.0 | 502.4 | 565.2 | 628.0 | 690.8 | 785.0 |
| 9000 | 317.9 | 353.2 | 388.6 | 423.9 | 441.6 | 494.6 | 529.9 | 565.2 | 635.8 | 706.5 | 777.2 | 883.1 |
| 10000 | 353.2 | 392.5 | 431.8 | 471.0 | 490.6 | 549.5 | 588.8 | 628.0 | 706.5 | 785.0 | 863.5 | 981.2 |
| 11000 | 388.6 | 431.8 | 474.9 | 518.1 | 539.7 | 604.4 | 647.6 | 690.8 | 777.2 | 863.5 | 949.8 | 1079.4 |
| 12500 | 441.6 | 490.6 | 539.7 | 588.8 | 613.3 | 686.9 | 735.9 | 785.0 | 883.1 | 981.2 | 1079.4 | 1226.6 |
| | Weight in kN | | | | | | | | | | | |
| 2000 | 0.69 | 0.77 | 0.85 | 0.92 | 0.96 | 1.08 | 1.16 | 1.23 | 1.39 | 1.54 | 1.69 | 1.92 |
| 2200 | 0.76 | 0.85 | 0.93 | 1.02 | 1.06 | 1.18 | 1.27 | 1.35 | 1.52 | 1.69 | 1.86 | 2.12 |
| 2500 | 0.87 | 0.96 | 1.06 | 1.15 | 1.20 | 1.35 | 1.44 | 1.54 | 1.73 | 1.92 | 2.12 | 2.41 |
| 2800 | 0.97 | 1.08 | 1.18 | 1.29 | 1.35 | 1.51 | 1.62 | 1.72 | 1.94 | 2.15 | 2.37 | 2.69 |
| 3200 | 1.11 | 1.23 | 1.35 | 1.48 | 1.54 | 1.72 | 1.85 | 1.97 | 2.22 | 2.46 | 2.71 | 3.08 |
| 3600 | 1.25 | 1.39 | 1.52 | 1.66 | 1.73 | 1.94 | 2.08 | 2.22 | 2.49 | 2.77 | 3.05 | 3.46 |
| 4000 | 1.39 | 1.54 | 1.69 | 1.85 | 1.92 | 2.15 | 2.31 | 2.46 | 2.77 | 3.08 | 3.39 | 3.85 |
| 4500 | 1.56 | 1.73 | 1.91 | 2.08 | 2.16 | 2.42 | 2.60 | 2.77 | 3.11 | 3.46 | 3.81 | 4.33 |
| 5000 | 1.73 | 1.92 | 2.12 | 2.31 | 2.41 | 2.69 | 2.89 | 3.08 | 3.46 | 3.85 | 4.23 | 4.81 |
| 5600 | 1.94 | 2.15 | 2.37 | 2.58 | 2.69 | 3.02 | 3.23 | 3.45 | 3.88 | 4.31 | 4.74 | 5.39 |
| 6300 | 2.18 | 2.42 | 2.67 | 2.91 | 3.03 | 3.39 | 3.63 | 3.88 | 4.36 | 4.85 | 5.33 | 6.06 |
| 7100 | 2.46 | 2.73 | 3.01 | 3.28 | 3.42 | 3.83 | 4.10 | 4.37 | 4.92 | 5.47 | 6.01 | 6.83 |
| 8000 | 2.77 | 3.08 | 3.39 | 3.69 | 3.85 | 4.31 | 4.62 | 4.93 | 5.54 | 6.16 | 6.77 | 7.70 |
| 9000 | 3.12 | 3.46 | 3.81 | 4.16 | 4.33 | 4.85 | 5.20 | 5.54 | 6.23 | 6.93 | 7.62 | 8.66 |
| 10000 | 3.46 | 3.85 | 4.23 | 4.62 | 4.81 | 5.39 | 5.77 | 6.16 | 6.93 | 7.70 | 8.47 | 9.62 |
| 11000 | 3.81 | 4.23 | 4.66 | 5.09 | 5.29 | 5.93 | 6.35 | 6.77 | 7.62 | 8.47 | 9.31 | 10.59 |
| 12500 | 4.33 | 4.81 | 5.29 | 5.77 | 6.01 | 6.73 | 7.21 | 7.70 | 8.66 | 9.62 | 10.59 | 12.03 |

## TABLE 8 : PLATES

### (WEIGHTS OF 6 MM PLATES)

| Width b mm | 900 | 1000 | 1100 | 1200 | 1250 | 1400 | 1500 | 1600 | 1800 | 2000 | 2200 | 2500 |
|---|---|---|---|---|---|---|---|---|---|---|---|---|
| **Length *l* mm** | | | | | | Weight in kg | | | | | | |
| 2000 | 84.8 | 94.2 | 103.6 | 113.0 | 117.8 | 131.9 | 141.3 | 150.7 | 169.6 | 188.4 | 207.2 | 235.5 |
| 2200 | 93.3 | 103.6 | 114.0 | 124.3 | 129.5 | 145.1 | 155.4 | 165.8 | 186.5 | 207.2 | 228.0 | 259.0 |
| 2500 | 106.0 | 117.8 | 129.5 | 141.3 | 147.2 | 164.8 | 176.6 | 188.4 | 212.0 | 235.5 | 259.0 | 294.4 |
| 2800 | 118.7 | 131.9 | 145.1 | 158.3 | 164.9 | 184.6 | 197.8 | 211.0 | 237.4 | 263.8 | 290.1 | 329.7 |
| 3200 | 135.6 | 150.7 | 165.8 | 180.9 | 188.4 | 211.0 | 226.1 | 241.2 | 271.3 | 301.4 | 331.6 | 376.8 |
| 3600 | 152.6 | 169.6 | 186.5 | 203.5 | 212.0 | 237.4 | 254.3 | 271.3 | 305.2 | 339.1 | 373.0 | 423.9 |
| 4000 | 169.6 | 188.4 | 207.2 | 226.1 | 235.5 | 263.8 | 282.6 | 301.4 | 339.1 | 376.8 | 414.5 | 471.0 |
| 4500 | 190.8 | 212.0 | 233.1 | 254.3 | 264.9 | 296.7 | 317.9 | 339.1 | 381.5 | 423.9 | 466.3 | 529.9 |
| 5000 | 212.0 | 235.5 | 259.0 | 282.6 | 294.4 | 329.7 | 353.2 | 376.8 | 423.9 | 471.0 | 518.1 | 588.8 |
| 5600 | 237.4 | 263.8 | 290.1 | 316.5 | 329.7 | 369.3 | 395.6 | 422.0 | 474.8 | 527.5 | 580.3 | 659.4 |
| 6300 | 267.1 | 296.7 | 326.4 | 356.1 | 370.9 | 415.4 | 445.1 | 474.8 | 534.1 | 593.5 | 652.8 | 741.8 |
| 7100 | 301.0 | 334.4 | 367.9 | 401.3 | 418.0 | 468.2 | 501.6 | 535.1 | 601.9 | 668.8 | 735.7 | 836.0 |
| 8000 | 339.1 | 376.8 | 414.5 | 452.2 | 471.0 | 527.5 | 565.2 | 602.9 | 678.2 | 753.6 | 829.0 | 942.0 |
| 9000 | 381.5 | 423.9 | 466.3 | 508.7 | 529.9 | 593.5 | 635.8 | 678.2 | 763.0 | 847.8 | 932.6 | 1059.8 |
| 10000 | 423.9 | 417.0 | 518.1 | 565.2 | 588.8 | 659.4 | 706.5 | 753.6 | 847.8 | 942.0 | 1036.2 | 1177.5 |
| 11000 | 466.3 | 518.1 | 569.9 | 621.7 | 647.6 | 725.3 | 777.2 | 829.0 | 932.6 | 1036.2 | 1139.8 | 1295.2 |
| 12500 | 529.9 | 588.8 | 647.6 | 706.5 | 735.9 | 824.2 | 883.1 | 942.0 | 1059.8 | 1177.5 | 1295.2 | 1471.9 |
| | | | | | | Weight in kN | | | | | | |
| 2000 | 0.83 | 0.92 | 1.02 | 1.11 | 1.15 | 1.29 | 1.39 | 1.48 | 1.66 | 1.85 | 2.03 | 2.31 |
| 2200 | 0.91 | 1.02 | 1.12 | 1.22 | 1.27 | 1.42 | 1.52 | 1.63 | 1.83 | 2.03 | 2.24 | 2.54 |
| 2500 | 1.04 | 1.15 | 1.27 | 1.39 | 1.44 | 1.62 | 1.73 | 1.85 | 2.08 | 2.31 | 2.54 | 2.89 |
| 2800 | 1.16 | 1.29 | 1.42 | 1.55 | 1.62 | 1.81 | 1.94 | 2.07 | 2.33 | 2.59 | 2.84 | 3.24 |
| 3200 | 1.33 | 1.48 | 1.63 | 1.77 | 1.85 | 2.07 | 2.22 | 2.36 | 2.66 | 2.96 | 3.25 | 3.69 |
| 3600 | 1.50 | 1.66 | 1.83 | 1.99 | 2.08 | 2.33 | 2.49 | 2.66 | 2.99 | 3.32 | 3.66 | 4.16 |
| 4000 | 1.66 | 1.85 | 2.03 | 2.22 | 2.31 | 2.59 | 2.77 | 2.96 | 3.32 | 3.70 | 4.06 | 4.62 |
| 4500 | 1.87 | 2.08 | 2.29 | 2.49 | 2.60 | 2.91 | 3.12 | 3.32 | 3.74 | 4.16 | 4.57 | 5.29 |
| 5000 | 2.08 | 2.31 | 2.54 | 2.77 | 2.89 | 3.23 | 3.46 | 3.69 | 4.16 | 4.62 | 5.08 | 5.77 |
| 5600 | 2.33 | 2.59 | 2.84 | 3.10 | 3.23 | 3.62 | 3.88 | 4.14 | 4.66 | 5.17 | 5.69 | 6.47 |
| 6300 | 2.62 | 2.91 | 3.20 | 3.49 | 3.64 | 4.07 | 4.36 | 4.66 | 5.24 | 5.82 | 6.40 | 7.27 |
| 7100 | 2.95 | 3.28 | 3.61 | 3.93 | 4.10 | 4.59 | 4.92 | 5.25 | 5.90 | 6.56 | 7.21 | 8.20 |
| 8000 | 3.33 | 3.69 | 4.06 | 4.43 | 4.62 | 5.17 | 5.54 | 5.91 | 6.65 | 7.39 | 8.13 | 9.24 |
| 9000 | 3.74 | 4.16 | 4.57 | 4.99 | 5.19 | 5.82 | 6.23 | 6.65 | 7.48 | 8.31 | 9.15 | 10.39 |
| 10000 | 4.16 | 4.62 | 5.08 | 5.54 | 5.78 | 6.47 | 6.93 | 7.39 | 8.31 | 9.24 | 10.16 | 11.55 |
| 11000 | 4.57 | 5.08 | 5.59 | 6.10 | 6.35 | 7.11 | 7.62 | 8.13 | 9.15 | 10.16 | 11.18 | 12.70 |
| 12500 | 5.20 | 5.78 | 6.35 | 6.93 | 7.22 | 8.08 | 8.66 | 9.24 | 10.39 | 11.55 | 12.70 | 14.43 |

TABLE 9 :

# PLATES

## (WEIGHTS OF 8 MM PLATES)

| Width b mm | 900 | 1000 | 1100 | 1200 | 1250 | 1400 | 1500 | 1600 | 1800 | 2000 | 2200 | 2500 |
|---|---|---|---|---|---|---|---|---|---|---|---|---|
| Length $l$ mm | Weight in kg | | | | | | | | | | | |
| 2000 | 113.0 | 125.6 | 138.2 | 150.7 | 157.0 | 175.8 | 188.4 | 201.0 | 226.1 | 251.2 | 276.3 | 314.0 |
| 2200 | 124.3 | 138.2 | 152.0 | 165.8 | 172.7 | 193.4 | 207.2 | 221.1 | 248.7 | 276.3 | 304.0 | 345.4 |
| 2500 | 141.3 | 157.0 | 172.7 | 188.4 | 196.2 | 219.8 | 235.5 | 251.2 | 282.6 | 314.0 | 345.4 | 392.4 |
| 2800 | 158.3 | 175.8 | 193.4 | 211.0 | 219.8 | 246.2 | 263.8 | 281.3 | 316.5 | 351.7 | 386.8 | 439.6 |
| 3200 | 180.9 | 201.0 | 221.1 | 241.2 | 251.2 | 281.3 | 301.4 | 321.5 | 361.7 | 401.9 | 442.1 | 502.4 |
| 3600 | 203.5 | 226.1 | 248.7 | 271.3 | 282.6 | 316.5 | 339.1 | 361.7 | 406.9 | 452.2 | 497.4 | 565.2 |
| 4000 | 226.1 | 251.2 | 276.3 | 301.4 | 314.0 | 351.7 | 376.8 | 401.9 | 452.2 | 502.4 | 552.6 | 628.0 |
| 4500 | 254.3 | 282.6 | 310.9 | 339.1 | 353.2 | 395.6 | 423.9 | 452.2 | 508.7 | 565.2 | 621.7 | 706.5 |
| 5000 | 282.6 | 314.0 | 345.4 | 376.8 | 392.5 | 439.6 | 471.0 | 502.4 | 565.2 | 628.0 | 690.8 | 785.0 |
| 5600 | 316.5 | 351.7 | 386.8 | 422.0 | 439.6 | 492.4 | 527.5 | 562.7 | 633.0 | 703.4 | 773.7 | 879.2 |
| 6300 | 356.1 | 395.6 | 435.2 | 474.8 | 494.6 | 553.9 | 593.5 | 633.0 | 712.2 | 791.3 | 870.4 | 989.1 |
| 7100 | 401.3 | 445.9 | 490.5 | 535.1 | 557.4 | 624.2 | 668.8 | 713.4 | 802.6 | 891.8 | 980.9 | 1114.7 |
| 8000 | 452.2 | 502.4 | 552.6 | 602.9 | 628.0 | 703.4 | 753.6 | 803.8 | 904.3 | 1004.8 | 1105.3 | 1256.0 |
| 9000 | 508.7 | 565.2 | 621.7 | 678.2 | 706.5 | 791.3 | 847.8 | 904.3 | 1017.4 | 1130.4 | 1243.4 | 1413.0 |
| 10000 | 565.2 | 628.0 | 690.8 | 753.6 | 785.0 | 879.2 | 942.0 | 1004.8 | 1130.4 | 1256.0 | 1381.6 | 1570.0 |
| 11000 | 621.7 | 690.8 | 759.9 | 829.0 | 863.5 | 967.1 | 1036.2 | 1105.3 | 1243.4 | 1381.6 | 1519.8 | 1727.0 |
| 12500 | 706.5 | 785.0 | 863.5 | 942.0 | 981.2 | 1099.0 | 1177.5 | 1256.0 | 1413.0 | 1570.0 | 1727.0 | 1962.5 |
| | Weight in kN | | | | | | | | | | | |
| 2000 | 1.11 | 1.23 | 1.35 | 1.48 | 1.54 | 1.72 | 1.85 | 1.97 | 2.22 | 2.46 | 2.71 | 3.08 |
| 2200 | 1.22 | 1.35 | 1.49 | 1.63 | 1.69 | 1.90 | 2.03 | 2.17 | 2.44 | 2.71 | 2.98 | 3.39 |
| 2500 | 1.39 | 1.54 | 1.69 | 1.85 | 1.92 | 2.15 | 2.31 | 2.46 | 2.77 | 3.08 | 3.39 | 3.85 |
| 2800 | 1.55 | 1.72 | 1.90 | 2.07 | 2.15 | 2.41 | 2.59 | 2.76 | 3.10 | 3.45 | 3.79 | 4.31 |
| 3200 | 1.77 | 1.97 | 2.17 | 2.37 | 2.46 | 2.76 | 2.96 | 3.15 | 3.55 | 3.94 | 4.33 | 4.93 |
| 3600 | 1.99 | 2.22 | 2.44 | 2.66 | 2.77 | 3.10 | 3.32 | 3.55 | 3.99 | 4.43 | 4.88 | 5.54 |
| 4000 | 2.22 | 2.46 | 2.71 | 2.96 | 3.08 | 3.45 | 3.69 | 3.94 | 4.43 | 4.93 | 5.42 | 6.16 |
| 4500 | 2.49 | 2.77 | 3.05 | 3.32 | 3.46 | 3.88 | 4.16 | 4.43 | 4.99 | 5.54 | 6.10 | 6.93 |
| 5000 | 2.77 | 3.08 | 3.39 | 3.69 | 3.85 | 4.31 | 4.62 | 4.93 | 5.54 | 6.16 | 6.77 | 7.70 |
| 5600 | 3.10 | 3.45 | 3.79 | 4.14 | 4.31 | 4.83 | 5.17 | 5.52 | 6.21 | 6.90 | 7.59 | 8.62 |
| 6300 | 3.49 | 3.88 | 4.27 | 4.66 | 4.85 | 5.43 | 5.82 | 6.21 | 6.98 | 7.76 | 8.54 | 9.70 |
| 7100 | 3.93 | 4.37 | 4.81 | 5.25 | 5.47 | 6.12 | 6.56 | 7.00 | 7.87 | 8.75 | 9.62 | 10.93 |
| 8000 | 4.43 | 4.93 | 5.42 | 5.91 | 6.16 | 6.90 | 7.39 | 7.88 | 8.87 | 9.85 | 10.84 | 12.32 |
| 9000 | 4.99 | 5.54 | 6.10 | 6.65 | 6.93 | 7.76 | 8.31 | 8.87 | 9.98 | 11.09 | 12.19 | 13.86 |
| 10000 | 5.54 | 6.16 | 6.77 | 7.39 | 7.70 | 8.62 | 9.24 | 9.85 | 11.09 | 12.32 | 13.55 | 15.40 |
| 11000 | 6.10 | 6.77 | 7.45 | 8.13 | 8.47 | 9.48 | 10.16 | 10.84 | 12.19 | 13.55 | 14.90 | 16.94 |
| 12500 | 6.93 | 7.70 | 8.47 | 9.24 | 9.62 | 10.78 | 11.55 | 12.32 | 13.86 | 15.40 | 16.94 | 19.25 |

**TABLE 10 :**

# PLATES

## (WEIGHTS OF 10 MM PLATES)

| Width b mm | 900 | 1000 | 1100 | 1200 | 1250 | 1400 | 1500 | 1600 | 1800 | 2000 | 2200 | 2500 |
|---|---|---|---|---|---|---|---|---|---|---|---|---|
| Length *l* mm | Weight in kg | | | | | | | | | | | |
| 2000 | 141.3 | 157.0 | 172.7 | 188.4 | 196.2 | 219.8 | 235.5 | 251.2 | 282.6 | 314.0 | 345.4 | 392.5 |
| 2200 | 155.4 | 172.7 | 190.0 | 207.2 | 215.9 | 241.8 | 259.0 | 276.3 | 310.9 | 345.4 | 379.9 | 431.8 |
| 2500 | 176.6 | 196.2 | 215.9 | 235.5 | 245.3 | 274.8 | 294.4 | 314.0 | 353.2 | 392.5 | 431.8 | 490.6 |
| 2800 | 197.8 | 219.8 | 241.8 | 263.8 | 274.8 | 307.7 | 329.7 | 351.7 | 395.6 | 439.6 | 483.6 | 549.5 |
| 3200 | 226.1 | 251.2 | 276.3 | 301.4 | 314.0 | 351.7 | 376.8 | 401.9 | 452.2 | 502.4 | 552.6 | 628.0 |
| 3600 | 254.3 | 282.6 | 310.9 | 339.1 | 353.2 | 395.6 | 423.9 | 452.2 | 508.7 | 565.2 | 621.7 | 706.5 |
| 4000 | 282.6 | 314.0 | 345.4 | 376.8 | 392.5 | 439.6 | 471.0 | 502.4 | 565.2 | 628.0 | 690.8 | 785.0 |
| 4500 | 317.9 | 353.2 | 388.6 | 423.9 | 441.6 | 494.6 | 529.9 | 565.2 | 635.8 | 706.5 | 777.2 | 883.1 |
| 5000 | 353.2 | 392.5 | 431.8 | 471.0 | 490.6 | 549.5 | 588.8 | 628.0 | 706.5 | 785.0 | 863.5 | 981.2 |
| 5600 | 395.6 | 439.6 | 483.6 | 527.5 | 549.5 | 615.4 | 659.4 | 703.4 | 791.3 | 879.2 | 967.1 | 1099.0 |
| 6300 | 445.1 | 494.6 | 544.0 | 593.5 | 618.2 | 692.4 | 741.8 | 791.3 | 890.2 | 989.1 | 1088.0 | 1236.4 |
| 7100 | 501.6 | 557.4 | 613.1 | 668.8 | 696.7 | 780.3 | 836.0 | 891.8 | 1003.2 | 1114.7 | 1226.2 | 1393.4 |
| 8000 | 565.1 | 628.0 | 690.8 | 753.6 | 785.0 | 879.2 | 942.0 | 1004.8 | 1130.4 | 1256.0 | 1381.6 | 1570.0 |
| 9000 | 635.8 | 706.5 | 777.2 | 847.8 | 883.1 | 989.1 | 1059.8 | 1130.4 | 1271.7 | 1413.0 | 1554.3 | 1766.2 |
| 10000 | 706.5 | 785.0 | 863.5 | 942.0 | 981.2 | 1099.0 | 1177.5 | 1256.0 | 1413.0 | 1570.0 | 1727.0 | 1962.5 |
| 11000 | 777.2 | 863.5 | 949.8 | 1036.2 | 1079.4 | 1208.9 | 1295.2 | 1381.6 | 1554.3 | 1727.0 | 1899.7 | 2158.8 |
| 12500 | 883.1 | 981.2 | 1079.1 | 1177.5 | 1226.6 | 1373.8 | 1471.9 | 1570.0 | 1766.2 | 1962.5 | 2158.8 | 2453.1 |
| | Weight in KN | | | | | | | | | | | |
| 2000 | 1.39 | 1.54 | 1.69 | 1.85 | 1.92 | 2.16 | 2.31 | 2.46 | 2.77 | 3.08 | 3.39 | 3.85 |
| 2200 | 1.52 | 1.69 | 1.86 | 2.03 | 2.12 | 2.37 | 2.54 | 2.71 | 3.05 | 3.39 | 3.73 | 4.23 |
| 2500 | 1.73 | 1.92 | 2.12 | 2.31 | 2.41 | 2.69 | 2.89 | 3.08 | 3.46 | 3.85 | 4.23 | 4.81 |
| 2800 | 1.94 | 2.16 | 2.37 | 2.59 | 2.70 | 3.02 | 3.23 | 3.45 | 3.88 | 4.31 | 4.74 | 5.39 |
| 3200 | 2.22 | 2.46 | 2.71 | 2.96 | 3.08 | 3.45 | 3.69 | 3.94 | 4.43 | 4.93 | 5.42 | 6.16 |
| 3600 | 2.49 | 2.77 | 3.05 | 3.33 | 3.46 | 3.88 | 4.16 | 4.43 | 4.99 | 5.54 | 6.10 | 6.93 |
| 4000 | 2.77 | 3.08 | 3.39 | 3.69 | 3.85 | 4.31 | 4.62 | 4.93 | 5.54 | 6.16 | 6.77 | 7.70 |
| 4500 | 3.12 | 3.46 | 3.81 | 4.16 | 4.33 | 4.85 | 5.20 | 5.54 | 6.23 | 6.93 | 7.62 | 8.66 |
| 5000 | 3.46 | 3.85 | 4.23 | 4.62 | 4.81 | 5.39 | 5.77 | 6.16 | 6.93 | 7.70 | 8.47 | 9.62 |
| 5600 | 3.88 | 4.31 | 4.74 | 5.17 | 5.39 | 6.03 | 6.47 | 6.90 | 7.76 | 8.62 | 9.48 | 10.78 |
| 6300 | 4.36 | 4.85 | 5.33 | 5.82 | 6.06 | 6.79 | 7.27 | 7.76 | 8.73 | 9.70 | 10.67 | 12.12 |
| 7100 | 4.92 | 5.47 | 6.01 | 6.56 | 6.83 | 7.65 | 8.20 | 8.75 | 9.84 | 10.93 | 12.02 | 13.66 |
| 8000 | 5.54 | 6.16 | 6.77 | 7.39 | 7.70 | 8.62 | 9.24 | 9.85 | 11.09 | 12.32 | 13.55 | 15.40 |
| 9000 | 6.23 | 6.93 | 7.62 | 8.31 | 8.66 | 9.70 | 10.39 | 11.09 | 12.47 | 13.86 | 15.24 | 17.32 |
| 10000 | 6.93 | 7.70 | 8.47 | 9.24 | 9.62 | 10.78 | 11.55 | 12.32 | 13.86 | 15.40 | 16.94 | 19.25 |
| 11000 | 7.62 | 8.47 | 9.31 | 10.16 | 10.59 | 11.86 | 12.70 | 13.55 | 15.24 | 16.94 | 18.63 | 21.17 |
| 12500 | 8.66 | 9.62 | 10.58 | 11.55 | 12.03 | 13.47 | 14.43 | 15.40 | 17.32 | 19.25 | 21.17 | 24.06 |

## TABLE 11 : PLATES

### (WEIGHTS OF 12 MM PLATES)

| Width b mm | 900 | 1000 | 1100 | 1200 | 1250 | 1400 | 1500 | 1600 | 1800 | 2000 | 2200 | 2500 |
|---|---|---|---|---|---|---|---|---|---|---|---|---|
| **Length $l$ mm** | **Weight in kg** | | | | | | | | | | | |
| 2000 | 169.6 | 188.4 | 207.2 | 226.1 | 235.5 | 263.8 | 282.6 | 301.4 | 339.1 | 376.8 | 414.5 | 471.0 |
| 2200 | 186.5 | 207.2 | 228.0 | 248.7 | 259.0 | 290.1 | 310.9 | 331.6 | 373.0 | 414.5 | 455.9 | 518.1 |
| 2500 | 212.0 | 235.5 | 259.0 | 282.6 | 294.4 | 329.7 | 353.2 | 376.8 | 423.9 | 471.0 | 518.1 | 588.8 |
| 2800 | 237.4 | 263.8 | 290.1 | 316.5 | 329.7 | 369.3 | 395.6 | 422.0 | 474.8 | 527.5 | 580.3 | 659.4 |
| 3200 | 271.3 | 301.4 | 331.6 | 361.7 | 376.8 | 422.0 | 452.2 | 482.3 | 542.6 | 602.9 | 663.2 | 753.6 |
| 3600 | 305.2 | 339.1 | 373.0 | 406.9 | 423.9 | 474.8 | 508.7 | 542.6 | 610.4 | 678.2 | 746.1 | 847.8 |
| 4000 | 339.1 | 376.8 | 414.5 | 452.2 | 471.0 | 527.5 | 565.2 | 602.9 | 678.2 | 753.6 | 829.0 | 942.0 |
| 4500 | 381.5 | 423.9 | 466.3 | 508.7 | 529.9 | 593.5 | 635.8 | 678.2 | 763.0 | 847.8 | 932.6 | 1059.8 |
| 5000 | 423.9 | 471.0 | 518.1 | 565.2 | 588.8 | 659.4 | 706.5 | 753.6 | 847.8 | 942.0 | 1036.2 | 1177.5 |
| 5600 | 474.8 | 527.5 | 580.3 | 633.0 | 659.4 | 738.5 | 791.3 | 844.0 | 949.5 | 1055.0 | 1160.5 | 1318.8 |
| 6300 | 534.1 | 593.5 | 652.8 | 712.2 | 741.8 | 830.8 | 890.2 | 949.5 | 1068.2 | 1186.9 | 1305.6 | 1483.6 |
| 7100 | 601.9 | 668.8 | 735.7 | 802.6 | 836.0 | 936.3 | 1003.2 | 1070.1 | 1203.9 | 1337.6 | 1471.4 | 1672.0 |
| 8000 | 678.2 | 753.6 | 829.0 | 904.3 | 942.0 | 1055.0 | 1130.4 | 1205.8 | 1356.5 | 1507.2 | 1657.9 | 1884.0 |
| 9000 | 763.0 | 847.8 | 932.6 | 1017.4 | 1059.8 | 1186.9 | 1271.7 | 1356.5 | 1526.0 | 1695.6 | 1865.2 | 2119.5 |
| 10000 | 847.8 | 942.0 | 1036.2 | 1130.4 | 1177.5 | 1318.8 | 1413.0 | 1507.2 | 1695.6 | 1884.0 | 2072.4 | 2355.0 |
| 11000 | 932.6 | 1036.2 | 1139.8 | 1243.4 | 1295.2 | 1450.7 | 1554.3 | 1657.9 | 1865.2 | 2072.4 | 2279.6 | 2590.5 |
| 12500 | 1059.8 | 1177.5 | 1295.2 | 1413.0 | 1471.9 | 1648.5 | 1766.2 | 1884.0 | 2119.5 | 2355.0 | 2590.5 | 2943.8 |
| | **Weight in kN** | | | | | | | | | | | |
| 2000 | 1.66 | 1.85 | 2.03 | 2.22 | 2.31 | 2.59 | 2.77 | 2.96 | 3.33 | 3.69 | 4.06 | 4.62 |
| 2200 | 1.83 | 2.03 | 2.24 | 2.44 | 2.54 | 2.84 | 3.05 | 3.25 | 3.66 | 4.06 | 4.47 | 5.08 |
| 2500 | 2.08 | 2.31 | 2.54 | 2.77 | 2.89 | 3.23 | 3.46 | 3.69 | 4.16 | 4.62 | 5.08 | 5.77 |
| 2800 | 2.33 | 2.59 | 2.84 | 3.10 | 3.23 | 3.62 | 3.88 | 4.14 | 4.66 | 5.17 | 5.69 | 6.47 |
| 3200 | 2.66 | 2.96 | 3.25 | 3.55 | 3.69 | 4.14 | 4.43 | 4.73 | 5.32 | 5.91 | 6.50 | 7.39 |
| 3600 | 2.99 | 3.33 | 3.66 | 3.99 | 4.16 | 4.66 | 4.99 | 5.32 | 5.99 | 6.65 | 7.32 | 8.31 |
| 4000 | 3.33 | 3.69 | 4.06 | 4.43 | 4.62 | 5.17 | 5.54 | 5.91 | 6.65 | 7.39 | 8.13 | 9.24 |
| 4500 | 3.74 | 4.16 | 4.57 | 4.99 | 5.20 | 5.82 | 6.23 | 6.65 | 7.48 | 8.31 | 9.15 | 10.39 |
| 5000 | 4.16 | 4.62 | 5.08 | 5.54 | 5.77 | 6.47 | 6.93 | 7.39 | 8.31 | 9.24 | 10.16 | 11.55 |
| 5600 | 4.66 | 5.17 | 5.69 | 6.21 | 6.47 | 7.24 | 7.76 | 8.28 | 9.31 | 10.35 | 11.38 | 12.93 |
| 6300 | 5.24 | 5.82 | 6.40 | 6.98 | 7.27 | 8.15 | 8.73 | 9.31 | 10.47 | 11.64 | 12.80 | 14.55 |
| 7100 | 5.90 | 6.56 | 7.21 | 7.87 | 8.20 | 9.18 | 9.84 | 10.49 | 11.81 | 13.12 | 14.43 | 16.40 |
| 8000 | 6.65 | 7.39 | 8.13 | 8.87 | 9.24 | 10.35 | 11.09 | 11.82 | 13.30 | 14.78 | 16.26 | 18.48 |
| 9000 | 7.48 | 8.31 | 9.15 | 9.98 | 10.39 | 11.64 | 12.47 | 13.30 | 14.96 | 16.63 | 18.29 | 20.79 |
| 10000 | 8.31 | 9.24 | 10.16 | 11.09 | 11.55 | 12.93 | 13.86 | 14.78 | 16.63 | 18.48 | 20.32 | 23.09 |
| 11000 | 9.15 | 10.16 | 11.18 | 12.19 | 12.70 | 14.23 | 15.24 | 16.26 | 18.29 | 20.32 | 22.36 | 25.40 |
| 12500 | 10.39 | 11.55 | 12.70 | 13.86 | 14.43 | 16.17 | 17.32 | 18.48 | 20.79 | 23.09 | 25.40 | 28.87 |

**TABLE 12 :** 

# PLATES

## (WEIGHTS OF 14 MM PLATES)

| Width b mm | 900 | 1000 | 1100 | 1200 | 1250 | 1400 | 1500 | 1600 | 1800 | 2000 | 2200 | 2500 |
|---|---|---|---|---|---|---|---|---|---|---|---|---|
| Length $l$ mm | Weight in kg | | | | | | | | | | | |
| 2000 | 197.8 | 219.8 | 241.8 | 263.8 | 274.8 | 307.7 | 329.7 | 351.7 | 395.6 | 439.6 | 483.6 | 549.5 |
| 2200 | 217.6 | 241.8 | 266.0 | 290.1 | 302.2 | 338.5 | 362.7 | 386.8 | 435.2 | 483.6 | 531.9 | 604.4 |
| 2500 | 247.3 | 274.8 | 302.2 | 329.7 | 343.4 | 384.6 | 412.1 | 439.6 | 494.6 | 549.5 | 604.4 | 686.9 |
| 2800 | 276.9 | 307.7 | 338.5 | 369.3 | 384.7 | 430.8 | 461.6 | 492.4 | 553.9 | 615.4 | 677.0 | 769.3 |
| 3200 | 316.5 | 351.7 | 386.8 | 422.0 | 439.6 | 492.4 | 527.5 | 562.7 | 633.0 | 703.4 | 773.7 | 879.2 |
| 3600 | 356.1 | 395.6 | 435.2 | 474.8 | 494.6 | 553.9 | 593.5 | 633.0 | 712.2 | 791.3 | 870.4 | 989.1 |
| 4000 | 395.6 | 439.6 | 483.6 | 527.5 | 549.5 | 615.4 | 659.4 | 703.4 | 791.3 | 879.2 | 967.1 | 1099.0 |
| 4500 | 445.1 | 494.6 | 544.0 | 593.5 | 618.2 | 692.4 | 741.8 | 791.3 | 890.2 | 989.1 | 1088.0 | 1236.4 |
| 5000 | 494.6 | 549.5 | 604.4 | 659.4 | 686.9 | 769.3 | 824.2 | 879.2 | 989.1 | 1099.0 | 1208.9 | 1373.8 |
| 5600 | 553.9 | 615.4 | 677.0 | 738.5 | 769.3 | 861.6 | 923.2 | 984.7 | 1107.8 | 1230.9 | 1354.0 | 1538.6 |
| 6300 | 623.1 | 692.4 | 761.6 | 830.8 | 865.5 | 969.3 | 1038.6 | 1107.8 | 1246.3 | 1384.7 | 1523.2 | 1730.9 |
| 7100 | 702.3 | 780.3 | 858.3 | 936.3 | 975.4 | 1092.4 | 1170.4 | 1248.5 | 1404.5 | 1560.6 | 1716.6 | 1950.7 |
| 8000 | 791.3 | 879.2 | 967.1 | 1055.0 | 1099.0 | 1230.9 | 1318.8 | 1406.7 | 1582.6 | 1758.4 | 1934.2 | 2198.0 |
| 9000 | 890.2 | 989.1 | 1088.0 | 1186.9 | 1236.4 | 1384.7 | 1483.6 | 1582.6 | 1780.4 | 1978.2 | 2176.0 | 2472.8 |
| 10000 | 989.1 | 1099.0 | 1208.9 | 1318.8 | 1373.8 | 1538.6 | 1648.5 | 1758.4 | 1978.2 | 2198.0 | 2417.8 | 2747.5 |
| 11000 | 1088.0 | 1208.9 | 1329.8 | 1450.7 | 1511.1 | 1692.5 | 1813.4 | 1934.2 | 2176.0 | 2417.8 | 2659.6 | 3022.2 |
| 12500 | 1236.4 | 1373.8 | 1511.1 | 1648.5 | 1717.2 | 1923.2 | 2060.6 | 2198.0 | 2472.8 | 2747.5 | 3022.2 | 3434.4 |
| | Weight in kN | | | | | | | | | | | |
| 2000 | 1.94 | 2.16 | 2.37 | 2.59 | 2.69 | 3.02 | 3.23 | 3.45 | 3.88 | 4.31 | 4.74 | 5.39 |
| 2200 | 2.13 | 2.37 | 2.61 | 2.84 | 2.96 | 3.32 | 3.56 | 3.79 | 4.27 | 4.74 | 5.22 | 5.93 |
| 2500 | 2.42 | 2.69 | 2.96 | 3.23 | 3.37 | 3.77 | 4.04 | 4.31 | 4.85 | 5.39 | 5.93 | 6.74 |
| 2800 | 2.72 | 3.02 | 3.32 | 3.62 | 3.77 | 4.22 | 4.53 | 4.83 | 5.43 | 6.03 | 6.64 | 7.54 |
| 3200 | 3.10 | 3.45 | 3.79 | 4.14 | 4.31 | 4.83 | 5.17 | 5.52 | 6.21 | 6.90 | 7.59 | 8.62 |
| 3600 | 3.49 | 3.88 | 4.27 | 4.66 | 4.85 | 5.43 | 5.82 | 6.21 | 6.98 | 7.76 | 8.54 | 9.70 |
| 4000 | 3.88 | 4.31 | 4.74 | 5.17 | 5.39 | 6.03 | 6.47 | 6.90 | 7.76 | 8.62 | 9.48 | 10.78 |
| 4500 | 4.36 | 4.85 | 5.33 | 5.82 | 6.06 | 6.79 | 7.27 | 7.76 | 8.73 | 9.70 | 10.67 | 12.12 |
| 5000 | 4.85 | 5.39 | 5.93 | 6.47 | 6.74 | 7.54 | 8.08 | 8.62 | 9.70 | 10.78 | 11.86 | 13.47 |
| 5600 | 5.43 | 6.03 | 6.64 | 7.24 | 7.54 | 8.45 | 9.05 | 9.66 | 10.86 | 12.07 | 13.28 | 15.09 |
| 6300 | 6.11 | 6.79 | 7.47 | 8.15 | 8.49 | 9.51 | 10.19 | 10.86 | 12.22 | 13.58 | 14.94 | 16.97 |
| 7100 | 6.89 | 7.65 | 8.42 | 9.18 | 9.57 | 10.71 | 11.48 | 12.24 | 13.77 | 15.30 | 16.83 | 19.13 |
| 8000 | 7.76 | 8.61 | 9.48 | 10.35 | 10.78 | 12.07 | 12.93 | 13.80 | 15.52 | 17.24 | 18.97 | 21.55 |
| 9000 | 8.73 | 9.70 | 10.67 | 11.64 | 12.12 | 13.58 | 14.55 | 15.52 | 17.46 | 19.40 | 21.34 | 24.25 |
| 10000 | 9.70 | 10.78 | 11.86 | 12.93 | 13.47 | 15.09 | 16.17 | 17.24 | 19.40 | 21.55 | 23.71 | 26.94 |
| 11000 | 10.67 | 11.86 | 13.04 | 14.23 | 14.82 | 16.60 | 17.78 | 18.97 | 21.34 | 23.71 | 26.08 | 29.64 |
| 12500 | 12.12 | 13.47 | 14.82 | 16.17 | 16.84 | 18.86 | 20.21 | 21.56 | 24.25 | 26.94 | 29.64 | 33.68 |

**TABLE 13 :**

# PLATES

## (WEIGHTS OF 18 MM PLATES)

| Width b mm / Length *l* mm | 900 | 1000 | 1100 | 1200 | 1250 | 1400 | 1500 | 1600 | 1800 | 2000 | 2200 | 2500 |
|---|---|---|---|---|---|---|---|---|---|---|---|---|
| | Weight in kg | | | | | | | | | | | |
| 2000 | 254.3 | 282.6 | 310.9 | 339.1 | 353.2 | 395.6 | 423.9 | 452.2 | 508.7 | 565.2 | 621.7 | 706.5 |
| 2200 | 279.8 | 310.9 | 341.9 | 373.0 | 388.6 | 435.2 | 466.3 | 497.4 | 559.5 | 621.7 | 683.9 | 777.2 |
| 2500 | 317.9 | 353.2 | 388.6 | 423.9 | 441.6 | 494.6 | 529.9 | 565.2 | 635.8 | 706.5 | 777.2 | 883.1 |
| 2800 | 356.1 | 395.6 | 435.2 | 474.8 | 494.6 | 553.9 | 593.5 | 633.0 | 712.2 | 791.3 | 870.4 | 989.1 |
| 3200 | 406.9 | 452.2 | 497.4 | 542.6 | 565.2 | 633.0 | 678.2 | 723.5 | 813.9 | 904.3 | 994.8 | 1130.4 |
| 3600 | 457.8 | 508.7 | 559.5 | 610.4 | 635.8 | 712.2 | 763.0 | 813.9 | 915.6 | 1017.4 | 1119.1 | 1271.7 |
| 4000 | 508.7 | 565.2 | 621.7 | 678.2 | 706.5 | 791.3 | 847.8 | 904.3 | 1017.4 | 1130.4 | 1243.4 | 1413.0 |
| 4500 | 572.3 | 635.8 | 699.4 | 763.0 | 794.8 | 890.2 | 953.8 | 1017.4 | 1144.5 | 1271.7 | 1398.9 | 1589.6 |
| 5000 | 635.8 | 706.5 | 777.2 | 847.8 | 883.1 | 989.1 | 1059.8 | 1130.4 | 1271.7 | 1413.0 | 1554.3 | 1766.2 |
| 5600 | 712.2 | 791.3 | 870.4 | 949.5 | 989.1 | 1107.8 | 1186.9 | 1266.0 | 1424.3 | 1582.6 | 1740.8 | 1978.2 |
| 6300 | 801.2 | 890.2 | 979.2 | 1068.2 | 1112.7 | 1246.3 | 1335.3 | 1424.3 | 1602.3 | 1780.4 | 1958.4 | 2225.5 |
| 7100 | 902.9 | 1003.2 | 1103.6 | 1203.9 | 1254.0 | 1404.5 | 1504.8 | 1605.2 | 1805.8 | 2006.5 | 2207.1 | 2508.1 |
| 8000 | 1017.4 | 1130.4 | 1243.4 | 1356.5 | 1413.0 | 1582.6 | 1695.6 | 1808.6 | 2034.7 | 2260.8 | 2486.9 | 2826.0 |
| 9000 | 1144.5 | 1271.7 | 1398.9 | 1526.0 | 1589.6 | 1780.4 | 1907.6 | 2034.7 | 2289.1 | 2543.4 | 2797.7 | 3179.2 |
| 10000 | 1271.7 | 1413.0 | 1554.3 | 1695.6 | 1766.2 | 1978.2 | 2119.5 | 2260.8 | 2543.4 | 2826.0 | 3108.6 | 3532.5 |
| 11000 | 1398.9 | 1554.3 | 1709.7 | 1865.0 | 1942.9 | 2176.0 | 2331.4 | 2486.9 | 2797.7 | 3108.6 | 3419.5 | 3885.8 |
| 12500 | 1589.6 | 1766.2 | 1942.9 | 2119.5 | 2207.8 | 2472.8 | 2649.4 | 2826.0 | 3179.2 | 3532.5 | 3885.8 | 4415.6 |
| | Weight in kN | | | | | | | | | | | |
| 2000 | 2.49 | 2.77 | 3.05 | 3.32 | 3.46 | 3.88 | 4.16 | 4.43 | 4.99 | 5.54 | 6.10 | 6.93 |
| 2200 | 2.74 | 3.05 | 3.35 | 3.66 | 3.81 | 4.27 | 4.57 | 4.88 | 5.49 | 6.10 | 6.71 | 7.62 |
| 2500 | 3.12 | 3.46 | 3.81 | 4.16 | 4.33 | 4.85 | 5.20 | 5.54 | 6.23 | 6.93 | 7.62 | 8.66 |
| 2800 | 3.49 | 3.88 | 4.27 | 4.66 | 4.85 | 5.43 | 5.82 | 6.21 | 6.98 | 7.76 | 8.54 | 9.70 |
| 3200 | 3.99 | 4.43 | 4.88 | 5.32 | 5.54 | 6.21 | 6.65 | 7.09 | 7.98 | 8.87 | 9.76 | 11.09 |
| 3600 | 4.49 | 4.99 | 5.49 | 5.99 | 6.23 | 6.98 | 7.48 | 7.98 | 8.98 | 9.98 | 10.97 | 12.47 |
| 4000 | 4.99 | 5.54 | 6.10 | 6.65 | 6.93 | 7.76 | 8.31 | 8.87 | 9.98 | 11.09 | 12.19 | 13.86 |
| 4500 | 5.61 | 6.23 | 6.86 | 7.48 | 7.79 | 8.82 | 9.35 | 9.98 | 11.22 | 12.47 | 13.72 | 15.59 |
| 5000 | 6.23 | 6.93 | 7.62 | 8.31 | 8.66 | 9.70 | 10.39 | 11.09 | 12.47 | 13.86 | 15.24 | 17.32 |
| 5600 | 6.99 | 7.76 | 8.54 | 9.31 | 9.70 | 10.86 | 11.64 | 12.42 | 13.97 | 15.52 | 17.07 | 19.40 |
| 6300 | 7.86 | 8.73 | 9.60 | 10.48 | 10.91 | 12.22 | 13.09 | 13.97 | 15.71 | 17.46 | 19.21 | 21.82 |
| 7100 | | 9.84 | 10.82 | 11.81 | 12.30 | 13.77 | 14.76 | 15.74 | 17.71 | 19.68 | 21.64 | 24.60 |
| 8000 | 9.98 | 11.09 | 12.19 | 13.30 | 13.86 | 15.52 | 16.63 | 17.74 | 19.95 | 22.17 | 24.39 | 27.71 |
| 9000 | 11.22 | 12.47 | 13.63 | 14.96 | 15.59 | 17.46 | 18.71 | 19.95 | 22.45 | 24.94 | 27.44 | 31.18 |
| 10000 | 12.47 | 13.86 | 15.24 | 16.63 | 17.32 | 19.40 | 20.79 | 22.17 | 24.94 | 27.71 | 30.48 | 34.64 |
| 11000 | 13.72 | 15.24 | 16.77 | 18.29 | 19.05 | 21.34 | 22.86 | 24.39 | 27.44 | 30.48 | 33.53 | 38.11 |
| 12500 | 15.59 | 17.32 | 19.05 | 20.79 | 21.65 | 24.25 | 25.98 | 27.71 | 31.18 | 34.64 | 38.11 | 43.30 |

## TABLE 15 : SHEETS

### (WEIGHTS IN KG & N)

| | Standard Nominal Thickness in mm | 0.40 | 0.50 | 0.63 | 0.80 | 0.90 | 1.00 | 1.12 | 1.25 | 1.40 |
|---|---|---|---|---|---|---|---|---|---|---|
| Size mm × mm | Standard Nominal Surface Area in m² | Weight in N | | | | | | | | |
| 1800 × 600 | 1.08 | 33.3 | 41.2 | 52.0 | 66.9 | 74.5 | 83.4 | 93.2 | 103.9 | 116.7 |
| 750 | 1.35 | 41.2 | 52.0 | 65.7 | 83.4 | 93.2 | 103.9 | 116.7 | 129.4 | 145.1 |
| 900 | 1.62 | 50.0 | 62.8 | 78.4 | 100.0 | 111.8 | 124.5 | 139.2 | 155.9 | 174.5 |
| 1000 | 1.80 | 55.9 | 69.6 | 87.3 | 110.8 | 124.5 | 139.2 | 154.9 | 173.6 | 194.2 |
| 1100 | 1.90 | 68.8 | 76.5 | 96.1 | 121.6 | 137.3 | 153.0 | 170.6 | 191.4 | 213.8 |
| 1200 | 2.16 | 66.9 | 83.4 | 104.9 | 133.4 | 150.0 | 166.7 | 186.3 | 207.9 | 232.4 |
| 1250 | 2.25 | 69.6 | 86.3 | 108.8 | 138.3 | 155.9 | 172.6 | 194.2 | 216.7 | 242.2 |
| 1400 | 2.52 | 77.5 | 97.0 | 122.6 | 154.9 | 174.5 | 194.2 | 217.7 | 242.2 | 271.6 |
| 1500 | 2.70 | 83.4 | 103.9 | 131.4 | 166.7 | 187.3 | 207.9 | 233.4 | 259.9 | 291.2 |
| 2000 × 600 | 1.20 | 37.3 | 46.1 | 57.8 | 73.5 | 83.4 | 92.2 | 103.9 | 115.7 | 129.4 |
| 750 | 1.50 | 46.1 | 57.8 | 72.6 | 92.2 | 103.9 | 115.7 | 129.4 | 144.1 | 161.8 |
| 900 | 1.80 | 55.9 | 69.6 | 87.3 | 110.8 | 124.5 | 138.3 | 154.9 | 173.6 | 194.2 |
| 1000 | 2.00 | 61.8 | 76.5 | 97.0 | 123.6 | 138.3 | 154.0 | 172.6 | 192.2 | 215.7 |
| 1100 | 2.20 | 67.7 | 84.3 | 106.9 | 135.3 | 152.0 | 169.6 | 189.3 | 211.8 | 237.3 |
| 1200 | 2.40 | 73.5 | 92.2 | 116.7 | 148.1 | 166.7 | 184.4 | 206.9 | 231.4 | 258.9 |
| 1250 | 2.50 | 76.5 | 96.1 | 121.6 | 154.0 | 173.6 | 192.2 | 215.7 | 240.3 | 269.7 |
| 1400 | 2.80 | 86.3 | 107.9 | 135.3 | 172.6 | 194.2 | 215.7 | 241.2 | 269.7 | 302.0 |
| 1500 | 3.00 | 92.2 | 115.7 | 145.1 | 184.4 | 207.9 | 231.4 | 258.9 | 288.3 | 323.6 |
| | | Weight in kg | | | | | | | | |
| 1800 × 600 | 1.08 | 3.4 | 4.2 | 5.3 | 6.8 | 7.6 | 8.5 | 9.5 | 10.6 | 11.9 |
| 750 | 1.35 | 4.2 | 5.3 | 6.7 | 8.5 | 9.5 | 10.6 | 11.9 | 13.2 | 14.8 |
| 900 | 1.62 | 5.1 | 6.4 | 8.0 | 10.2 | 11.4 | 12.7 | 14.2 | 15.9 | 17.8 |
| 1000 | 1.80 | 5.7 | 7.1 | 8.9 | 11.3 | 12.7 | 14.2 | 15.8 | 17.7 | 19.8 |
| 1100 | 1.90 | 6.2 | 7.8 | 9.8 | 12.4 | 14.0 | 15.6 | 17.4 | 19.4 | 21.8 |
| 1200 | 2.16 | 6.8 | 8.5 | 10.7 | 13.6 | 15.3 | 17.0 | 19.0 | 21.2 | 23.7 |
| 1250 | 2.25 | 7.1 | 8.8 | 11.1 | 14.1 | 15.9 | 17.6 | 19.8 | 22.1 | 24.7 |
| 1400 | 2.52 | 7.9 | 9.9 | 12.5 | 15.8 | 17.8 | 19.8 | 22.2 | 24.7 | 27.7 |
| 1500 | 2.70 | 8.5 | 10.6 | 13.4 | 17.0 | 19.1 | 21.2 | 23.8 | 26.5 | 29.7 |
| 2000 × 600 | 1.20 | 3.8 | 4.7 | 5.9 | 7.5 | 8.5 | 9.4 | 10.6 | 11.8 | 13.2 |
| 750 | 1.50 | 4.7 | 5.9 | 7.4 | 9.4 | 10.6 | 11.8 | 13.2 | 14.7 | 16.5 |
| 900 | 1.80 | 5.7 | 7.1 | 8.9 | 11.3 | 12.7 | 14.1 | 15.8 | 17.7 | 19.8 |
| 1000 | 2.00 | 6.3 | 7.8 | 9.9 | 12.6 | 14.1 | 15.7 | 17.6 | 19.6 | 22.0 |
| 1100 | 2.20 | 6.9 | 8.6 | 10.9 | 13.8 | 15.5 | 17.3 | 19.3 | 21.6 | 24.2 |
| 1200 | 2.40 | 7.5 | 9.4 | 11.9 | 15.1 | 17.0 | 18.8 | 21.1 | 23.6 | 26.4 |
| 1250 | 2.50 | 7.8 | 9.8 | 12.4 | 15.7 | 17.7 | 19.6 | 22.0 | 24.5 | 27.5 |
| 1400 | 2.80 | 8.8 | 11.0 | 13.8 | 17.6 | 19.8 | 22.0 | 24.6 | 27.5 | 30.8 |
| 1500 | 3.00 | 9.4 | 11.8 | 14.8 | 18.8 | 21.2 | 23.6 | 26.4 | 29.4 | 33.0 |

(Continued)

## TABLE 15 : SHEETS

### (WEIGHTS IN KG & N)

| 1.60 | 1.80 | 2.00 | 2.24 | 2.50 | 2.80 | 3.15 | 3.55 | 4.00 | Standard Nominal Thickness in mm | |
|---|---|---|---|---|---|---|---|---|---|---|
| | | | | Weight in N | | | | | Standard Nominal Surface Area in $m^2$ | Size mm × mm |
| 133.4 | 150.0 | 166.7 | 186.3 | 207.9 | 232.4 | 261.8 | 295.2 | 332.4 | 1.08 | 1800 × 600 |
| 166.7 | 187.3 | 207.9 | 232.4 | 259.9 | 291.2 | 327.5 | 368.7 | 415.8 | 1.35 | 750 |
| 199.1 | 224.6 | 249.1 | 279.5 | 311.8 | 349.1 | 393.2 | 442.3 | 499.1 | 1.62 | 900 |
| 221.6 | 249.1 | 277.5 | 310.9 | 346.2 | 388.3 | 436.4 | 492.3 | 554.1 | 1.80 | 1000 |
| 244.2 | 274.6 | 295.2 | 341.3 | 381.5 | 426.6 | 480.5 | 541.3 | 610.0 | 1.98 | 1100 |
| 265.8 | 299.1 | 332.4 | 372.6 | 413.8 | 465.8 | 523.7 | 590.4 | 664.9 | 2.16 | 1200 |
| 277.5 | 311.8 | 346.2 | 388.3 | 433.4 | 484.4 | 545.2 | 614.9 | 692.3 | 2.25 | 1250 |
| 310.9 | 349.1 | 388.3 | 434.4 | 484.5 | 543.3 | 610.9 | 688.4 | 775.7 | 2.52 | 1400 |
| 332.4 | 374.6 | 415.8 | 465.8 | 519.7 | 581.5 | 655.1 | 737.5 | 831.6 | 2.70 | 1500 |
| 148.1 | 166.7 | 184.4 | 206.9 | 231.4 | 258.9 | 291.2 | 327.5 | 363.8 | 1.20 | 2000 × 600 |
| 184.4 | 207.9 | 231.4 | 258.9 | 288.3 | 323.6 | 363.8 | 409.9 | 461.9 | 1.50 | 750 |
| 221.6 | 249.1 | 277.5 | 310.9 | 346.2 | 388.3 | 436.4 | 492.3 | 554.1 | 1.80 | 900 |
| 246.1 | 277.5 | 307.9 | 345.2 | 384.4 | 431.5 | 484.4 | 546.2 | 615.8 | 2.00 | 1000 |
| 270.7 | 305.0 | 338.3 | 379.5 | 423.6 | 474.6 | 533.5 | 601.1 | 677.6 | 2.20 | 1100 |
| 295.2 | 332.4 | 369.7 | 413.8 | 461.9 | 517.8 | 581.5 | 656.1 | 739.4 | 2.40 | 1200 |
| 307.9 | 346.2 | 384.4 | 431.5 | 481.5 | 539.4 | 606.0 | 683.5 | 769.8 | 2.50 | 1250 |
| 345.2 | 388.3 | 431.5 | 482.5 | 539.4 | 603.1 | 678.6 | 764.9 | 862.0 | 2.80 | 1400 |
| 369.7 | 415.8 | 461.9 | 517.8 | 577.6 | 646.2 | 727.6 | 819.8 | 923.8 | 3.00 | 1500 |
| | | | | Weight in kg | | | | | | |
| 13.6 | 15.3 | 17.0 | 19.0 | 21.2 | 23.7 | 26.7 | 30.1 | 33.9 | 1.08 | 1800 × 600 |
| 17.0 | 19.1 | 21.2 | 23.7 | 26.5 | 29.7 | 33.4 | 37.6 | 42.4 | 1.35 | 750 |
| 20.3 | 22.9 | 25.4 | 28.5 | 31.8 | 35.6 | 40.1 | 45.1 | 50.9 | 1.62 | 900 |
| 22.6 | 25.4 | 28.3 | 31.7 | 35.3 | 39.6 | 44.5 | 50.2 | 56.5 | 1.80 | 1000 |
| 24.9 | 28.0 | 31.1 | 34.8 | 38.9 | 43.5 | 49.0 | 55.2 | 62.2 | 1.98 | 1100 |
| 27.1 | 30.5 | 33.9 | 38.0 | 42.4 | 47.5 | 53.6 | 60.2 | 67.8 | 2.16 | 1200 |
| 28.3 | 31.8 | 35.3 | 39.6 | 44.2 | 49.5 | 55.6 | 62.7 | 70.6 | 2.25 | 1250 |
| 31.7 | 35.6 | 39.6 | 44.3 | 49.5 | 55.4 | 62.3 | 70.2 | 79.1 | 2.52 | 1400 |
| 33.9 | 38.2 | 42.4 | 47.5 | 53.0 | 59.3 | 66.8 | 75.2 | 84.8 | 2.70 | 1500 |
| 15.1 | 17.0 | 18.8 | 21.1 | 23.6 | 26.4 | 29.7 | 33.4 | 37.7 | 1.20 | 2000 × 600 |
| 18.8 | 21.2 | 23.6 | 26.4 | 29.4 | 33.0 | 37.1 | 41.8 | 47.1 | 1.50 | 750 |
| 22.6 | 25.4 | 28.3 | 31.7 | 35.3 | 39.6 | 44.5 | 50.2 | 56.5 | 1.80 | 900 |
| 25.1 | 28.3 | 31.4 | 35.2 | 39.2 | 44.0 | 49.5 | 55.7 | 62.8 | 2.00 | 1000 |
| 27.6 | 31.1 | 34.5 | 38.7 | 43.2 | 48.4 | 54.4 | 61.3 | 69.1 | 2.20 | 1100 |
| 30.1 | 33.9 | 37.7 | 42.2 | 47.1 | 52.8 | 59.3 | 66.9 | 75.4 | 2.40 | 1200 |
| 31.4 | 35.3 | 39.2 | 44.0 | 49.1 | 55.0 | 61.8 | 69.7 | 78.5 | 2.50 | 1250 |
| 35.2 | 39.6 | 44.0 | 49.2 | 55.0 | 61.5 | 69.2 | 78.0 | 87.9s | 2.80 | 1400 |
| 37.7 | 42.4 | 47.1 | 52.8 | 58.9 | 65.9 | 74.2 | 83.6 | 94.2 | 3.00 | 1500 |

(Continued)

**TABLE 15 :** **SHEETS**

**(WEIGHTS IN KG & N)**

| | Standard Nominal Thickness in mm | 0.40 | 0.50 | 0.63 | 0.80 | 0.90 | 1.00 | 1.12 | 1.25 | 1.40 |
|---|---|---|---|---|---|---|---|---|---|---|
| Size mm × mm | Standard Nominal Surface Area in m² | Weight in N | | | | | | | | |
| 2200 × 600 | 1.32 | 40.2 | 51.0 | 63.7 | 81.4 | 91.2 | 102.0 | 113.7 | 127.5 | 142.2 |
| 750 | 1.65 | 51.0 | 63.7 | 80.4 | 102.0 | 114.7 | 127.5 | 142.2 | 158.9 | 177.5 |
| 900 | 1.98 | 60.8 | 76.5 | 96.1 | 121.6 | 137.3 | 152.0 | 170.6 | 191.4 | 213.8 |
| 1000 | 2.20 | 67.7 | 84.3 | 106.9 | 135.3 | 152.0 | 169.6 | 189.3 | 211.8 | 237.3 |
| 1100 | 2.42 | 74.5 | 93.2 | 117.7 | 149.1 | 167.7 | 186.3 | 208.9 | 232.4 | 260.8 |
| 1200 | 2.64 | 81.4 | 102.0 | 128.5 | 162.8 | 183.4 | 203.0 | 227.5 | 254.0 | 284.4 |
| 1250 | 2.75 | 84.3 | 105.9 | 133.4 | 169.6 | 191.4 | 211.8 | 237.3 | 264.8 | 296.2 |
| 1400 | 3.08 | 95.1 | 118.7 | 149.1 | 189.3 | 213.8 | 273.3 | 265.8 | 296.2 | 331.5 |
| 1500 | 3.30 | 102.0 | 127.5 | 159.8 | 203.0 | 228.5 | 254.0 | 284.4 | 317.7 | 356.0 |
| 2500 × 600 | 1.50 | 46.1 | 57.8 | 72.6 | 92.2 | 103.9 | 115.7 | 129.4 | 144.1 | 161.8 |
| 750 | 1.875 | 57.8 | 72.6 | 91.2 | 115.7 | 129.4 | 144.1 | 161.8 | 180.4 | 202.0 |
| 900 | 2.25 | 69.6 | 86.3 | 108.8 | 138.3 | 155.9 | 173.6 | 194.2 | 216.7 | 242.2 |
| 1000 | 2.50 | 76.5 | 96.1 | 121.6 | 154.0 | 173.6 | 192.2 | 215.7 | 240.3 | 269.7 |
| 1100 | 2.75 | 84.3 | 105.9 | 133.4 | 169.6 | 191.4 | 211.8 | 237.3 | 264.8 | 296.2 |
| 1200 | 3.00 | 92.2 | 115.7 | 145.1 | 184.4 | 207.9 | 231.4 | 258.9 | 288.3 | 323.6 |
| 1250 | 3.125 | 96.1 | 120.6 | 152.0 | 192.2 | 216.7 | 240.3 | 269.7 | 301.1 | 336.4 |
| 1400 | 3.50 | 107.9 | 134.3 | 169.6 | 215.7 | 242.2 | 269.7 | 302.0 | 336.4 | 377.5 |
| 1500 | 3.75 | 115.7 | 144.1 | 181.4 | 231.4 | 259.9 | 288.3 | 323.6 | 360.9 | 404.0 |
| | | Weight in kg | | | | | | | | |
| 2200 × 600 | 1.32 | 4.1 | 5.2 | 6.5 | 8.3 | 9.3 | 10.4 | 11.6 | 13.0 | 14.5 |
| 750 | 1.65 | 5.2 | 6.5 | 8.2 | 10.4 | 11.7 | 13.0 | 14.5 | 16.2 | 18.1 |
| 900 | 1.98 | 6.2 | 7.8 | 9.8 | 12.4 | 14.0 | 15.5 | 17.4 | 19.4 | 21.8 |
| 1000 | 2.20 | 6.9 | 8.6 | 10.9 | 13.8 | 15.5 | 17.8 | 19.3 | 21.6 | 24.2 |
| 1100 | 2.42 | 7.6 | 9.5 | 12.0 | 15.2 | 17.1 | 19.0 | 21.3 | 23.7 | 26.6 |
| 1200 | 2.64 | 8.3 | 10.4 | 13.1 | 16.6 | 18.7 | 20.7 | 23.2 | 25.9 | 29.0 |
| 1250 | 2.75 | 8.6 | 10.8 | 13.6 | 17.3 | 19.4 | 21.6 | 24.2 | 27.0 | 30.2 |
| 1400 | 3.08 | 9.7 | 12.1 | 15.2 | 19.3 | 21.8 | 24.2 | 27.1 | 30.2 | 33.8 |
| 1500 | 3.30 | 10.4 | 13.0 | 16.3 | 20.7 | 23.3 | 25.9 | 29.0 | 32.4 | 36.3 |
| 2500 × 600 | 1.50 | 4.7 | 5.9 | 7.4 | 9.4 | 10.6 | 11.8 | 13.2 | 14.7 | 16.5 |
| 750 | 1.875 | 5.9 | 7.4 | 9.3 | 11.8 | 13.2 | 14.7 | 16.5 | 18.4 | 20.6 |
| 900 | 2.25 | 7.1 | 8.8 | 11.1 | 14.1 | 15.9 | 17.7 | 19.8 | 22.1 | 24.7 |
| 1000 | 2.50 | 7.8 | 9.8 | 12.4 | 15.7 | 17.7 | 19.6 | 22.0 | 24.5 | 27.5 |
| 1100 | 2.75 | 8.6 | 10.8 | 13.6 | 17.3 | 19.4 | 21.6 | 24.2 | 27.0 | 30.2 |
| 1200 | 3.00 | 9.4 | 11.8 | 14.8 | 18.8 | 21.2 | 23.6 | 26.4 | 29.4 | 33.0 |
| 1250 | 3.125 | 9.8 | 12.3 | 15.5 | 19.6 | 22.1 | 24.5 | 27.5 | 30.7 | 34.3 |
| 1400 | 3.50 | 11.0 | 13.7 | 17.3 | 22.0 | 24.7 | 27.5 | 30.8 | 34.3 | 38.5 |
| 1500 | 3.75 | 11.8 | 14.7 | 18.5 | 23.6 | 26.5 | 29.4 | 33.0 | 36.8 | 41.2 |

(Continued)

## TABLE 15 : SHEETS

### (WEIGHTS IN KG & N)

| 1.60 | 1.80 | 2.00 | 2.24 | 2.50 | 2.80 | 3.15 | 3.55 | 4.00 | Standard Nominal Thickness in mm | |
|---|---|---|---|---|---|---|---|---|---|---|
| | | | | Weight in N | | | | | Standard Nominal Surface Area in $m^2$ | Size mm × mm |
| 162.8 | 183.4 | 203.0 | 227.5 | 254.0 | 284.4 | 319.7 | 360.9 | 406.0 | 1.32 | 2200 × 600 |
| 203.0 | 228.5 | 254.0 | 284.4 | 317.7 | 356.0 | 400.1 | 451.1 | 508.0 | 1.65 | 750 |
| 244.2 | 274.6 | 305.0 | 341.3 | 381.5 | 426.6 | 480.5 | 541.3 | 610.0 | 1.98 | 900 |
| 270.7 | 305.0 | 338.3 | 379.5 | 423.6 | 474.6 | 533.5 | 601.1 | 677.6 | 2.20 | 1000 |
| 298.1 | 335.4 | 372.6 | 417.8 | 465.8 | 521.7 | 586.4 | 661.0 | 745.3 | 2.42 | 1100 |
| 325.6 | 365.8 | 406.0 | 455.0 | 508.0 | 568.8 | 640.4 | 721.8 | 813.0 | 2.64 | 1200 |
| 338.3 | 381.5 | 423.6 | 474.6 | 529.5 | 592.3 | 666.8 | 751.2 | 847.3 | 2.75 | 1250 |
| 379.5 | 426.6 | 474.6 | 531.5 | 592.3 | 663.9 | 747.3 | 841.4 | 948.3 | 3.08 | 1400 |
| 406.0 | 457.0 | 508.0 | 568.8 | 635.5 | 711.0 | 800.2 | 902.2 | 1016.0 | 3.30 | 1500 |
| 184.4 | 207.9 | 231.4 | 258.9 | 288.3 | 323.6 | 363.8 | 409.9 | 461.9 | 1.50 | 2500 × 600 |
| 231.4 | 259.9 | 288.3 | 323.6 | 360.9 | 404.0 | 455.0 | 512.9 | 577.6 | 1.875 | 750 |
| 277.5 | 311.8 | 346.2 | 388.3 | 433.4 | 484.4 | 545.2 | 614.9 | 692.3 | 2.25 | 900 |
| 307.9 | 346.2 | 384.4 | 431.5 | 481.5 | 539.4 | 606.0 | 683.5 | 769.8 | 2.50 | 1000 |
| 338.3 | 381.5 | 423.6 | 474.6 | 529.5 | 592.3 | 666.8 | 751.2 | 847.3 | 2.75 | 1100 |
| 369.7 | 415.8 | 461.9 | 517.8 | 577.6 | 646.2 | 727.6 | 819.8 | 923.8 | 3.00 | 1200 |
| 384.4 | 433.4 | 481.5 | 539.4 | 601.1 | 673.7 | 758.0 | 854.1 | 962.0 | 3.125 | 1250 |
| 431.5 | 484.4 | 539.4 | 603.1 | 673.7 | 754.1 | 848.3 | 956.1 | 1077.7 | 3.50 | 1400 |
| 461.9 | 579.7 | 577.6 | 646.2 | 721.8 | 808.1 | 909.1 | 1024.8 | 1155.2 | 3.75 | 1500 |
| | | | | Weight in kg | | | | | | |
| 16.6 | 18.7 | 20.7 | 23.2 | 25.9 | 29.0 | 32.6 | 36.8 | 41.4 | 1.32 | 2200 × 600 |
| 20.7 | 23.3 | 25.9 | 29.0 | 32.4 | 36.3 | 40.8 | 46.0 | 51.8 | 1.65 | 750 |
| 24.9 | 28.0 | 31.1 | 34.8 | 38.9 | 43.5 | 49.0 | 55.2 | 62.2 | 1.98 | 900 |
| 27.6 | 31.1 | 34.5 | 38.7 | 43.2 | 48.4 | 54.4 | 61.3 | 69.1 | 2.20 | 1000 |
| 30.4 | 34.2 | 38.0 | 42.6 | 47.5 | 53.2 | 59.8 | 67.4 | 76.0 | 2.42 | 1100 |
| 33.2 | 37.3 | 41.4 | 46.4 | 51.8 | 58.0 | 65.3 | 73.6 | 82.9 | 2.64 | 1200 |
| 34.5 | 38.9 | 43.2 | 48.4 | 54.0 | 60.4 | 68.0 | 76.6 | 86.4 | 2.75 | 1250 |
| 38.7 | 43.5 | 48.4 | 54.2 | 60.4 | 67.7 | 76.2 | 85.8 | 96.7 | 3.08 | 1400 |
| 41.4 | 46.6 | 51.8 | 58.0 | 64.8 | 72.5 | 81.6 | 92.0 | 103.6 | 3.30 | 1500 |
| 18.8 | 21.2 | 23.6 | 26.4 | 29.4 | 33.0 | 37.1 | 41.8 | 47.1 | 1.50 | 2500 × 600 |
| 23.6 | 26.5 | 29.4 | 33.0 | 36.8 | 41.2 | 46.4 | 52.3 | 58.9 | 1.875 | 750 |
| 28.3 | 31.8 | 35.3 | 39.6 | 44.2 | 49.5 | 55.6 | 62.7 | 70.6 | 2.25 | 900 |
| 31.4 | 35.3 | 39.2 | 44.0 | 49.1 | 55.0 | 61.8 | 69.7 | 78.5 | 2.50 | 1000 |
| 34.5 | 38.9 | 43.2 | 48.4 | 54.0 | 60.4 | 68.0 | 76.6 | 86.4 | 2.75 | 1100 |
| 37.7 | 42.4 | 47.1 | 52.8 | 58.9 | 65.9 | 74.2 | 83.6 | 94.2 | 3.00 | 1200 |
| 39.2 | 44.2 | 49.1 | 55.0 | 61.3 | 68.7 | 77.3 | 87.1 | 98.1 | 3.125 | 1250 |
| 44.0 | 49.5 | 55.0 | 61.5 | 68.7 | 76.9 | 86.5 | 97.5 | 109.9 | 3.50 | 1400 |
| 47.1 | 53.0 | 58.9 | 65.9 | 73.6 | 82.4 | 92.7 | 104.5 | 117.8 | 3.75 | 1500 |

(Continued)

## TABLE 15 : SHEETS

### (WEIGHTS IN KG & N)

| | Standard Nominal Thickness in mm | 0.40 | 0.50 | 0.63 | 0.80 | 0.90 | 1.00 | 1.12 | 1.25 | 1.40 |
|---|---|---|---|---|---|---|---|---|---|---|
| Size mm × mm | Standard Nominal Surface Area in m² | Weight in N | | | | | | | | |
| 2800 × 600 | 1.68 | 52 | 64.7 | 81.4 | 103.9 | 116.7 | 129.4 | 145.1 | 161.8 | 181.4 |
| 750 | 2.10 | 64.7 | 80.4 | 102 | 129.4 | 145.1 | 161.8 | 181.4 | 202 | 226.5 |
| 900 | 2.52 | 77.5 | 97 | 122.6 | 154.9 | 174.5 | 194.2 | 217.7 | 242.2 | 271.6 |
| 1000 | 2.80 | 86.3 | 107.9 | 135.3 | 172.6 | 194.2 | 215.7 | 241.2 | 269.7 | 302 |
| 1100 | 3.08 | 95.1 | 118.7 | 149.1 | 189.3 | 213.8 | 237.3 | 265.8 | 296.2 | 331.5 |
| 1200 | 3.36 | 103.9 | 129.4 | 162.8 | 206.9 | 232.4 | 258.9 | 289.3 | 323.6 | 361.9 |
| 1250 | 3.50 | 107.9 | 134.3 | 169.6 | 215.7 | 242.2 | 269.7 | 302 | 336.4 | 377.5 |
| 1400 | 3.92 | 120.6 | 151 | 191.4 | 241.2 | 271.6 | 302 | 338.3 | 377.5 | 422.7 |
| 1500 | 4.20 | 129.4 | 161.8 | 204 | 258.9 | 291.2 | 323.6 | 361.9 | 404 | 453.2 |
| 3200 × 600 | 1.92 | 58.8 | 73.5 | 93.2 | 118.7 | 133.4 | 148.1 | 165.7 | 184.4 | 206.9 |
| 750 | 2.40 | 73.5 | 92.2 | 116.7 | 148.1 | 166.7 | 184.4 | 206.9 | 231.4 | 258.9 |
| 900 | 2.88 | 88.2 | 110.8 | 139.2 | 177.5 | 199.1 | 221.6 | 248.1 | 277.5 | 310.9 |
| 1000 | 3.20 | 98.1 | 123.6 | 154.9 | 197.1 | 221.6 | 246.1 | 275.6 | 307.9 | 345.2 |
| 1100 | 3.52 | 108.8 | 135.3 | 170.6 | 216.7 | 244.2 | 270.7 | 303 | 338.3 | 379.5 |
| 1200 | 3.84 | 118.7 | 148.1 | 186.3 | 236.3 | 265.8 | 295.2 | 331.5 | 369.7 | 413.8 |
| 1250 | 4.00 | 123.6 | 154 | 194.2 | 246.1 | 277.5 | 307.9 | 345.2 | 384.4 | 431.5 |
| 1400 | 4.48 | 138.3 | 172.6 | 217.7 | 275.6 | 310.9 | 345.2 | 386.4 | 431.5 | 482.5 |
| 1500 | 4.80 | 148.1 | 184.4 | 232.4 | 295.2 | 332.4 | 369.7 | 413.8 | 461.9 | 517.8 |
| | | Weight in kg | | | | | | | | |
| 2800 × 600 | 1.68 | 5.3 | 6.6 | 8.3 | 10.6 | 11.9 | 13.2 | 14.8 | 16.5 | 18.5 |
| 750 | 2.10 | 6.6 | 8.2 | 10.4 | 13.2 | 14.8 | 16.5 | 18.5 | 20.6 | 23.1 |
| 900 | 2.52 | 7.9 | 9.9 | 12.5 | 15.8 | 17.8 | 19.8 | 22.2 | 24.7 | 27.7 |
| 1000 | 2.80 | 8.8 | 11.0 | 13.8 | 17.6 | 19.8 | 22.0 | 24.6 | 27.5 | 30.8 |
| 1100 | 3.08 | 9.7 | 12.1 | 15.2 | 19.3 | 21.8 | 24.2 | 27.1 | 30.2 | 33.8 |
| 1200 | 3.36 | 10.6 | 13.2 | 16.6 | 21.1 | 23.7 | 26.4 | 29.5 | 33.0 | 36.9 |
| 1250 | 3.50 | 11.0 | 13.7 | 17.3 | 22.0 | 24.7 | 27.5 | 30.8 | 34.3 | 38.5 |
| 1400 | 3.92 | 12.3 | 15.4 | 19.4 | 24.6 | 27.7 | 30.8 | 34.5 | 38.5 | 43.1 |
| 1500 | 4.20 | 13.2 | 16.5 | 20.8 | 26.4 | 29.7 | 33.0 | 36.9 | 41.2 | 46.2 |
| 3200 × 600 | 1.92 | 6.0 | 7.5 | 9.5 | 12.1 | 13.6 | 15.1 | 16.9 | 18.8 | 21.1 |
| 750 | 2.40 | 7.5 | 9.4 | 11.9 | 15.1 | 17.0 | 18.8 | 21.1 | 23.6 | 26.4 |
| 900 | 2.88 | 9.0 | 11.3 | 14.2 | 18.1 | 20.3 | 22.6 | 25.3 | 28.3 | 31.7 |
| 1000 | 3.20 | 10.0 | 12.6 | 15.8 | 20.1 | 22.6 | 25.1 | 28.1 | 31.4 | 35.2 |
| 1100 | 3.52 | 11.1 | 13.8 | 17.4 | 22.1 | 24.9 | 27.6 | 30.9 | 34.5 | 38.7 |
| 1200 | 3.84 | 12.1 | 15.1 | 19.0 | 24.1 | 27.1 | 30.1 | 33.8 | 37.7 | 42.2 |
| 1250 | 4.00 | 12.6 | 15.7 | 19.8 | 25.1 | 28.8 | 31.4 | 35.2 | 39.2 | 44.0 |
| 1400 | 4.48 | 14.1 | 17.6 | 22.2 | 28.1 | 31.7 | 35.2 | 39.4 | 44.0 | 49.2 |
| 1500 | 4.80 | 15.1 | 18.8 | 23.7 | 30.1 | 33.9 | 37.7 | 42.2 | 47.1 | 52.8 |

(Continued)

## TABLE 15 : SHEETS

### (WEIGHTS IN KG & N)

| 1.60 | 1.80 | 2.00 | 2.24 | 2.50 | 2.80 | 3.15 | 3.55 | 4.00 | Standard Nominal Thickness in mm | |
|---|---|---|---|---|---|---|---|---|---|---|
| | | | | Weight in N | | | | | Standard Nominal Surface Area in $m^2$ | Size mm × mm |
| 206.9 | 232.4 | 258.9 | 289.3 | 323.6 | 361.9 | 407 | 458.9 | 517.8 | 1.68 | 2800 × 600 |
| 258.9 | 291.2 | 323.6 | 361.9 | 404 | 453.2 | 509 | 573.7 | 646.2 | 2.10 | 750 |
| 310.9 | 349.1 | 388.3 | 434.4 | 484.5 | 543.3 | 610.9 | 688.4 | 775.7 | 2.52 | 900 |
| 345.2 | 388.3 | 431.5 | 482.5 | 539.4 | 603.1 | 678.6 | 764.9 | 862 | 2.80 | 1000 |
| 379.5 | 426.6 | 474.6 | 531.5 | 592.3 | 633.9 | 747.3 | 841.4 | 948.3 | 3.08 | 1100 |
| 413.8 | 465.8 | 517.8 | 579.6 | 646.2 | 724.7 | 814.9 | 917.9 | 1034.6 | 3.36 | 1200 |
| 431.5 | 484.5 | 539.4 | 603.1 | 673.7 | 754.1 | 848.3 | 956.1 | 1077.7 | 3.50 | 1250 |
| 482.5 | 543.3 | 603.1 | 675.7 | 754.1 | 845.3 | 950.3 | 1070.9 | 1207.2 | 3.92 | 1400 |
| 517.8 | 581.5 | 646.2 | 724.7 | 808.1 | 905.1 | 1017.9 | 1147.4 | 1293.5 | 4.20 | 1500 |
| 236.3 | 265.8 | 295.2 | 331.5 | 369.7 | 413.8 | 465.8 | 524.6 | 591.3 | 1.92 | 3200 × 600 |
| 295.2 | 332.4 | 369.7 | 413.8 | 461.9 | 517.8 | 581.5 | 656.1 | 739.4 | 2.40 | 750 |
| 355 | 399.1 | 443.3 | 496.2 | 554.1 | 620.8 | 698.2 | 787.5 | 886.5 | 2.88 | 900 |
| 394.2 | 443.3 | 492.3 | 552.1 | 615.8 | 689.4 | 775.7 | 874.7 | 985.6 | 3.20 | 1000 |
| 433.4 | 487.4 | 542.3 | 607 | 677.6 | 759 | 853.2 | 962 | 1083.6 | 3.52 | 1100 |
| 472.7 | 532.5 | 591.3 | 661.9 | 739.4 | 827.7 | 931.6 | 1085.6 | 1182.7 | 3.84 | 1200 |
| 492.3 | 554.1 | 615.8 | 689.4 | 769.8 | 862 | 969.9 | 1093.4 | 1231.7 | 4.00 | 1250 |
| 552.1 | 620.8 | 689.4 | 772.8 | 862 | 965.9 | 1086.6 | 1223.9 | 1379.8 | 4.48 | 1400 |
| 591.3 | 664.9 | 739.4 | 827.7 | 923.8 | 1034.6 | 1164 | 1312.1 | 1477.9 | 4.80 | 1500 |
| | | | | Weight in kg | | | | | | |
| 21.1 | 23.7 | 26.4 | 29.5 | 33.0 | 36.9 | 41.5 | 46.8 | 52.8 | 1.68 | 2800 × 600 |
| 26.4 | 29.7 | 33.0 | 36.9 | 41.2 | 46.2 | 51.9 | 58.5 | 65.9 | 2.10 | 750 |
| 31.7 | 35.6 | 39.6 | 44.3 | 49.5 | 55.4 | 62.3 | 70.2 | 79.1 | 2.52 | 900 |
| 35.2 | 39.6 | 44.0 | 49.2 | 55.0 | 61.5 | 69.2 | 78.0 | 87.9 | 2.80 | 1000 |
| 38.7 | 43.5 | 48.4 | 54.2 | 60.4 | 67.7 | 76.2 | 85.8 | 96.7 | 3.08 | 1100 |
| 42.2 | 47.5 | 52.8 | 59.1 | 65.9 | 73.9 | 83.1 | 93.6 | 105.5 | 3.36 | 1200 |
| 44.0 | 49.5 | 55.0 | 61.5 | 68.7 | 76.9 | 86.5 | 97.5 | 109.9 | 3.50 | 1250 |
| 49.2 | 55.4 | 61.5 | 68.9 | 76.9 | 86.2 | 96.9 | 109.2 | 123.1 | 3.92 | 1400 |
| 52.8 | 59.3 | 65.9 | 73.9 | 82.4 | 92.3 | 103.8 | 117.0 | 131.9 | 4.20 | 1500 |
| 24.1 | 27.1 | 30.1 | 33.8 | 37.7 | 42.2 | 47.5 | 53.5 | 60.3 | 1.92 | 3200 × 600 |
| 30.1 | 33.9 | 37.7 | 42.2 | 47.1 | 52.8 | 59.3 | 66.9 | 75.4 | 2.40 | 750 |
| 36.2 | 40.7 | 45.2 | 50.6 | 56.5 | 63.3 | 71.2 | 80.3 | 90.4 | 2.88 | 900 |
| 40.2 | 45.2 | 50.2 | 56.3 | 62.8 | 70.3 | 79.1 | 89.2 | 100.5 | 3.20 | 1000 |
| 44.2 | 49.7 | 55.3 | 61.9 | 69.1 | 77.4 | 87.0 | 98.1 | 110.5 | 3.52 | 1100 |
| 48.2 | 54.3 | 60.3 | 67.5 | 75.4 | 84.4 | 95.0 | 110.7 | 120.6 | 3.84 | 1200 |
| 50.2 | 56.5 | 62.8 | 70.3 | 78.5 | 87.9 | 98.9 | 111.5 | 125.6 | 4.00 | 1250 |
| 56.3 | 63.3 | 70.3 | 78.3 | 87.9 | 98.5 | 110.8 | 124.8 | 140.7 | 4.48 | 1400 |
| 60.3 | 67.8 | 75.4 | 84.4 | 94.2 | 105.5 | 118.7 | 133.8 | 150.7 | 4.80 | 1500 |

## TABLE 16 :

# ROLLED STEEL EQUAL ANGLES

## (DIMENSIONS AND PROPERTIES)

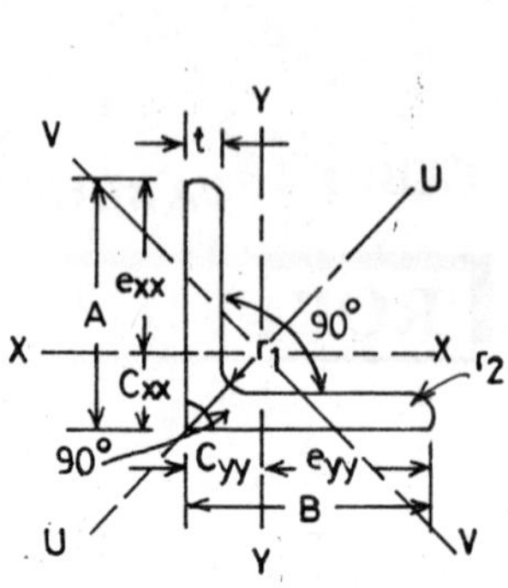


| Designation Size A × B mm × mm | Thickness $t$ mm | Sectional Area $a$ cm² | Weight per metre (w) kg | N | Centre of Gravity $C_{xx} = C_{yy}$ cm | Distnace of Extreme Fibre $e_{xx} = e_{yy}$ cm |
|---|---|---|---|---|---|---|
| ISA 2020 | 3.0 | 1.12 | 0.9 | 8.8 | 0.59 | 1.41 |
| 20 × 20 | 4.0 | 1.45 | 1.1 | 10.8 | 0.63 | 1.37 |
| ISA 2525 | 3.0 | 1.41 | 1.1 | 10.8 | 0.71 | 1.79 |
| 25 × 25 | 4.0 | 1.84 | 1.4 | 13.7 | 0.75 | 1.75 |
| | 5.0 | 2.25 | 1.8 | 17.7 | 0.79 | 1.71 |
| ISA 3030 | 3.0 | 1.73 | 1.4 | 13.7 | 1.83 | 2.17 |
| 30 × 30 | 4.0 | 2.26 | 1.8 | 17.7 | 0.87 | 2.13 |
| | 5.0 | 2.77 | 2.2 | 21.6 | 0.92 | 2.08 |
| ISA 3535 | 3.0 | 2.03 | 1.6 | 15.7 | 0.95 | 2.55 |
| 35 × 35 | 4.0 | 2.66 | 2.1 | 20.6 | 1.00 | 2.50 |
| | 5.0 | 3.27 | 2.6 | 25.5 | 1.04 | 2.46 |
| | 6.0 | 3.86 | 3.0 | 29.4 | 1.08 | 2.42 |
| ISA 4040 | 3.0 | 2.34 | 1.8 | 17.7 | 1.08 | 2.92 |
| 40 × 40 | 4.0 | 3.07 | 2.4 | 23.5 | 1.12 | 2.88 |
| | 5.0 | 3.78 | 3.0 | 29.4 | 1.16 | 2.84 |
| | 6.0 | 4.47 | 3.5 | 34.3 | 1.20 | 2.80 |
| ISA 4545 | 3.0 | 2.64 | 2.1 | 20.6 | 1.20 | 3.30 |
| 45 × 45 | 4.0 | 3.47 | 2.7 | 26.5 | 1.25 | 3.25 |
| | 5.0 | 4.28 | 3.4 | 33.4 | 1.29 | 3.21 |
| | 6.0 | 5.07 | 4.0 | 39.2 | 1.33 | 3.17 |
| ISA 5050 | 3.0 | 2.95 | 2.3 | 22.6 | 1.32 | 3.68 |
| 50 × 50 | 4.0 | 3.88 | 3.0 | 29.4 | 1.37 | 3.63 |
| | 5.0 | 4.79 | 3.8 | 37.3 | 1.41 | 3.59 |
| | 6.0 | 5.68 | 4.5 | 44.1 | 1.45 | 3.55 |
| ISA 5555 | 5.0 | 5.27 | 4.1 | 40.2 | 1.53 | 3.97 |
| 55 × 55 | 6.0 | 6.26 | 4.9 | 48.1 | 1.57 | 3.93 |
| | 8.0 | 8.18 | 6.4 | 62.8 | 1.65 | 3.85 |
| | 10.0 | 10.02 | 7.9 | 77.5 | 1.72 | 3.78 |
| ISA 6060 | 5.0 | 5.75 | 4.5 | 44.1 | 1.65 | 4.35 |
| 60 × 60 | 6.0 | 6.84 | 5.4 | 53.0 | 1.69 | 4.31 |
| | 8.0 | 8.96 | 7.0 | 68.7 | 1.77 | 4.23 |
| | 10.0 | 11.00 | 8.6 | 84.4 | 1.85 | 4.15 |
| ISA 6565 | 5.0 | 6.25 | 4.9 | 48.1 | 1.77 | 1.73 |
| 65 × 65 | 6.0 | 7.44 | 5.8 | 56.9 | 1.81 | 4.69 |
| | 8.0 | 9.76 | 7.7 | 75.5 | 1.89 | 4.61 |
| | 10.0 | 12.00 | 9.4 | 92.2 | 1.97 | 4.53 |

(Continued)

**TABLE 16 :**

# ROLLED STEEL EQUAL ANGLES

## (DIMENSIONS AND PROPERTIES)

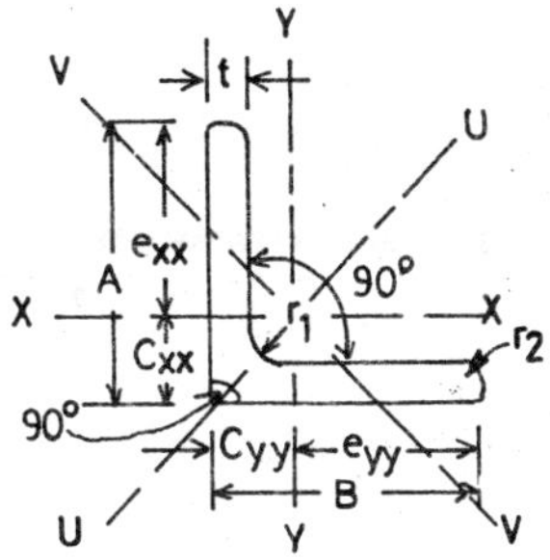


| Moments of Inertia | | | Radii of Gyration | | | Modulus of Section | Radius at Root | Radius at Toe | Product of Inertia | Designation |
|---|---|---|---|---|---|---|---|---|---|---|
| $I_{xx} = I_{yy}$ | $I_{uu}$ | $I_{vv}$ | $r_{xx} = r_{yy}$ | $r_{uu}$ | $r_{vv}$ | $Z_{xx} = Z_{yy}$ | $r_1$ | $r_2$ | $I_{xy}$ | |
| $cm^4$ | $cm^4$ | $cm^4$ | cm | cm | cm | $cm^3$ | mm | mm | $cm^4$ | |
| 0.4 | 0.6 | 0.2 | 0.58 | 0.73 | 0.37 | 0.3 | 4.0 | 2.5 | 0.2 | ISA 2020 |
| 0.5 | 0.8 | 0.2 | 0.58 | 0.72 | 0.37 | 0.4 | | | 0.3 | |
| 0.8 | 1.2 | 0.3 | 0.73 | 0.93 | 0.47 | 0.4 | 4.5 | 3.0 | 0.4 | ISA 2525 |
| 1.0 | 1.6 | 0.4 | 0.73 | 0.91 | 0.47 | 0.6 | | | 0.6 | |
| 1.2 | 1.8 | 0.5 | 0.72 | 0.91 | 0.47 | 0.7 | | | 0.7 | |
| 1.4 | 2.2 | 0.6 | 0.89 | 1.13 | 0.57 | 0.6 | 5.0 | 3.0 | 0.8 | ISA 3030 |
| 1.8 | 2.8 | 0.7 | 0.89 | 1.12 | 0.57 | 0.8 | | | 1.0 | |
| 2.1 | 3.4 | 0.9 | 0.88 | 1.11 | 0.57 | 1.0 | | | 1.2 | |
| 2.3 | 3.6 | 0.9 | 1.05 | 1.33 | 0.67 | 0.9 | 5.0 | 3.0 | 1.3 | ISA 3535 |
| 2.9 | 4.7 | 1.2 | 1.05 | 1.32 | 0.67 | 1.2 | | | 1.7 | |
| 3.5 | 5.6 | 1.5 | 1.04 | 1.31 | 0.67 | 1.4 | | | 2.1 | |
| 4.1 | 6.5 | 1.7 | 1.03 | 1.29 | 0.67 | 1.7 | | | 2.4 | |
| 3.4 | 5.5 | 1.4 | 1.21 | 1.54 | 0.77 | 1.2 | 5.5 | 3.0 | 2.0 | ISA 4040 |
| 4.5 | 7.1 | 1.8 | 1.21 | 1.53 | 0.77 | 1.6 | | | 2.6 | |
| 5.4 | 8.6 | 2.2 | 1.20 | 1.51 | 0.77 | 1.9 | | | 3.2 | |
| 6.3 | 10.0 | 2.6 | 1.19 | 1.50 | 0.77 | 2.3 | | | 3.7 | |
| 5.0 | 8.0 | 2.0 | 1.38 | 1.74 | 0.87 | 1.5 | 5.5 | 3.0 | 2.9 | ISA 4545 |
| 6.5 | 10.4 | 2.6 | 1.37 | 1.73 | 0.87 | 2.0 | | | 3.8 | |
| 7.9 | 12.6 | 3.2 | 1.36 | 1.72 | 0.87 | 2.5 | | | 4.6 | |
| 9.2 | 14.6 | 3.8 | 1.35 | 1.70 | 0.87 | 2.9 | | | 5.4 | |
| 6.9 | 11.1 | 2.8 | 1.53 | 1.94 | 0.97 | 1.9 | 6.0 | 3.0 | 4.1 | ISA 5050 |
| 9.1 | 14.5 | 3.6 | 1.53 | 1.93 | 0.97 | 2.5 | | | 5.3 | |
| 11.0 | 17.6 | 4.5 | 1.52 | 1.92 | 0.97 | 3.1 | | | 6.5 | |
| 12.9 | 20.6 | 5.3 | 1.51 | 1.90 | 0.96 | 3.6 | | | 7.6 | |
| 14.7 | 23.5 | 5.9 | 1.67 | 2.11 | 1.06 | 3.7 | 6.5 | 4.0 | 8.6 | ISA 5555 |
| 17.3 | 27.5 | 7.0 | 1.66 | 2.10 | 1.06 | 4.4 | | | 10.1 | |
| 22.0 | 34.9 | 9.1 | 1.64 | 2.07 | 1.06 | 5.7 | | | 12.8 | |
| 26.3 | 41.5 | 11.2 | 1.62 | 2.03 | 1.06 | 7.0 | | | 15.1 | |
| 19.2 | 30.6 | 7.7 | 1.82 | 2.31 | 1.16 | 4.4 | 6.5 | 4.5 | 11.3 | ISA 6060 |
| 22.6 | 36.0 | 9.1 | 1.82 | 2.29 | 1.15 | 5.2 | | | 13.3 | |
| 29.0 | 46.0 | 11.9 | 1.80 | 2.27 | 1.15 | 6.8 | | | 16.9 | |
| 34.8 | 54.9 | 14.6 | 1.78 | 2.23 | 1.15 | 8.4 | | | 20.1 | |
| 24.7 | 39.4 | 9.9 | 1.99 | 2.51 | 1.26 | 5.2 | 6.5 | 4.5 | 14.5 | ISA 6565 |
| 29.1 | 46.5 | 11.7 | 1.98 | 2.50 | 1.26 | 6.2 | | | 17.2 | |
| 37.4 | 59.5 | 15.3 | 1.96 | 2.47 | 1.25 | 8.1 | | | 22.0 | |
| 45.0 | 71.3 | 18.8 | 1.94 | 2.44 | 1.25 | 9.9 | | | 26.2 | |

(Continued)

TABLANDI\15

(Continued)

## TABLE 16 :

# ROLLED STEEL EQUAL ANGLES

## (DIMENSIONS AND PROPERTIES)

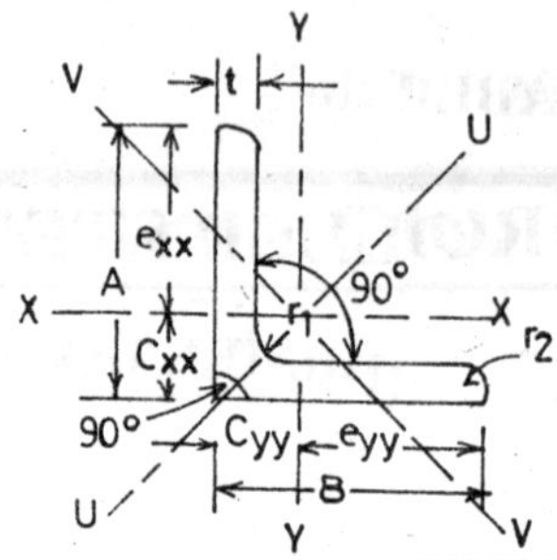


| Designation Size A × B | Thickness | Sectional Area | Weight per metre (w) | | Centre of Gravity | Distance of Extreme Fibre |
|---|---|---|---|---|---|---|
| | $t$ | $a$ | | | $C_{xx} = C_{yy}$ | $e_{xx} = e_{yy}$ |
| mm × mm | mm | cm² | kg | N | cm | cm |
| ISA 7070 70 × 70 | 5.0 | 6.77 | 5.3 | 52.0 | 1.89 | 5.11 |
| | 6.0 | 8.06 | 6.3 | 61.8 | 1.94 | 5.06 |
| | 8.0 | 10.58 | 8.3 | 81.4 | 2.02 | 4.98 |
| | 10.0 | 13.02 | 10.2 | 100.1 | 2.10 | 4.90 |
| ISA 7575 75 × 75 | 5.0 | 7.27 | 5.7 | 55.9 | 2.02 | 5.48 |
| | 6.0 | 8.66 | 6.8 | 66.7 | 2.06 | 5.44 |
| | 8.0 | 11.38 | 8.9 | 87.3 | 2.14 | 5.36 |
| | 10.0 | 14.02 | 11.0 | 107.9 | 2.22 | 5.28 |
| ISA 8080 80 × 80 | 6.0 | 9.29 | 7.3 | 71.6 | 2.18 | 5.82 |
| | 8.0 | 12.21 | 9.6 | 94.2 | 2.27 | 5.73 |
| | 10.0 | 15.05 | 11.8 | 115.8 | 2.34 | 5.66 |
| | 12.0 | 17.81 | 14.0 | 137.3 | 2.42 | 5.58 |
| ISA 9090 90 × 90 | 6.0 | 10.47 | 8.2 | 80.4 | 2.42 | 6.58 |
| | 8.0 | 13.79 | 10.8 | 105.9 | 2.51 | 6.49 |
| | 10.0 | 17.03 | 13.4 | 131.5 | 2.59 | 6.41 |
| | 12.0 | 20.19 | 15.8 | 155.0 | 2.66 | 6.34 |
| ISA 100100 100 × 100 | 6.0 | 11.67 | 9.2 | 90.2 | 2.67 | 7.33 |
| | 8.0 | 15.39 | 12.1 | 118.7 | 2.76 | 7.24 |
| | 10.0 | 19.03 | 14.9 | 146.2 | 2.84 | 7.16 |
| | 12.0 | 22.59 | 17.7 | 173.6 | 2.92 | 7.08 |
| ISA 110110 110 × 110 | 8.0 | 17.02 | 13.4 | 131.5 | 3.00 | 8.00 |
| | 10.0 | 21.06 | 16.5 | 161.9 | 3.08 | 7.92 |
| | 12.0 | 25.02 | 19.6 | 192.3 | 3.16 | 7.84 |
| | 15.0 | 30.81 | 24.2 | 237.4 | 3.27 | 7.73 |
| ISA 130130 130 × 130 | 8.0 | 20.22 | 15.9 | 156.0 | 3.50 | 9.50 |
| | 10.0 | 25.06 | 19.7 | 193.3 | 3.58 | 9.42 |
| | 12.0 | 29.82 | 23.4 | 229.6 | 3.66 | 9.34 |
| | 15.0 | 36.81 | 28.9 | 283.5 | 3.78 | 9.22 |
| ISA 150150 150 × 150 | 10.0 | 29.03 | 22.8 | 223.7 | 4.06 | 10.94 |
| | 12.0 | 34.59 | 27.2 | 266.8 | 4.14 | 10.86 |
| | 15.0 | 42.78 | 33.6 | 329.6 | 4.26 | 10.74 |
| | 18.0 | 50.79 | 39.9 | 391.4 | 4.38 | 10.62 |
| ISA 200200 200 × 200 | 12.0 | 46.61 | 36.6 | 359.0 | 5.36 | 14.64 |
| | 15.0 | 57.80 | 45.4 | 445.4 | 5.49 | 14.51 |
| | 18.0 | 68.81 | 54.0 | 529.7 | 5.61 | 14.39 |
| | 25.0 | 93.80 | 73.6 | 722.0 | 5.88 | 14.12 |

**TABLE 16 :**

# ROLLED STEEL EQUAL ANGLES

## (DIMENSIONS AND PROPERTIES)

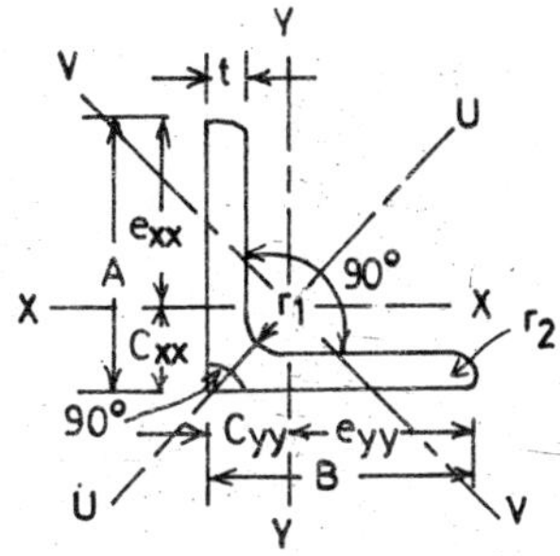


| Moments of Inertia | | | Radii of Gyration | | | Modulus of Section | Radius at Root | Radius at Toe | Product of Inertia | Designation |
|---|---|---|---|---|---|---|---|---|---|---|
| $I_{xx} = I_{yy}$ | $I_{uu}$ | $I_{vv}$ | $r_{xx} = r_{yy}$ | $r_{uu}$ | $r_{vv}$ | $Z_{xx} = Z_{yy}$ | $r_1$ | $r_2$ | $I_{xy}$ | |
| $cm^4$ | $cm^4$ | $cm^4$ | cm | cm | cm | $cm^3$ | mm | mm | $cm^4$ | |
| 31.1 | 49.8 | 12.5 | 2.15 | 2.71 | 1.36 | 6.1 | 7.0 | 4.5 | 18.4 | ISA 7070 |
| 36.8 | 58.8 | 14.8 | 2.14 | 2.70 | 1.36 | 7.3 | | | 21.7 | |
| 47.4 | 75.5 | 19.3 | 2.12 | 2.67 | 1.35 | 9.5 | | | 27.9 | |
| 57.2 | 90.7 | 23.7 | 2.10 | 2.64 | 1.35 | 11.7 | | | 33.3 | |
| 38.7 | 61.9 | 15.5 | 2.31 | 2.92 | 1.46 | 7.1 | 7.0 | 4.5 | 22.8 | ISA 7575 |
| 45.7 | 73.1 | 18.4 | 2.30 | 2.91 | 1.46 | 8.4 | | | 27.0 | |
| 59.0 | 94.1 | 24.0 | 2.28 | 2.88 | 1.45 | 11.0 | | | 34.8 | |
| 71.4 | 113.3 | 29.4 | 2.26 | 2.84 | 1.45 | 13.5 | | | 41.7 | |
| 56.0 | 89.6 | 22.5 | 2.46 | 3.11 | 1.56 | 9.6 | 8.0 | 4.5 | 33.0 | ISA 8080 |
| 72.5 | 115.6 | 29.4 | 2.44 | 3.08 | 1.55 | 12.6 | | | 42.7 | |
| 87.7 | 139.5 | 36.0 | 2.41 | 3.04 | 1.55 | 15.5 | | | 51.4 | |
| 101.9 | 161.4 | 42.4 | 2.39 | 3.01 | 1.54 | 18.3 | | | 59.2 | |
| 80.1 | 128.1 | 32.0 | 2.77 | 3.50 | 1.75 | 12.2 | 8.5 | 5.5 | 47.2 | ISA 9090 |
| 104.2 | 166.4 | 42.0 | 2.75 | 3.47 | 1.75 | 16.0 | | | 61.5 | |
| 126.7 | 201.9 | 51.6 | 2.73 | 3.44 | 1.74 | 19.8 | | | 74.5 | |
| 147.9 | 234.9 | 60.9 | 2.71 | 3.41 | 1.74 | 23.3 | | | 86.5 | |
| 111.3 | 178.1 | 44.5 | 3.09 | 3.91 | 1.95 | 15.2 | 8.5 | 5.5 | 65.7 | ISA 100100 |
| 145.1 | 231.8 | 58.4 | 3.07 | 3.88 | 1.95 | 20.0 | | | 85.8 | |
| 177.0 | 282.2 | 71.8 | 3.05 | 3.85 | 1.94 | 24.7 | | | 104.4 | |
| 207.0 | 329.3 | 84.7 | 3.03 | 3.82 | 1.94 | 29.2 | | | 121.6 | |
| 195.0 | 311.7 | 78.2 | 3.38 | 4.28 | 2.14 | 24.4 | 10.0 | 6.0 | 115.1 | ISA 110110 |
| 238.4 | 380.5 | 96.3 | 3.36 | 4.25 | 2.14 | 30.1 | | | 140.6 | |
| 279.6 | 445.3 | 113.8 | 3.34 | 4.22 | 2.13 | 35.7 | | | 164.5 | |
| 337.4 | 535.4 | 139.3 | 3.31 | 4.17 | 2.13 | 43.7 | | | 197.0 | |
| 328.3 | 525.1 | 131.4 | 4.03 | 5.10 | 2.55 | 34.5 | 10.0 | 6.0 | 194.2 | ISA 130130 |
| 402.7 | 643.4 | 162.1 | 4.01 | 5.07 | 2.54 | 42.7 | | | 238.3 | |
| 473.8 | 755.9 | 191.8 | 3.99 | 5.03 | 2.54 | 50.7 | | | 279.9 | |
| 574.6 | 914.2 | 235.0 | 3.95 | 4.98 | 2.53 | 62.3 | | | 337.8 | |
| 622.4 | 995.4 | 249.4 | 4.63 | 5.86 | 2.93 | 56.9 | 12.0 | 8.0 | 368.2 | ISA 150150 |
| 735.4 | 1174.8 | 296.0 | 4.61 | 5.83 | 2.93 | 67.7 | | | 435.0 | |
| 896.8 | 1429.7 | 363.8 | 4.58 | 5.78 | 2.92 | 83.5 | | | 529.1 | |
| 1048.9 | 1668.2 | 429.5 | 4.54 | 5.73 | 2.91 | 98.7 | | | 616.0 | |
| 1788.9 | 2862.0 | 715.9 | 6.20 | 7.84 | 3.92 | 122.2 | 15.0 | 10.0 | 1058.9 | ISA 200200 |
| 2197.7 | 3511.8 | 883.7 | 6.17 | 7.79 | 3.91 | 151.4 | | | 1301.2 | |
| 2588.7 | 4130.8 | 1046.5 | 6.13 | 7.75 | 3.90 | 179.9 | | | 1530.5 | |
| 3436.3 | 5460.9 | 1411.6 | 6.05 | 7.63 | 3.88 | 243.3 | | | 2015.7 | |

TABLE 17 :

# ROLLED STEEL UNEQUAL ANGLES

## (DIMENSIONS AND PROPERTIES)

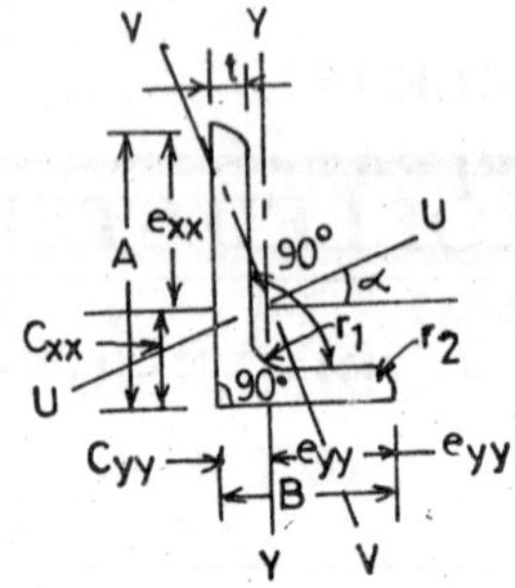


| Designation Size A × B mm × mm | Thick-ness $t$ | Sectional Area $a$ | Weight per metre $w$ | | Centre of Gravity | | Distance of Extreme Fibre | | Moment of Inertia | | | |
|---|---|---|---|---|---|---|---|---|---|---|---|---|
| | | | | | $C_{xx}$ | $C_{yy}$ | $e_{xx}$ | $e_{yy}$ | $I_{xx}$ | $I_{yy}$ | $I_{uu}$ | $I_{vv}$ |
| | mm | cm² | kg | N | cm | cm | cm | cm | cm⁴ | cm⁴ | cm⁴ | cm⁴ |
| ISA 3020 30 × 20 | 3.0 | 1.41 | 1.1 | 10.8 | 0.98 | 0.49 | 2.02 | 1.51 | 1.2 | 0.4 | 1.4 | 0.2 |
| | 4.0 | 1.84 | 1.4 | 13.7 | 1.02 | 0.53 | 1.98 | 1.47 | 1.5 | 0.5 | 1.8 | 0.3 |
| | 5.0 | 2.25 | 1.8 | 17.7 | 1.06 | 0.57 | 1.94 | 1.43 | 1.9 | 0.6 | 2.1 | 0.4 |
| ISA 4025 40 × 25 | 3.0 | 1.88 | 1.5 | 14.7 | 1.30 | 0.57 | 2.70 | 1.93 | 3.0 | 0.9 | 3.3 | 0.5 |
| | 4.0 | 2.46 | 1.9 | 18.6 | 1.35 | 0.62 | 2.65 | 1.88 | 3.8 | 1.1 | 4.3 | 0.7 |
| | 5.0 | 3.02 | 2.4 | 23.5 | 1.39 | 0.66 | 2.61 | 1.84 | 4.6 | 1.4 | 5.1 | 0.8 |
| | 6.0 | 3.56 | 2.8 | 27.5 | 1.43 | 0.69 | 2.57 | 1.81 | 5.4 | 1.6 | 5.9 | 1.0 |
| ISA 4530 45 × 30 | 3.0 | 2.18 | 1.7 | 16.7 | 1.42 | 0.69 | 3.08 | 2.31 | 4.4 | 1.5 | 5.0 | 0.9 |
| | 4.0 | 2.86 | 2.2 | 21.6 | 1.47 | 0.73 | 3.03 | 2.27 | 5.7 | 2.0 | 6.5 | 1.1 |
| | 5.0 | 3.52 | 2.8 | 27.5 | 1.51 | 0.77 | 2.99 | 2.23 | 6.9 | 2.4 | 7.9 | 1.4 |
| | 6.0 | 4.16 | 3.3 | 32.4 | 1.55 | 0.81 | 2.95 | 2.19 | 8.0 | 2.8 | 9.2 | 1.7 |
| ISA 5030 50 × 30 | 3.0 | 2.34 | 1.8 | 17.7 | 1.63 | 0.65 | 3.37 | 2.35 | 5.9 | 1.6 | 6.5 | 1.0 |
| | 4.0 | 3.07 | 2.4 | 23.5 | 1.68 | 0.70 | 3.33 | 2.30 | 7.7 | 2.1 | 8.5 | 1.2 |
| | 5.0 | 3.78 | 3.0 | 29.4 | 1.72 | 0.74 | 3.28 | 2.26 | 9.3 | 2.5 | 10.3 | 1.5 |
| | 6.0 | 4.47 | 3.5 | 34.3 | 1.76 | 0.78 | 3.24 | 2.22 | 10.9 | 2.9 | 11.9 | 1.8 |
| ISA 6040 60 × 40 | 5.0 | 4.76 | 3.7 | 36.3 | 1.95 | 0.96 | 4.05 | 3.04 | 16.9 | 6.0 | 19.5 | 3.4 |
| | 6.0 | 5.65 | 4.4 | 43.2 | 1.99 | 1.00 | 4.01 | 3.00 | 19.9 | 7.0 | 22.8 | 4.0 |
| | 8.0 | 7.37 | 5.8 | 56.9 | 2.07 | 1.08 | 3.93 | 2.92 | 25.4 | 8.0 | 29.0 | 5.2 |
| ISA 6545 65 × 45 | 5.0 | 5.26 | 4.1 | 40.2 | 2.07 | 1.08 | 4.43 | 3.42 | 22.1 | 8.6 | 25.9 | 4.8 |
| | 6.0 | 6.25 | 4.9 | 48.1 | 2.11 | 1.12 | 4.39 | 3.38 | 26.0 | 10.1 | 30.4 | 5.7 |
| | 8.0 | 8.17 | 6.4 | 62.8 | 2.19 | 1.20 | 4.31 | 3.30 | 33.2 | 12.8 | 38.7 | 7.4 |
| ISA 7045 70 × 45 | 5.0 | 5.52 | 4.3 | 42.2 | 2.27 | 1.04 | 4.73 | 3.46 | 27.2 | 8.8 | 30.9 | 5.1 |
| | 6.0 | 6.56 | 5.2 | 51.0 | 2.32 | 1.09 | 4.68 | 3.41 | 32.0 | 10.3 | 36.3 | 6.0 |
| | 8.0 | 8.58 | 6.7 | 65.7 | 2.40 | 1.16 | 4.60 | 3.34 | 41.0 | 13.1 | 46.3 | 7.8 |
| | 10.0 | 10.52 | 8.3 | 81.4 | 2.48 | 1.24 | 4.52 | 3.26 | 49.3 | 15.6 | 55.4 | 9.5 |
| ISA 7550 75 × 50 | 5.0 | 6.02 | 4.7 | 46.1 | 2.39 | 1.16 | 5.11 | 3.84 | 34.1 | 12.2 | 39.4 | 6.9 |
| | 6.0 | 7.16 | 5.6 | 54.9 | 2.44 | 1.20 | 5.06 | 3.80 | 40.3 | 14.3 | 46.4 | 8.2 |
| | 8.0 | 9.38 | 7.4 | 72.6 | 2.52 | 1.28 | 4.98 | 3.72 | 51.8 | 18.3 | 59.4 | 10.6 |
| | 10.0 | 11.52 | 9.0 | 88.3 | 2.60 | 1.36 | 4.90 | 3.64 | 62.3 | 21.8 | 71.2 | 12.9 |
| ISA 8050 80 × 50 | 5.0 | 6.27 | 4.9 | 48.1 | 2.60 | 1.12 | 5.40 | 3.88 | 40.6 | 12.3 | 45.7 | 7.2 |
| | 6.0 | 7.46 | 5.9 | 57.9 | 2.64 | 1.16 | 5.36 | 3.84 | 48.0 | 14.4 | 53.9 | 8.5 |
| | 8.0 | 9.78 | 7.7 | 75.5 | 2.73 | 1.24 | 5.27 | 3.76 | 61.9 | 18.5 | 69.3 | 11.0 |
| | 10.0 | 12.02 | 9.4 | 92.2 | 2.81 | 1.32 | 5.19 | 3.68 | 74.7 | 22.1 | 83.3 | 13.5 |

(Continued)

**TABLE 17 :**

# ROLLED STEEL UNEQUAL ANGLES

## (DIMENSIONS AND PROPERTIES)

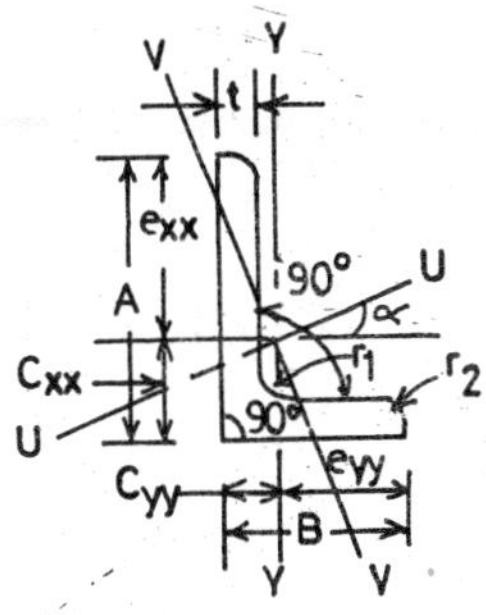


| Radii of Gyration | | | | Moduli of Section | | tan α | Radius at Root | Radius at Toe | Product of Inertia | Designation |
|---|---|---|---|---|---|---|---|---|---|---|
| $r_{xx}$ | $r_{yy}$ | $r_{uu}$ | $r_{vv}$ | $Z_{xx}$ | $Z_{yy}$ | | $r_1$ | $r_2$ | $I_{xy}$ | |
| cm | cm | cm | cm | $cm^3$ | $cm^3$ | | mm | mm | $cm^4$ | |
| 0.92 | 0.54 | 0.99 | 0.41 | 0.6 | 0.3 | 0.43 | 4.5 | 3.0 | 0.4 | ISA 3020 |
| 0.92 | 0.54 | 0.98 | 0.41 | 0.8 | 0.4 | 0.42 | | | 0.5 | |
| 0.91 | 0.53 | 0.97 | 0.41 | 1.0 | 0.4 | 0.41 | | | 0.6 | |
| 1.25 | 0.68 | 1.33 | 0.52 | 1.1 | 0.5 | 0.38 | 5.0 | 3.0 | 0.9 | ISA 4025 |
| 1.25 | 0.68 | 1.32 | 0.52 | 1.4 | 0.6 | 0.38 | | | 1.2 | |
| 1.24 | 0.67 | 1.31 | 0.52 | 1.8 | 0.7 | 0.37 | | | 1.4 | |
| 1.23 | 0.66 | 1.29 | 0.52 | 2.1 | 0.9 | 0.37 | | | 1.6 | |
| 1.42 | 0.84 | 1.52 | 0.63 | 1.4 | 0.7 | 0.44 | 5.0 | 3.0 | 1.5 | ISA 4530 |
| 1.41 | 0.84 | 1.51 | 0.63 | 1.9 | 0.9 | 0.43 | | | 1.9 | |
| 1.40 | 0.83 | 1.50 | 0.63 | 2.3 | 1.1 | 0.43 | | | 2.3 | |
| 1.39 | 0.82 | 1.49 | 0.63 | 2.7 | 1.3 | 0.42 | | | 2.7 | |
| 1.59 | 0.82 | 1.67 | 0.65 | 1.7 | 0.7 | 0.36 | 5.5 | 3.0 | 1.7 | ISA 5030 |
| 1.58 | 0.82 | 1.66 | 0.63 | 2.3 | 0.9 | 0.36 | | | 2.3 | |
| 1.57 | 0.81 | 1.65 | 0.63 | 2.8 | 1.1 | 0.35 | | | 2.7 | |
| 1.56 | 0.80 | 1.64 | 0.63 | 3.4 | 1.3 | 0.35 | | | 3.1 | |
| 1.89 | 1.12 | 2.02 | 0.85 | 4.2 | 2.0 | 0.44 | 6.0 | 4.0 | 5.8 | ISA 6040 |
| 1.88 | 1.11 | 2.01 | 0.85 | 5.0 | 2.3 | 0.43 | | | 6.8 | |
| 1.86 | 1.10 | 1.98 | 0.84 | 6.5 | 3.0 | 0.42 | | | 8.5 | |
| 2.05 | 1.28 | 2.22 | 0.96 | 5.0 | 2.5 | 0.47 | 6.0 | 4.0 | 8.0 | ISA 6545 |
| 2.04 | 1.27 | 2.21 | 0.95 | 5.9 | 3.0 | 0.47 | | | 9.4 | |
| 2.02 | 1.25 | 2.18 | 0.95 | 7.7 | 3.9 | 0.46 | | | 11.8 | |
| 2.22 | 1.26 | 2.36 | 0.96 | 5.7 | 2.5 | 0.41 | 6.5 | 4.0 | 8.9 | ISA 7045 |
| 2.21 | 1.25 | 2.35 | 0.96 | 6.8 | 3.0 | 0.41 | | | 10.5 | |
| 2.19 | 1.24 | 2.32 | 0.95 | 8.9 | 3.9 | 0.40 | | | 13.2 | |
| 2.16 | 1.22 | 2.29 | 0.95 | 10.9 | 4.8 | 0.39 | | | 15.5 | |
| 2.38 | 1.42 | 2.56 | 1.07 | 6.7 | 3.2 | 0.44 | 6.5 | 4.0 | 11.8 | ISA 7550 |
| 2.37 | 1.41 | 2.55 | 1.07 | 8.0 | 3.8 | 0.44 | | | 13.9 | |
| 2.35 | 1.40 | 2.52 | 1.06 | 10.4 | 4.9 | 0.43 | | | 17.7 | |
| 2.33 | 1.38 | 2.49 | 1.06 | 12.7 | 6.0 | 0.42 | | | 20.9 | |
| 2.55 | 1.40 | 2.70 | 1.07 | 7.5 | 3.2 | 0.39 | 7.0 | 4.5 | 12.9 | ISA 8050 |
| 2.54 | 1.39 | 2.69 | 1.07 | 9.0 | 3.8 | 0.39 | | | 15.2 | |
| 2.52 | 1.37 | 2.66 | 1.06 | 11.7 | 4.9 | 0.38 | | | 19.3 | |
| 2.49 | 1.36 | 2.63 | 1.06 | 14.4 | 6.0 | 0.38 | | | 22.9 | |

(Continued)

## TABLE 17 :

# ROLLED STEEL UNEQUAL ANGLES

## (DIMENSIONS AND PROPERTIES)

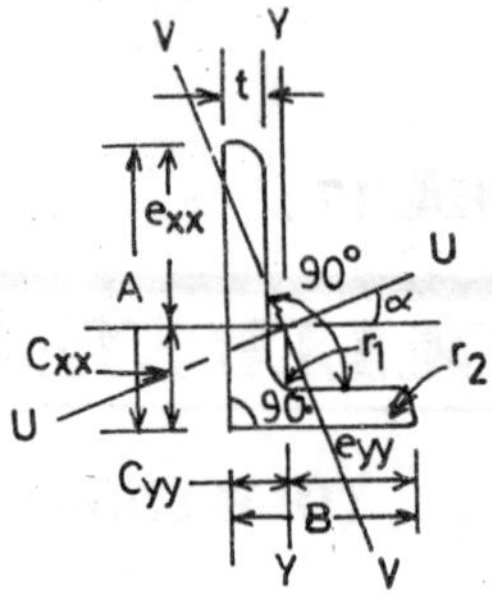


| Designation Size | Thick-ness | Sectional Area | Weight per metre | | Centre of Gravity | | Distance of Extreme Fibre | | Moment of Inertia | | | |
|---|---|---|---|---|---|---|---|---|---|---|---|---|
| A × B | $t$ | $a$ | $w$ | | $C_{xx}$ | $C_{yy}$ | $e_{xx}$ | $e_{yy}$ | $I_{xx}$ | $I_{yy}$ | $I_{uu}$ | $I_{vv}$ |
| mm × mm | mm | cm² | kg | N | cm | cm | cm | cm | cm⁴ | cm⁴ | cm⁴ | cm⁴ |
| ISA 9060 | 6.0 | 8.65 | 6.8 | 66.7 | 2.87 | 1.39 | 6.13 | 4.61 | 70.6 | 25.2 | 81.5 | 14.3 |
| 90 × 60 | 8.0 | 11.37 | 8.9 | 87.3 | 2.96 | 1.48 | 6.04 | 4.52 | 91.5 | 32.4 | 105.3 | 18.6 |
| | 10.0 | 14.01 | 11.0 | 107.9 | 3.04 | 1.55 | 5.96 | 4.45 | 110.9 | 39.1 | 127.3 | 22.8 |
| | 12.0 | 16.57 | 13.0 | 127.5 | 3.12 | 1.63 | 5.88 | 4.37 | 129.1 | 45.2 | 147.5 | 26.8 |
| ISA 10065 | 6.0 | 9.55 | 7.5 | 73.6 | 3.19 | 1.47 | 6.81 | 5.03 | 96.7 | 32.4 | 110.6 | 18.6 |
| 100 × 65 | 8.0 | 12.57 | 9.9 | 97.1 | 3.28 | 1.55 | 6.72 | 4.93 | 125.9 | 41.9 | 143.6 | 24.2 |
| | 10.0 | 15.51 | 12.2 | 119.7 | 3.37 | 1.63 | 6.63 | 4.87 | 153.2 | 50.7 | 174.2 | 29.7 |
| ISA 10075 | 6.0 | 10.14 | 8.0 | 78.5 | 3.01 | 1.78 | 6.99 | 5.72 | 100.9 | 48.7 | 124.0 | 25.6 |
| 100 × 75 | 8.0 | 13.36 | 10.5 | 103.0 | 3.10 | 1.87 | 6.90 | 5.63 | 131.6 | 63.3 | 161.3 | 33.6 |
| | 10.0 | 16.50 | 13.0 | 127.5 | 3.19 | 1.95 | 6.81 | 5.55 | 160.4 | 76.9 | 196.1 | 41.2 |
| | 12.0 | 19.56 | 15.4 | 151.1 | 3.27 | 2.03 | 6.73 | 5.47 | 187.5 | 89.5 | 228.4 | 48.6 |
| ISA 12575 | 6.0 | 11.66 | 9.2 | 90.3 | 4.05 | 1.59 | 8.45 | 5.91 | 187.8 | 51.6 | 208.9 | 30.5 |
| 125 × 75 | 8.0 | 15.38 | 12.1 | 118.7 | 4.15 | 1.68 | 8.35 | 5.82 | 245.5 | 67.2 | 272.8 | 40.0 |
| | 10.0 | 19.02 | 14.9 | 146.2 | 4.24 | 1.76 | 8.26 | 5.74 | 300.3 | 81.6 | 332.9 | 49.1 |
| ISA 12595 | 6.0 | 12.86 | 10.1 | 99.1 | 3.70 | 2.22 | 8.80 | 7.28 | 203.2 | 102.1 | 252.3 | 52.9 |
| 125 × 95 | 8.0 | 16.98 | 13.3 | 130.5 | 3.80 | 2.31 | 8.70 | 7.19 | 266.0 | 133.3 | 329.7 | 69.6 |
| | 10.0 | 21.02 | 16.5 | 161.9 | 3.88 | 2.39 | 8.62 | 7.11 | 325.8 | 162.7 | 402.9 | 85.6 |
| | 12.0 | 24.98 | 19.6 | 192.3 | 3.96 | 2.47 | 8.54 | 7.03 | 382.6 | 190.4 | 472.0 | 101.0 |
| ISA 15075 | 8.0 | 17.42 | 13.7 | 134.4 | 5.23 | 1.53 | 9.77 | 5.97 | 407.2 | 70.2 | 432.8 | 44.5 |
| 150 × 75 | 10.0 | 21.56 | 16.9 | 165.8 | 5.32 | 1.61 | 9.68 | 5.89 | 499.1 | 85.3 | 529.8 | 54.6 |
| | 12.0 | 25.62 | 20.1 | 197.2 | 5.41 | 1.69 | 9.59 | 5.81 | 587.0 | 99.5 | 622.2 | 64.3 |
| ISA 150115 | 8.0 | 20.58 | 16.2 | 158.9 | 4.46 | 2.73 | 10.54 | 8.77 | 465.7 | 238.9 | 581.2 | 123.3 |
| 150 × 115 | 10.0 | 25.52 | 20.0 | 196.2 | 4.55 | 2.82 | 10.45 | 8.68 | 573.3 | 293.4 | 714.3 | 152.4 |
| | 12.0 | 30.38 | 23.8 | 233.5 | 4.64 | 2.90 | 10.36 | 8.60 | 676.5 | 345.3 | 841.4 | 180.4 |
| | 15.0 | 37.52 | 29.5 | 289.4 | 4.76 | 3.02 | 10.24 | 8.48 | 823.5 | 418.6 | 1020.9 | 221.2 |
| ISA 200100 | 10.0 | 29.03 | 22.8 | 223.7 | 6.96 | 2.01 | 13.04 | 7.99 | 1210.0 | 209.2 | 1286.7 | 132.5 |
| 200 × 100 | 12.0 | 34.59 | 27.2 | 266.8 | 7.05 | 2.10 | 12.95 | 7.90 | 1431.7 | 246.2 | 1521.0 | 156.8 |
| | 15.0 | 42.78 | 33.6 | 329.6 | 7.18 | 2.22 | 12.82 | 7.78 | 1750.5 | 298.1 | 1856.7 | 191.9 |
| ISA 200150 | 10.0 | 34.00 | 26.7 | 261.9 | 5.99 | 3.51 | 14.01 | 11.49 | 1377.9 | 669.6 | 1696.6 | 350.8 |
| 200 × 150 | 12.0 | 40.56 | 31.8 | 312.0 | 6.08 | 3.60 | 13.92 | 11.40 | 1634.9 | 793.2 | 2010.8 | 417.2 |
| | 15.0 | 50.25 | 39.4 | 386.5 | 6.20 | 3.72 | 13.80 | 11.28 | 2005.6 | 969.9 | 2461.9 | 513.6 |
| | 18.0 | 59.76 | 46.9 | 460.1 | 6.33 | 3.84 | 13.67 | 11.16 | 2359.4 | 1136.9 | 2889.5 | 606.9 |

(Continued)

## TABLE 17 :

# ROLLED STEEL UNEQUAL ANGLES

## (DIMENSIONS AND PROPERTIES)

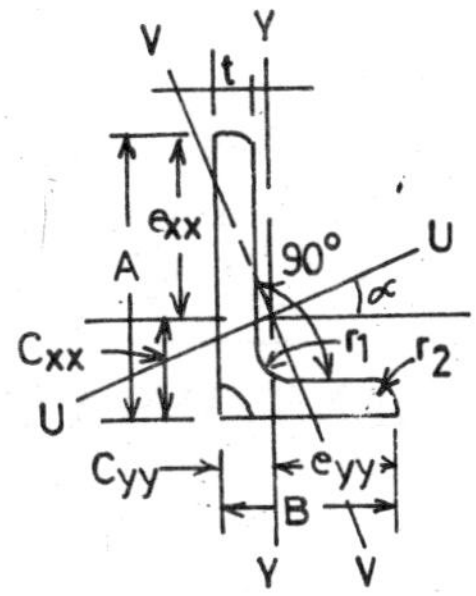


| Radii of Gyration | | | | Moduli of Section | | tan α | Radius at Root | Radius at Toe | Product of Inertia | Designation |
|---|---|---|---|---|---|---|---|---|---|---|
| $r_{xx}$ | $r_{yy}$ | $r_{uu}$ | $r_{vv}$ | $Z_{xx}$ | $Z_{yy}$ | | $r_1$ | $r_2$ | $I_{xy}$ | |
| cm | cm | cm | cm | cm³ | cm³ | | mm | mm | cm⁴ | |
| 2.86 | 1.71 | 3.07 | 1.28 | 11.5 | 5.5 | 0.44 | 7.5 | 5.0 | 24.5 | ISA 9060 |
| 2.84 | 1.69 | 3.04 | 1.28 | 15.1 | 7.2 | 0.44 | | | 31.5 | |
| 2.81 | 1.67 | 3.01 | 1.27 | 18.6 | 8.8 | 0.43 | | | 37.8 | |
| 2.79 | 1.65 | 2.98 | 1.27 | 22.0 | 10.3 | 0.42 | | | 43.3 | |
| 3.18 | 1.84 | 3.40 | 1.39 | 14.2 | 6.4 | 0.42 | 8.0 | 5.5 | 32.5 | ISA 10065 |
| 3.16 | 1.83 | 3.38 | 1.39 | 18.7 | 8.5 | 0.42 | | | 42.0 | |
| 3.14 | 1.81 | 3.35 | 1.38 | 23.1 | 10.4 | 0.41 | | | 50.7 | |
| 3.15 | 2.19 | 3.50 | 1.59 | 14.4 | 8.5 | 0.55 | 8.5 | 6.0 | 41.0 | ISA 10075 |
| 3.14 | 2.18 | 3.48 | 1.59 | 19.1 | 11.2 | 0.55 | | | 53.4 | |
| 3.12 | 2.16 | 3.45 | 1.58 | 23.6 | 13.8 | 0.55 | | | 64.7 | |
| 3.10 | 2.14 | 3.42 | 1.58 | 27.9 | 16.3 | 0.54 | | | 74.9 | |
| 4.01 | 2.10 | 4.23 | 1.62 | 22.2 | 8.7 | 0.37 | 9.0 | 6.0 | 56.7 | ISA 12575 |
| 4.00 | 2.09 | 4.21 | 1.61 | 29.4 | 11.5 | 0.36 | | | 74.0 | |
| 3.97 | 2.07 | 4.18 | 1.61 | 36.3 | 14.2 | 0.36 | | | 89.9 | |
| 3.97 | 2.82 | 4.43 | 2.03 | 23.1 | 14.0 | 0.57 | 9.0 | 6.0 | 84.5 | ISA 12595 |
| 3.96 | 2.80 | 4.41 | 2.02 | 30.6 | 18.5 | 0.57 | | | 110.6 | |
| 3.94 | 2.78 | 4.38 | 2.02 | 37.8 | 22.9 | 0.57 | | | 135.0 | |
| 3.91 | 2.76 | 4.35 | 2.01 | 44.8 | 27.1 | 0.56 | | | 157.7 | |
| 4.83 | 2.01 | 4.98 | 1.60 | 41.7 | 11.8 | 0.27 | 10.0 | 6.0 | 95.5 | ISA 15075 |
| 4.81 | 1.99 | 4.96 | 1.59 | 51.6 | 14.5 | 0.26 | | | 116.2 | |
| 4.79 | 1.97 | 4.93 | 1.58 | 61.2 | 17.1 | 0.26 | | | 135.2 | |
| 4.76 | 3.41 | 5.31 | 2.45 | 44.2 | 27.2 | 0.58 | 11.0 | 7.5 | 195.9 | ISA 150115 |
| 4.74 | 3.39 | 5.29 | 2.44 | 54.9 | 33.8 | 0.58 | | | 241.0 | |
| 4.72 | 3.37 | 5.26 | 2.44 | 65.3 | 40.2 | 0.58 | | | 283.6 | |
| 4.69 | 3.34 | 5.22 | 2.43 | 80.4 | 49.4 | 0.57 | | | 342.8 | |
| 6.46 | 2.68 | 6.66 | 2.14 | 92.8 | 26.2 | 0.27 | 12.0 | 8.0 | 284.8 | ISA 200100 |
| 6.43 | 2.67 | 6.63 | 2.13 | 110.6 | 31.1 | 0.26 | | | 335.3 | |
| 6.40 | 2.64 | 6.59 | 2.12 | 136.5 | 38.3 | 0.26 | | | 405.4 | |
| 6.37 | 4.44 | 7.06 | 3.21 | 98.3 | 58.3 | 0.56 | 13.5 | 9.5 | 564.1 | ISA 200150 |
| 6.35 | 4.42 | 7.04 | 3.21 | 117.4 | 69.6 | 0.56 | | | 669.1 | |
| 6.32 | 4.39 | 7.00 | 3.20 | 145.4 | 86.0 | 0.55 | | | 818.5 | |
| 6.28 | 4.36 | 6.95 | 3.19 | 172.5 | 101.9 | | | | 958.1 | |

TABLE 18 :

# ROLLED STEEL TEE BARS

## (DIMENSIONS AND PROPERTIES)

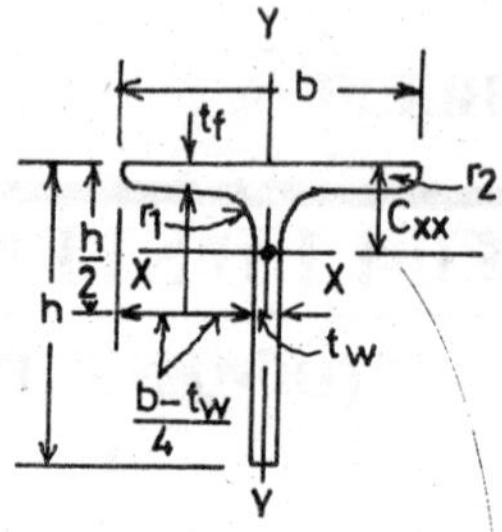


| Designation | Weight per metre (w) | | Sectional Area | Depth of Section | Width of Flange | Thick-ness of Flange | Thick-ness of Web | Centre of Gravity | Moments of Inertia | |
|---|---|---|---|---|---|---|---|---|---|---|
| | | | $a$ | $h$ | $b$ | $t_f$ | $t_w$ | $C_{xx}$ | $I_{xx}$ | $I_{yy}$ |
| | kg | N | cm² | mm | mm | mm | mm | cm | cm⁴ | cm⁴ |
| ISNT 20 | 0.9 | 8.8 | 1.13 | 20 | 20 | 3.0 | 3.0 | 0.60 | 0.4 | 0.2 |
| ISNT 30 | 1.4 | 13.7 | 1.75 | 30 | 30 | 3.0 | 3.0 | 0.83 | 1.4 | 0.6 |
| ISNT 40 | 3.5 | 34.3 | 4.48 | 40 | 40 | 6.0 | 6.0 | 1.20 | 6.3 | 3.0 |
| ISNT 50 | 4.5 | 44.1 | 5.70 | 50 | 50 | 6.0 | 6.0 | 1.44 | 12.7 | 5.9 |
| ISNT 60 | 5.4 | 53.0 | 6.90 | 60 | 60 | 6.0 | 6.0 | 1.67 | 22.5 | 10.1 |
| ISNT 80 | 9.6 | 94.2 | 12.25 | 80 | 80 | 8.0 | 8.0 | 2.23 | 71.2 | 32.3 |
| ISNT 100 | 15.0 | 147.2 | 19.10 | 100 | 100 | 10.0 | 10.0 | 2.79 | 173.8 | 79.9 |
| ISNT 150 | 22.8 | 223.7 | 29.08 | 150 | 150 | 10.0 | 10.0 | 3.95 | 603.8 | 267.5 |
| ISHT 75 | 15.3 | 150.1 | 19.49 | 75 | 150 | 9.0 | 8.4 | 1.62 | 96.2 | 230.2 |
| ISHT 100 | 20.0 | 196.2 | 25.47 | 100 | 200 | 9.0 | 7.8 | 1.91 | 193.8 | 497.3 |
| ISHT 125 | 27.4 | 268.8 | 34.85 | 125 | 250 | 9.7 | 8.8 | 2.37 | 415.4 | 1005.8 |
| ISHT 150 | 29.4 | 288.4 | 37.42 | 150 | 250 | 10.6 | 7.6 | 2.66 | 573.7 | 1096.8 |
| ISST 100 | 8.1 | 79.5 | 10.37 | 100 | 50 | 10.0 | 5.8 | 3.03 | 99.0 | 9.6 |
| ISST 150 | 15.7 | 154.0 | 19.96 | 150 | 75 | 11.6 | 8.6 | 4.75 | 450.2 | 37.0 |
| ISST 200 | 28.4 | 278.6 | 36.22 | 200 | 165 | 12.5 | 8.0 | 4.78 | 1267.8 | 358.2 |
| ISST 250 | 37.5 | 367.9 | 47.75 | 250 | 180 | 14.1 | 9.2 | 6.40 | 2774.4 | 532.0 |
| ISLT 50 | 4.0 | 39.2 | 5.11 | 50 | 50 | 6.4 | 4.0 | 1.19 | 9.9 | 6.4 |
| ISLT 75 | 7.1 | 69.7 | 9.04 | 75 | 80 | 6.8 | 4.8 | 1.72 | 41.9 | 27.6 |
| ISLT 100 | 12.7 | 124.6 | 16.16 | 100 | 100 | 10.8 | 5.7 | 2.13 | 116.6 | 75.0 |
| ISJT 75 | 3.5 | 34.3 | 4.50 | 75 | 50 | 4.6 | 3.0 | 2.00 | 24.8 | 4.6 |
| ISJT 87.5 | 4.0 | 39.2 | 5.14 | 87.5 | 50 | 4.8 | 3.2 | 2.50 | 39.0 | 4.8 |
| ISJT 100 | 5.0 | 49.0 | 6.32 | 100 | 60 | 5.0 | 3.4 | 2.81 | 63.5 | 8.6 |
| ISJT 112.5 | 6.4 | 62.8 | 8.14 | 112.5 | 80 | 5.0 | 3.7 | 3.01 | 101.6 | 20.2 |

(Continued)

**TABLE 18 :**

# ROLLED STEEL TEE BARS

## (DIMENSIONS AND PROPERTIES)

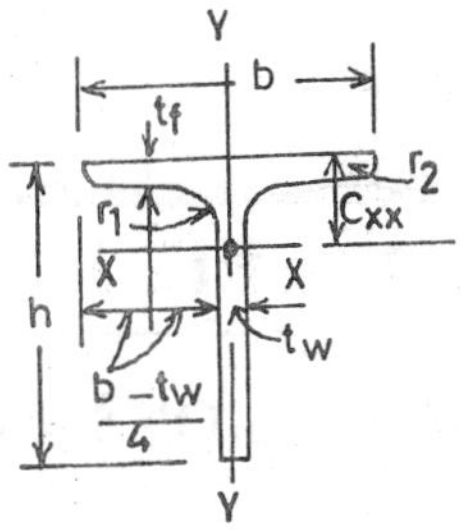


| Radii of Gyration | | Moduli of Section | | Radius at Root | Radius at Toe | Slope of Flange | Designation |
|---|---|---|---|---|---|---|---|
| $r_{xx}$ cm | $r_{yy}$ cm | $Z_{xx}$ cm³ | $Z_{yy}$ cm³ | $r_1$ mm | $r_2$ mm | $D$ degrees | |
| 0.59 | 0.39 | 0.3 | 0.2 | 4.0 | 3.0 | 91 | ISNT 20 |
| 0.89 | 0.57 | 0.6 | 0.4 | 5.0 | 3.5 | 91 | ISNT 30 |
| 1.18 | 0.82 | 2.2 | 1.5 | 5.5 | 4.0 | 91 | ISNT 40 |
| 1.50 | 1.02 | 3.6 | 2.4 | 6.0 | 4.0 | 91 | ISNT 50 |
| 1.81 | 1.21 | 5.2 | 3.4 | 6.5 | 4.5 | 91 | ISNT 60 |
| 2.41 | 1.62 | 12.3 | 8.1 | 8.0 | 5.5 | 91 | ISNT 80 |
| 3.02 | 2.05 | 24.1 | 16.0 | 9.0 | 6.0 | 91 | ISNT 100 |
| 4.56 | 3.03 | 54.6 | 35.7 | 10.0 | 7.0 | 91 | ISNT 150 |
| 2.22 | 3.44 | 16.4 | 30.1 | 8.0 | 4.0 | 94 | ISHT 75 |
| 2.76 | 4.42 | 24.0 | 49.3 | 9.0 | 4.5 | 94 | ISHT 100 |
| 3.45 | 5.37 | 41.0 | 79.9 | 0. | 5.0 | 94 | ISHT 125 |
| 3.92 | 5.41 | 46.5 | 87.7 | 1. | 5.5 | 94 | ISHT 150 |
| 3.09 | 0.96 | 14.2 | 3.8 | 8 | 4.0 | 98 | ISST 100 |
| 4.75 | 1.36 | 43.9 | 9.9 | 9.0 | 4.5 | 98 | ISST 150 |
| 5.92 | 3.15 | 83.3 | 43.4 | 16.0 | 8.0 | 98 | ISST 200 |
| 7.62 | 3.34 | 149.2 | 59.1 | 17.0 | 8.5 | 98 | ISST 250 |
| 1.39 | 1.12 | 2.6 | 2.5 | 7.0 | 3.0 | 91.5 | ISLT 50 |
| 2.15 | 1.75 | 7.2 | 6.9 | 9.5 | 3.0 | 91.5 | ISLT 75 |
| 2.69 | 2.15 | 14.8 | 15.0 | 11.0 | 5.5 | 98 | ISLT 100 |
| 2.35 | 1.01 | 4.5 | 1.8 | 5.0 | 1.5 | 91.5 | ISJT 75 |
| 2.75 | 0.97 | 6.2 | 1.9 | 5.0 | 1.5 | 91.5 | ISJT 87.5 |
| 3.17 | 1.17 | 8.8 | 2.9 | 5.0 | 1.5 | 91.5 | ISJT 100 |
| 3.53 | 1.58 | 12.3 | 5.1 | 6.5 | 1.5 | 91.5 | ISJT 112.5 |

In ISNT sections the taper of one degree is divided equally between the web and the flange.

## TABLE 19 :

# ROLLED STEEL BEAMS

## (DIMENSIONS AND PROPERTIES)

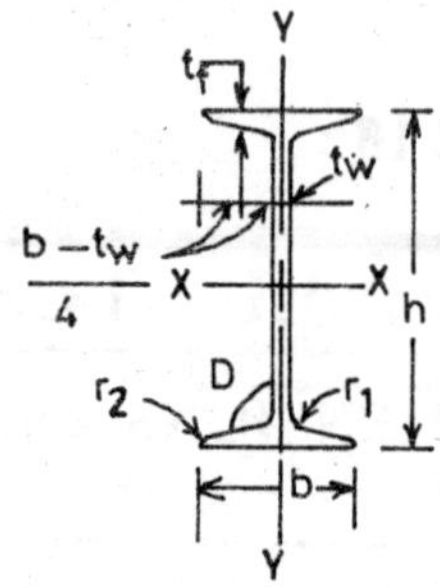


| Designation | Weight per Metre (w) | | Sectional Area | Depth of Section | Width of Flange | Thickness of Flange | Thickness of Web | Moments of Inertia | | Radii of Gyration | |
|---|---|---|---|---|---|---|---|---|---|---|---|
| | | | $a$ | $h$ | $b$ | $t_f$ | $t_w$ | $I_{xx}$ | $I_{yy}$ | $r_{xx}$ | $r_{yy}$ |
| | kg | N | $cm^2$ | mm | mm | mm | mm | $cm^4$ | $cm^4$ | cm | cm |
| ISJB 150 | 7.1 | 69.7 | 9.01 | 150 | 50 | 4.6 | 3.0 | 322.1 | 9.2 | 5.98 | 1.01 |
| ISJB 175 | 8.1 | 79.5 | 10.28 | 175 | 50 | 4.8 | 3.2 | 479.3 | 9.7 | 6.83 | 0.97 |
| ISJB 200 | 9.9 | 97.1 | 12.64 | 200 | 60 | 5.0 | 3.4 | 780.7 | 17.3 | 7.86 | 1.17 |
| ISJB 225 | 12.8 | 125.6 | 16.28 | 225 | 80 | 5.0 | 3.7 | 1308.5 | 40.5 | 8.97 | 1.58 |
| ISLB 75 | 6.1 | 59.8 | 7.71 | 75 | 50 | 5.0 | 3.7 | 72.7 | 10.0 | 3.07 | 1.14 |
| ISLB 100 | 8.0 | 78.5 | 10.21 | 100 | 50 | 6.4 | 4.0 | 168.0 | 12.7 | 4.06 | 1.12 |
| ISLB 125 | 11.9 | 116.7 | 15.12 | 125 | 75 | 6.5 | 4.4 | 406.8 | 43.4 | 5.19 | 1.69 |
| ISLB 150 | 14.2 | 139.3 | 18.08 | 150 | 80 | 6.8 | 4.8 | 688.2 | 55.2 | 6.17 | 1.75 |
| ISLB 175 | 16.7 | 163.8 | 21.30 | 175 | 90 | 6.9 | 5.1 | 1096.2 | 79.6 | 7.17 | 1.93 |
| ISLB 200 | 19.8 | 194.2 | 25.27 | 200 | 100 | 7.3 | 5.4 | 1696.6 | 115.4 | 8.19 | 2.13 |
| ISLB 225 | 23.5 | 230.5 | 29.92 | 225 | 100 | 8.6 | 5.8 | 2501.9 | 112.7 | 9.15 | 1.94 |
| ISLB 250 | 27.9 | 273.7 | 35.53 | 250 | 125 | 8.2 | 6.1 | 3717.8 | 193.4 | 10.23 | 2.33 |
| ISLB 275 | 33.0 | 323.7 | 42.02 | 275 | 140 | 8.8 | 6.4 | 5375.3 | 287.0 | 11.31 | 2.61 |
| ISLB 300 | 37.7 | 369.8 | 48.08 | 300 | 150 | 9.4 | 6.7 | 7332.9 | 376.2 | 12.35 | 2.80 |
| ISLB 325 | 43.1 | 422.8 | 54.90 | 325 | 165 | 9.8 | 7.0 | 9874.6 | 510.8 | 13.41 | 3.05 |
| ISLB 350 | 49.5 | 485.6 | 63.01 | 350 | 165 | 11.4 | 7.4 | 13158.3 | 631.9 | 14.45 | 3.17 |
| ISLB 400 | 56.9 | 558.2 | 72.43 | 400 | 165 | 12.5 | 8.0 | 19306.3 | 716.4 | 16.33 | 3.15 |
| ISLB 450 | 65.3 | 640.6 | 83.14 | 450 | 170 | 13.4 | 8.6 | 27536.1 | 853.0 | 18.20 | 3.20 |
| ISLB 500 | 75.0 | 735.8 | 95.50 | 500 | 180 | 14.1 | 9.2 | 38579.0 | 1063.9 | 20.10 | 3.34 |
| ISLB 550 | 86.3 | 846.6 | 109.97 | 550 | 190 | 15.0 | 9.9 | 53161.6 | 1335.1 | 21.99 | 3.48 |
| ISLB 600 | 99.5 | 976.1 | 126.69 | 600 | 210 | 15.5 | 10.5 | 72867.6 | 1821.9 | 23.98 | 3.79 |
| ISMB 100 | 11.5 | 112.8 | 14.60 | 100 | 75 | 7.2 | 4.0 | 257.5 | 40.8 | 4.20 | 1.67 |
| ISMB 125 | 13.0 | 127.5 | 16.60 | 125 | 75 | 7.6 | 4.4 | 449.0 | 43.7 | 5.20 | 1.62 |
| ISMB 150 | 14.9 | 146.2 | 19.00 | 150 | 80 | 7.6 | 4.8 | 726.4 | 52.6 | 6.18 | 1.66 |
| ISMB 175 | 19.3 | 189.3 | 24.62 | 175 | 90 | 8.6 | 5.5 | 1272.0 | 85.0 | 7.19 | 1.86 |
| ISMB 200 | 25.4 | 249.2 | 32.33 | 200 | 100 | 10.8 | 5.7 | 2235.4 | 150.0 | 8.32 | 2.15 |
| ISMB 225 | 31.2 | 306.1 | 39.72 | 225 | 110 | 11.8 | 6.5 | 3441.8 | 218.3 | 9.31 | 2.34 |
| ISMB 250 | 37.3 | 365.9 | 47.55 | 250 | 125 | 12.5 | 6.9 | 5131.6 | 334.5 | 10.39 | 2.65 |
| ISMB 300 | 44.2 | 433.6 | 56.26 | 300 | 140 | 12.4 | 7.5 | 8603.6 | 453.9 | 12.37 | 2.84 |
| ISMB 350 | 52.4 | 514.0 | 66.71 | 350 | 140 | 14.2 | 8.1 | 13630.3 | 537.7 | 14.29 | 2.84 |
| ISMB 400 | 61.6 | 604.3 | 78.46 | 400 | 140 | 16.0 | 8.9 | 20458.4 | 622.1 | 16.15 | 2.82 |
| ISMB 450 | 72.4 | 710.2 | 92.27 | 450 | 150 | 17.4 | 9.4 | 30390.8 | 834.0 | 18.15 | 3.01 |
| ISMB 500 | 86.9 | 852.5 | 110.74 | 500 | 180 | 17.2 | 10.2 | 45218.3 | 1369.8 | 20.21 | 3.52 |

(Continued)

**TABLE 19 :**

# ROLLED STEEL BEAMS

## (DIMENSIONS AND PROPERTIES)

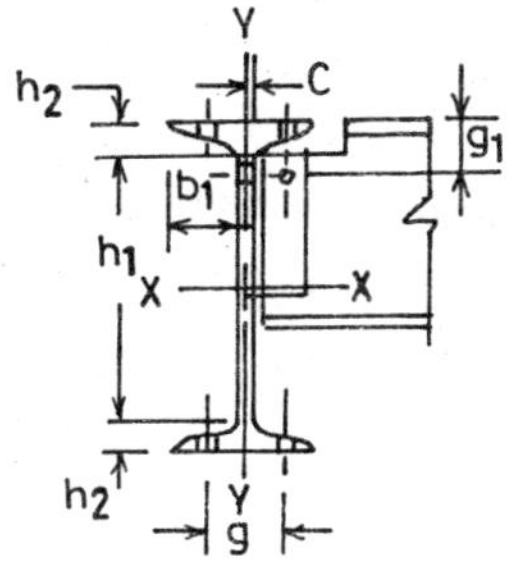


| Moduli of Section | | Radius at Root | Radius at Toe | Slope of Flange | Connection Details | | | | | | Maximum Size of Flange Rivet | Designation |
|---|---|---|---|---|---|---|---|---|---|---|---|---|
| $Z_{xx}$ | $Z_{yy}$ | $r_1$ | $r_2$ | $D$ | $h_1$ | $h_2$ | $b_1$ | $C$ | $g$ | $g_1$ (Min) | | |
| cm³ | cm³ | mm | mm | degrees | mm | mm | mm | mm | mm | mm | mm | |
| 42.9 | 3.7 | 5.0 | 1.5 | 91.5 | 130.4 | 9.80 | 23.50 | 3.00 | 30 | 45 | 6 | ISJB 150 |
| 54.8 | 3.9 | 5.0 | 1.5 | 91.5 | 155.0 | 10.00 | 23.40 | 3.10 | 30 | 45 | 6 | ISJB 175 |
| 78.1 | 5.8 | 5.0 | 1.5 | 91.5 | 179.5 | 10.25 | 28.38 | 3.20 | 30 | 45 | 6 | ISJB 200 |
| 116.3 | 10.1 | 6.5 | 1.5 | 91.5 | 201.5 | 11.95 | 38.15 | 3.35 | 40 | 45 | 12 | ISJB 225 |
| 19.4 | 4.0 | 6.5 | 2.0 | 91.5 | 51.7 | 11.65 | 23.15 | 3.35 | 30 | — | 6 | ISLB 75 |
| 33.6 | 5.1 | 7.0 | 3.0 | 91.5 | 73.0 | 13.50 | 23.00 | 3.50 | 30 | 50 | 6 | ISLB 100 |
| 65.1 | 11.6 | 8.0 | 3.0 | 91.5 | 95.4 | 14.80 | 35.30 | 3.70 | 35 | 50 | 12 | ISLB 125 |
| 91.8 | 13.8 | 9.5 | 3.0 | 91.5 | 116.9 | 16.55 | 37.60 | 3.90 | 40 | 50 | 12 | ISLB 150 |
| 125.3 | 17.7 | 9.5 | 3.0 | 91.5 | 141.6 | 16.70 | 42.45 | 4.05 | 50 | 50 | 12 | ISLB 175 |
| 169.7 | 23.1 | 9.5 | 3.0 | 91.5 | 165.7 | 17.15 | 47.30 | 4.20 | 55 | 50 | 16 | ISLB 200 |
| 222.4 | 22.5 | 12.0 | 6.0 | 98 | 180.3 | 22.35 | 47.18 | 4.45 | 55 | 55 | 16 | ISLB 225 |
| 297.4 | 30.9 | 13.0 | 6.5 | 98 | 202.6 | 23.70 | 59.45 | 4.55 | 65 | 60 | 22 | ISLB 250 |
| 392.4 | 41.0 | 14.0 | 7.0 | 98 | 223.7 | 25.65 | 66.80 | 4.70 | 80 | 60 | 22 | ISLB 275 |
| 488.9 | 50.2 | 15.0 | 7.5 | 98 | 245.1 | 27.45 | 71.65 | 4.85 | 90 | 60 | 22 | ISLB 300 |
| 607.7 | 61.9 | 16.0 | 8.0 | 98 | 266.5 | 29.25 | 79.00 | 5.00 | 100 | 65 | 25 | ISLB 325 |
| 751.9 | 76.6 | 16.0 | 8.0 | 98 | 288.3 | 30.85 | 78.80 | 5.20 | 100 | 65 | 25 | ISLB 350 |
| 965.3 | 86.8 | 16.0 | 8.0 | 98 | 336.2 | 31.90 | 78.50 | 5.50 | 100 | 65 | 25 | ISLB 400 |
| 1223.8 | 100.4 | 16.0 | 8.0 | 98 | 384.0 | 33.00 | 80.70 | 5.80 | 100 | 70 | 25 | ISLB 450 |
| 1543.2 | 118.2 | 17.0 | 8.5 | 98 | 430.2 | 34.90 | 85.40 | 6.10 | 100 | 70 | 28 | ISLB 500 |
| 1933.2 | 140.5 | 18.0 | 9.0 | 98 | 476.1 | 36.95 | 90.05 | 6.45 | 100 | 70 | 32 | ISLB 550 |
| 2428.9 | 173.5 | 20.0 | 10.0 | 98 | 520.0 | 39.90 | 99.75 | 6.75 | 140,100 | 75 | 25,32 | ISLB 600 |
| 51.5 | 10.9 | 9.0 | 4.5 | 98 | 65.0 | 17.50 | 35.50 | 3.50 | 35 | 55 | 12 | ISMB 100 |
| 71.8 | 11.7 | 9.0 | 4.5 | 98 | 89.2 | 17.90 | 35.30 | 3.70 | 35 | 55 | 12 | ISMB 125 |
| 96.9 | 13.1 | 9.0 | 4.5 | 98 | 113.9 | 18.05 | 37.60 | 3.90 | 40 | 55 | 12 | ISMB 150 |
| 145.4 | 18.9 | 10.0 | 5.0 | 98 | 134.5 | 20.25 | 42.25 | 4.25 | 50 | 55 | 12 | ISMB 175 |
| 223.5 | 30.0 | 11.0 | 5.5 | 98 | 152.7 | 23.65 | 47.15 | 4.35 | 55 | 60 | 16 | ISMB 200 |
| 305.9 | 39.7 | 12.0 | 6.0 | 98 | 173.3 | 25.85 | 51.75 | 4.75 | 60 | 60 | 20 | ISMB 225 |
| 410.5 | 53.5 | 13.0 | 6.5 | 98 | 194.1 | 27.95 | 59.05 | 4.95 | 65 | 65 | 22 | ISMB 250 |
| 573.6 | 64.8 | 14.0 | 7.0 | 98 | 241.5 | 29.25 | 66.25 | 5.25 | 80 | 65 | 22 | ISMB 300 |
| 778.9 | 76.8 | 14.0 | 7.0 | 98 | 288.0 | 31.00 | 65.95 | 5.55 | 80 | 65 | 22 | ISMB 350 |
| 1022.9 | 88.9 | 14.0 | 7.0 | 98 | 334.4 | 32.80 | 65.55 | 5.95 | 80 | 70 | 22 | ISMB 400 |
| 1350.7 | 111.2 | 15.0 | 7.5 | 98 | 379.2 | 35.40 | 70.30 | 6.20 | 90 | 70 | 22 | ISMB 450 |
| 1808.7 | 152.2 | 17.0 | 8.5 | 98 | 424.1 | 37.95 | 84.90 | 6.60 | 100 | 75 | 28 | ISMB 500 |

(Continued)

**TABLE 19 :**

# ROLLED STEEL BEAMS

## (DIMENSIONS AND PROPERTIES)

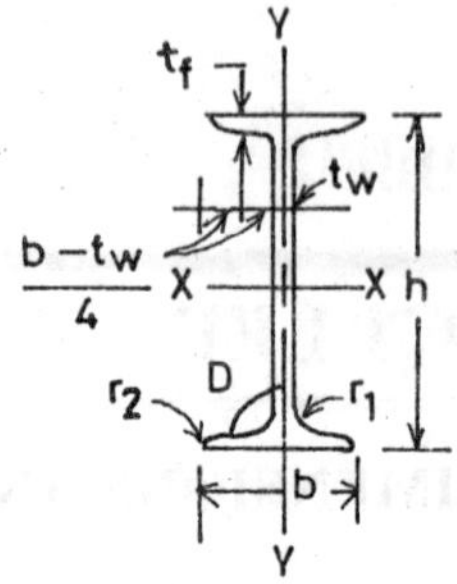


| Designation | Weight per Metre (w) | | Sectional Area | Depth of Section | Width of Flange | Thickness of Flange | Thickness of Web | Moments of Inertia | | Radii of Gyration | |
|---|---|---|---|---|---|---|---|---|---|---|---|
| | | | a | h | b | $t_f$ | $t_w$ | $I_{xx}$ | $I_{yy}$ | $r_{xx}$ | $r_{yy}$ |
| | kg | N | $cm^2$ | mm | mm | mm | mm | $cm^4$ | $cm^4$ | cm | cm |
| ISMB 550 | 103.7 | 1017.3 | 132.11 | 550 | 190 | 19.3 | 11.2 | 64893.6 | 1833.8 | 22.16 | 3.73 |
| ISMB 600 | 122.6 | 1202.7 | 156.21 | 600 | 210 | 20.8 | 12.0 | 91813.0 | 2651.0 | 24.24 | 4.12 |
| ISWB 150 | 17.0 | 166.8 | 21.67 | 150 | 100 | 7.0 | 5.4 | 839.1 | 94.8 | 6.22 | 2.09 |
| ISWB 175 | 22.1 | 216.8 | 28.11 | 175 | 125 | 7.4 | 5.8 | 1509.4 | 188.6 | 7.33 | 2.59 |
| ISWB 200 | 28.8 | 282.5 | 36.71 | 200 | 140 | 9.0 | 6.1 | 2624.5 | 328.8 | 8.46 | 2.99 |
| ISWB 225 | 33.9 | 332.6 | 43.24 | 225 | 150 | 9.9 | 6.4 | 3920.5 | 448.6 | 9.52 | 3.22 |
| ISWB 250 | 40.9 | 401.2 | 52.05 | 250 | 200 | 9.0 | 6.7 | 5943.1 | 857.5 | 10.69 | 4.06 |
| ISWB 300 | 48.1 | 471.9 | 61.33 | 300 | 200 | 10.0 | 7.4 | 9821.6 | 990.1 | 12.66 | 4.02 |
| ISWB 350 | 56.9 | 558.2 | 72.50 | 350 | 200 | 11.4 | 8.0 | 15521.7 | 1175.9 | 14.63 | 4.03 |
| ISWB 400 | 66.7 | 654.3 | 85.01 | 400 | 200 | 13.0 | 8.6 | 23426.7 | 1388.0 | 16.60 | 4.04 |
| ISWB 450 | 79.4 | 778.9 | 101.15 | 450 | 200 | 15.4 | 9.2 | 35057.6 | 1706.7 | 18.63 | 4.11 |
| ISWB 500 | 95.2 | 933.9 | 121.22 | 500 | 250 | 14.7 | 9.9 | 52290.9 | 2987.8 | 20.77 | 4.96 |
| ISWB 550 | 112.5 | 1103.6 | 143.34 | 550 | 250 | 17.6 | 10.5 | 74906.1 | 3740.6 | 22.86 | 5.11 |
| ISWB 600 | 133.7 | 1311.6 | 170.38 | 600 | 250 | 21.3 | 11.2 | 106198.5 | 4702.5 | 24.97 | 5.25 |
| ISWB 600 | 145.1 | 1423.4 | 184.86 | 600 | 250 | 23.6 | 11.8 | 115626.6 | 5298.3 | 25.01 | 5.35 |
| ISHB 150 | 27.1 | 265.9 | 34.48 | 150 | 150 | 9.0 | 5.4 | 1455.6 | 431.7 | 6.50 | 3.54 |
| ISHB 150 | 30.6 | 300.2 | 38.98 | 150 | 150 | 9.0 | 8.4 | 1540.0 | 460.3 | 6.29 | 3.44 |
| ISHB 150 | 34.6 | 339.4 | 44.08 | 150 | 150 | 9.0 | 11.8 | 1635.6 | 494.9 | 6.09 | 3.35 |
| ISHB 200 | 37.3 | 365.9 | 47.54 | 200 | 200 | 9.0 | 6.1 | 3608.4 | 967.1 | 8.71 | 4.51 |
| ISHB 200 | 40.0 | 392.4 | 50.94 | 200 | 200 | 9.0 | 7.8 | 3721.8 | 994.6 | 8.55 | 4.42 |
| ISHB 225 | 43.1 | 422.8 | 54.94 | 225 | 225 | 9.1 | 6.5 | 5279.5 | 1353.8 | 9.80 | 4.96 |
| ISHB 225 | 46.8 | 459.1 | 59.66 | 225 | 225 | 9.1 | 8.6 | 5478.8 | 1396.6 | 9.58 | 4.84 |
| ISHB 250 | 51.0 | 500.3 | 64.96 | 250 | 250 | 9.7 | 6.9 | 7736.5 | 1961.3 | 10.91 | 5.49 |
| ISHB 250 | 54.7 | 536.6 | 69.71 | 250 | 250 | 9.7 | 8.8 | 7983.9 | 2011.7 | 10.70 | 5.37 |
| ISHB 300 | 58.8 | 576.8 | 74.85 | 300 | 250 | 10.6 | 7.6 | 12545.2 | 2193.6 | 12.95 | 5.41 |
| ISHB 300 | 63.0 | 618.0 | 80.25 | 300 | 250 | 10.6 | 9.4 | 12950.2 | 2246.7 | 12.70 | 5.29 |
| ISHB 350 | 67.4 | 661.2 | 85.91 | 350 | 250 | 11.6 | 8.3 | 19159.7 | 2451.4 | 14.93 | 5.34 |
| ISHB 350 | 72.4 | 710.2 | 92.21 | 350 | 250 | 11.6 | 10.1 | 19802.8 | 2510.5 | 14.65 | 5.22 |
| ISHB 400 | 77.4 | 759.3 | 98.66 | 400 | 250 | 12.7 | 9.1 | 28083.5 | 2728.3 | 16.87 | 5.26 |
| ISHB 400 | 82.2 | 806.4 | 104.66 | 400 | 250 | 12.7 | 10.6 | 28823.5 | 2783.0 | 16.61 | 5.16 |
| ISHB 450 | 87.2 | 855.4 | 111.14 | 450 | 250 | 13.7 | 9.8 | 39210.8 | 2985.2 | 18.78 | 5.18 |
| ISHB 450 | 92.5 | 907.4 | 117.89 | 450 | 250 | 13.7 | 11.3 | 40349.9 | 3045.0 | 18.50 | 5.08 |

(Continued)

**TABLE 19 :**

# ROLLED STEEL BEAMS

## (DIMENSIONS AND PROPERTIES)

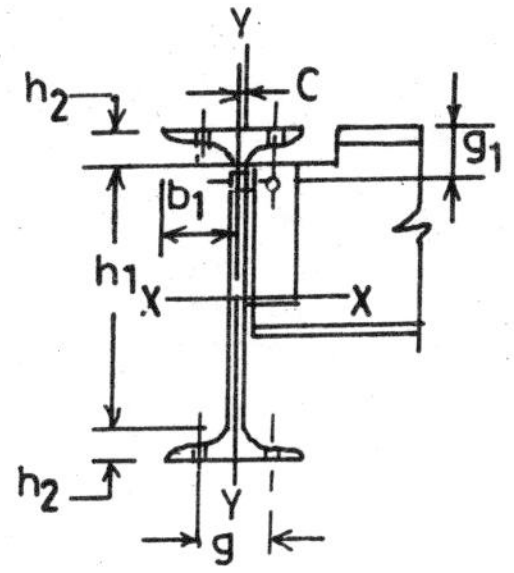


| Moduli of Section | | Radius at Root | Radius at Toe | Slope of Flange | Connection Details | | | | | | Maximum Size of Flange Rivet | Designation |
|---|---|---|---|---|---|---|---|---|---|---|---|---|
| $Z_{xx}$ | $Z_{yy}$ | $r_1$ | $r_2$ | $D$ | $h_1$ | $h_2$ | $b_1$ | $C$ | $g$ | $g_1$ (Min) | | |
| $cm^3$ | $cm^3$ | mm | mm | degrees | mm | mm | mm | mm | mm | mm | mm | |
| 2359.8 | 193.0 | 18.0 | 9.0 | 98 | 467.5 | 41.25 | 89.40 | 7.10 | 100 | 75 | 32 | **ISMB 550** |
| 3060.4 | 252.5 | 20.0 | 10.0 | 98 | 509.7 | 45.15 | 99.00 | 7.50 | 140,100 | 80 | 25,32 | **ISMB 600** |
| 111.9 | 19.0 | 8.0 | 4.0 | 96 | 116.6 | 16.70 | 47.30 | 4.20 | 55 | 55 | 16 | **ISWB 150** |
| 172.5 | 30.2 | 8.0 | 4.0 | 96 | 139.5 | 17.75 | 59.60 | 4.40 | 65 | 55 | 22 | **ISWB 175** |
| 262.5 | 47.0 | 9.0 | 4.5 | 96 | 158.8 | 20.60 | 66.95 | 4.55 | 80 | 55 | 22 | **ISWB 200** |
| 348.5 | 59.8 | 9.0 | 4.5 | 96 | 181.4 | 21.80 | 71.80 | 4.70 | 90 | 55 | 22 | **ISWB 225** |
| 475.4 | 85.7 | 10.0 | 5.0 | 96 | 203.8 | 23.10 | 96.65 | 4.85 | 140,100 | 60 | 22,32 | **ISWB 250** |
| 654.8 | 99.0 | 11.0 | 5.5 | 96 | 250.1 | 24.95 | 96.30 | 5.20 | 140,100 | 60 | 22,32 | **ISWB 300** |
| 887.0 | 117.6 | 12.0 | 6.0 | 96 | 295.5 | 27.25 | 96.00 | 5.50 | 140,100 | 60 | 22,32 | **ISWB 350** |
| 1171.3 | 138.8 | 13.0 | 6.5 | 96 | 340.5 | 29.75 | 95.70 | 5.80 | 140,100 | 65 | 22,32 | **ISWB 400** |
| 1558.1 | 170.7 | 14.0 | 7.0 | 96 | 384.0 | 33.00 | 95.40 | 6.10 | 140,100 | 70 | 22,32 | **ISWB 450** |
| 2091.6 | 239.0 | 15.0 | 7.5 | 96 | 431.0 | 34.50 | 120.05 | 6.45 | 140 | 70 | 32 | **ISWB 500** |
| 2723.9 | 299.2 | 16.0 | 8.0 | 96 | 473.4 | 38.30 | 119.75 | 6.75 | 140 | 75 | 32 | **ISWB 550** |
| 3540.0 | 376.2 | 17.0 | 8.5 | 96 | 514.2 | 42.90 | 119.40 | 7.10 | 140 | 80 | 32 | **ISWB 600** |
| 3854.2 | 423.9 | 18.0 | 9.0 | 96 | 507.9 | 46.05 | 119.10 | 7.40 | 140 | 80 | 32 | **ISWB 600** |
| 194.1 | 57.6 | 8.0 | 4.0 | 94 | 112.0 | 19.0 | 72.30 | 4.20 | 90 | 55 | 22 | **ISHB 150** |
| 205.3 | 60.2 | 8.0 | 4.0 | 94 | 112.0 | 19.0 | 70.80 | 5.70 | 90 | 55 | 22 | **ISHB 150** |
| 218.1 | 63.2 | 8.0 | 4.0 | 94 | 112.0 | 19.0 | 69.10 | 7.40 | 90 | 55 | 22 | **ISHB 150** |
| 360.8 | 96.7 | 9.0 | 4.5 | 94 | 158.4 | 20.8 | 96.95 | 4.55 | 140,100 | 55 | 22,32 | **ISHB 200** |
| 372.2 | 98.6 | 9.0 | 4.5 | 94 | 158.4 | 20.8 | 96.10 | 5.40 | 140,100 | 55 | 22,32 | **ISHB 200** |
| 469.3 | 120.3 | 10.0 | 5.0 | 94 | 180.5 | 22.2 | 109.25 | 4.75 | 140 | 55 | 28 | **ISHB 225** |
| 487.0 | 123.0 | 10.0 | 5.0 | 94 | 180.5 | 22.2 | 108.20 | 5.80 | 140 | 55 | 28 | **ISHB 225** |
| 618.9 | 156.9 | 10.0 | 5.0 | 94 | 203.5 | 23.2 | 121.55 | 4.95 | 140 | 60 | 32 | **ISHB 250** |
| 638.7 | 159.7 | 10.0 | 5.0 | 94 | 203.5 | 23.2 | 120.60 | 5.90 | 140 | 60 | 32 | **ISHB 250** |
| 836.3 | 175.5 | 11.0 | 5.5 | 94 | 249.8 | 25.1 | 121.20 | 5.30 | 140 | 60 | 32 | **ISHB 300** |
| 863.3 | 178.4 | 11.0 | 5.5 | 94 | 249.8 | 25.1 | 120.30 | 6.20 | 140 | 60 | 32 | **ISHB 300** |
| 1094.8 | 196.1 | 12.0 | 6.0 | 94 | 296.0 | 27.0 | 120.85 | 5.65 | 140 | 60 | 32 | **ISHB 350** |
| 1131.6 | 199.4 | 12.0 | 6.0 | 94 | 296.0 | 27.0 | 119.95 | 6.55 | 140 | 60 | 32 | **ISHB 350** |
| 1404.2 | 218.3 | 14.0 | 7.0 | 94 | 340.1 | 29.9 | 120.45 | 6.05 | 140 | 65 | 32 | **ISHB 400** |
| 1444.2 | 221.3 | 14.0 | 7.0 | 94 | 340.1 | 29.9 | 119.70 | 6.80 | 140 | 65 | 32 | **ISHB 400** |
| 1742.7 | 238.8 | 15.0 | 7.5 | 94 | 386.2 | 31.9 | 120.10 | 6.40 | 140 | 65 | 32 | **ISHB 450** |
| 1793.3 | 242.1 | 15.0 | 7.5 | 94 | 386.2 | 31.9 | 119.35 | 7.15 | 140 | 65 | 32 | **ISHB 450** |

**Note :** The values of 'g' are meant for one row of rivets only. In sufficiently wide flanges, if two rows are desirable, different gauges will have to be adopted.

**TABLE 20 :**

# ROLLED STEEL CHANNELS

## (LONGER LEGS BACK TO BACK)

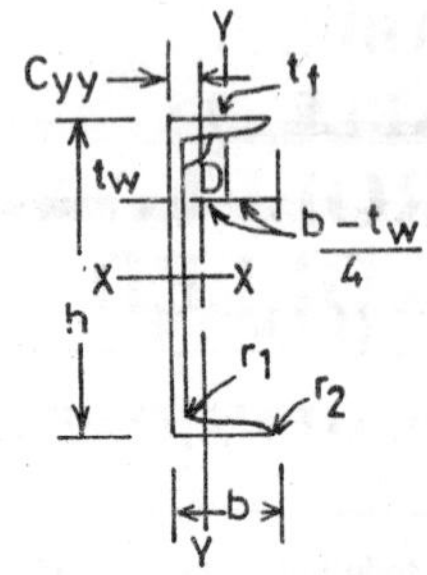


| Designation | Weight per Metre (w) | | Sectional Area | Depth of Section | Width of Flange | Thick-ness of Flange | Thick ness of Web | Centre of Gravity | Moments of Inertia | | Radii of Gyration | |
|---|---|---|---|---|---|---|---|---|---|---|---|---|
| | | | $a$ | $h$ | $b$ | $t_f$ | $t_w$ | $C_{yy}$ | $I_{xx}$ | $I_{yy}$ | $r_{xx}$ | $r_{yy}$ |
| | kg | N | $cm^2$ | mm | mm | mm | mm | cm | $cm^4$ | $cm^4$ | cm | cm |
| ISJC 100 | 5.8 | 56.9 | 7.41 | 100 | 45 | 5.1 | 3.0 | 1.40 | 123.8 | 14.9 | 4.09 | 1.42 |
| ISJC 125 | 7.9 | 77.5 | 10.07 | 125 | 50 | 6.6 | 3.0 | 1.64 | 270.0 | 25.7 | 5.18 | 1.60 |
| ISJC 150 | 9.9 | 97.1 | 12.65 | 150 | 55 | 6.9 | 3.6 | 1.66 | 471.1 | 37.9 | 6.10 | 1.73 |
| ISJC 175 | 11.2 | 109.9 | 14.24 | 175 | 60 | 6.9 | 3.6 | 1.75 | 719.9 | 50.5 | 7.11 | 1.88 |
| ISJC 200 | 13.9 | 136.4 | 17.77 | 200 | 70 | 7.1 | 4.1 | 1.97 | 1161.2 | 84.2 | 8.08 | 2.18 |
| ISLC 75 | 5.7 | 55.9 | 7.26 | 75 | 40 | 6.0 | 3.7 | 1.35 | 66.1 | 11.5 | 3.02 | 1.26 |
| ISLC 100 | 7.9 | 77.5 | 10.02 | 100 | 50 | 6.4 | 4.0 | 1.62 | 164.7 | 24.8 | 4.06 | 1.57 |
| ISLC 125 | 10.7 | 105.0 | 13.67 | 125 | 65 | 6.6 | 4.4 | 2.04 | 356.8 | 57.2 | 5.11 | 2.05 |
| ISLC 150 | 14.4 | 141.3 | 18.36 | 150 | 75 | 7.8 | 4.8 | 2.38 | 697.2 | 103.2 | 6.16 | 2.37 |
| iSLC 175 | 17.6 | 172.7 | 22.40 | 175 | 75 | 9.5 | 5.1 | 2.40 | 1148.4 | 126.5 | 7.16 | 2.38 |
| ISLC 200 | 20.6 | 202.1 | 26.22 | 200 | 75 | 10.8 | 5.5 | 2.35 | 1725.5 | 146.9 | 8.11 | 2.37 |
| ISLC 225 | 24.0 | 235.4 | 30.53 | 225 | 90 | 10.2 | 5.8 | 2.46 | 2547.9 | 209.5 | 9.14 | 2.62 |
| ISLC 250 | 28.0 | 274.7 | 35.65 | 250 | 100 | 10.7 | 6.1 | 2.70 | 3687.9 | 298.4 | 10.17 | 2.89 |
| ISLC 300 | 33.1 | 324.7 | 42.11 | 300 | 100 | 11.6 | 6.7 | 2.55 | 6047.9 | 346.0 | 11.98 | 2.87 |
| ISLC 350 | 38.8 | 380.6 | 49.47 | 350 | 100 | 12.5 | 7.4 | 2.41 | 9312.6 | 394.6 | 13.72 | 2.82 |
| ISLC 400 | 45.7 | 448.3 | 58.25 | 400 | 100 | 14.0 | 8.0 | 2.36 | 13989.5 | 460.4 | 15.50 | 2.81 |
| ISMC 75 | 6.8 | 66.7 | 8.67 | 75 | 40 | 7.3 | 4.4 | 1.31 | 76.0 | 12.6 | 2.96 | 1.21 |
| ISMC 100 | 9.2 | 90.3 | 11.70 | 100 | 50 | 7.5 | 4.7 | 1.53 | 186.7 | 25.9 | 4.00 | 1.49 |
| ISMC 125 | 12.7 | 124.6 | 16.19 | 125 | 65 | 8.1 | 5.0 | 1.94 | 416.4 | 59.9 | 5.07 | 1.92 |
| ISMC 150 | 16.4 | 160.9 | 20.88 | 150 | 75 | 9.0 | 5.4 | 2.22 | 779.4 | 102.3 | 6.11 | 2.21 |
| ISMC 175 | 19.1 | 187.4 | 24.38 | 175 | 75 | 10.2 | 5.7 | 2.20 | 1223.3 | 121.0 | 7.08 | 2.23 |
| ISMC 200 | 22.1 | 216.8 | 28.21 | 200 | 75 | 11.4 | 6.1 | 2.17 | 1819.3 | 140.4 | 8.03 | 2.23 |
| ISMC 225 | 25.9 | 254.1 | 33.01 | 225 | 80 | 12.4 | 6.4 | 2.30 | 2694.6 | 187.2 | 9.03 | 2.38 |
| ISMC 250 | 30.4 | 298.2 | 38.67 | 250 | 80 | 14.1 | 7.1 | 2.30 | 3816.8 | 219.1 | 9.94 | 2.38 |
| ISMC 300 | 35.8 | 351.2 | 45.64 | 300 | 90 | 13.6 | 7.6 | 2.36 | 6362.6 | 310.8 | 11.81 | 2.61 |
| ISMC 350 | 42.1 | 413.0 | 53.66 | 350 | 100 | 13.5 | 8.1 | 2.44 | 10008.0 | 430.6 | 13.66 | 2.83 |
| ISMC 400 | 49.4 | 484.6 | 62.93 | 400 | 100 | 15.3 | 8.6 | 2.42 | 15082.8 | 504.8 | 15.48 | 2.83 |

(Continued)

## TABLE 20 :

# ROLLED STEEL CHANNELS

## (LONGER LEGS BACK TO BACK)

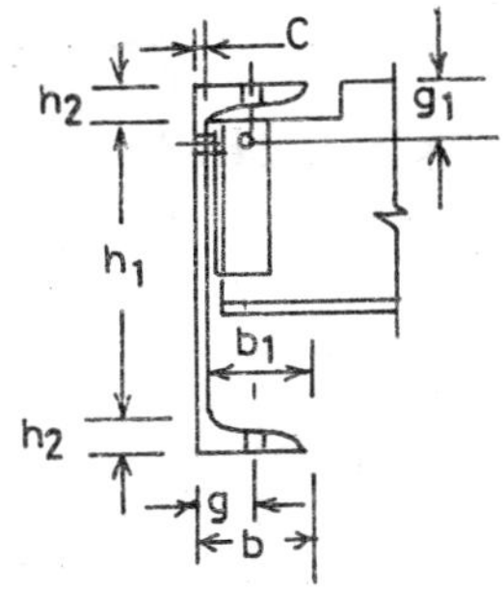


| Moduli of Section | | Radius at Root | Radius at Toe | Slope of Flange | Connection Details | | | | | | Maximum Size of Flange Rivet | Designation |
|---|---|---|---|---|---|---|---|---|---|---|---|---|
| $Z_{xx}$ | $Z_{yy}$ | $r_1$ | $r_2$ | $D$ | $h_1$ | $h_2$ | $b_1/2$ | $C$ | $g$ | $g_1$ (Min) | | |
| cm³ | cm³ | mm | mm | degrees | mm | mm | mm | mm | mm | mm | mm | |
| 24.8 | 4.8 | 6.0 | 2.0 | 91.5 | 77.0 | 11.5 | 21.0 | 4.5 | 25 | 50 | 12 | ISJC 100 |
| 43.2 | 7.6 | 6.0 | 2.5 | 91.5 | 98.9 | 13.1 | 23.5 | 4.5 | 28 | 50 | 16 | ISJC 125 |
| 62.8 | 9.9 | 7.0 | 3.0 | 91.5 | 121.2 | 14.4 | 25.7 | 5.1 | 30 | 50 | 20 | ISJC 150 |
| 82.3 | 11.9 | 7.0 | 3.0 | 91.5 | 146.1 | 14.5 | 28.2 | 5.1 | 35 | 50 | 20 | ISJC 175 |
| 116.1 | 16.7 | 8.0 | 3.5 | 91.5 | 168.5 | 15.8 | 33.0 | 5.6 | 40 | 50 | 22 | ISJC 200 |
| 17.6 | 4.3 | 6.0 | 2.0 | 91.5 | 50.4 | 12.3 | 18.2 | 5.2 | 21 | — | 12 | ISLC 75 |
| 32.9 | 7.3 | 6.0 | 2.0 | 91.5 | 74.3 | 12.8 | 23.0 | 5.5 | 28 | 50 | 16 | ISLC 100 |
| 57.1 | 12.8 | 7.0 | 2.5 | 91.5 | 96.6 | 14.2 | 30.3 | 5.9 | 35 | 50 | 22 | ISLC 125 |
| 93.0 | 20.2 | 8.0 | 3.5 | 91.5 | 117.0 | 16.5 | 35.1 | 6.3 | 40 | 50 | 25 | ISLC 150 |
| 131.3 | 24.8 | 8.0 | 4.0 | 91.5 | 138.6 | 18.2 | 35.0 | 6.6 | 40 | 55 | 25 | ISLC 175 |
| 172.6 | 28.5 | 8.5 | 4.5 | 91.5 | 160.0 | 20.0 | 34.8 | 7.0 | 40 | 55 | 25 | ISLC 200 |
| 226.5 | 32.0 | 11.0 | 5.5 | 96 | 175.9 | 24.5 | 42.1 | 7.3 | 50 | 60 | 28 | ISLC 225 |
| 295.0 | 40.9 | 11.0 | 5.5 | 96 | 198.9 | 25.5 | 47.0 | 7.6 | 60 | 60 | 28 | ISLC 250 |
| 403.2 | 46.4 | 12.0 | 6.0 | 96 | 245.4 | 27.3 | 46.7 | 8.2 | 60 | 60 | 28 | ISLC 300 |
| 532.1 | 52.0 | 13.0 | 6.0 | 96 | 291.9 | 29.1 | 46.3 | 8.9 | 60 | 65 | 28 | ISLC 350 |
| 699.5 | 60.2 | 14.0 | 7.0 | 96 | 337.1 | 31.4 | 46.0 | 9.5 | 60 | 65 | 28 | ISLC 400 |
| 20.3 | 4.7 | 8.5 | 4.5 | 96 | 41.4 | 16.8 | 17.8 | 5.9 | 21 | — | 12 | ISMC 75 |
| 37.3 | 7.5 | 9.0 | 4.5 | 96 | 64.0 | 18.0 | 22.7 | 6.2 | 28 | 50 | 16 | ISMC 100 |
| 66.6 | 13.1 | 9.5 | 5.0 | 96 | 85.4 | 19.8 | 30.0 | 6.5 | 35 | 55 | 22 | ISMC 125 |
| 103.9 | 19.4 | 10.0 | 5.0 | 96 | 106.7 | 21.7 | 34.8 | 6.9 | 40 | 55 | 25 | ISMC 150 |
| 139.8 | 22.8 | 10.5 | 5.5 | 96 | 128.4 | 23.3 | 34.7 | 7.2 | 40 | 55 | 25 | ISMC 175 |
| 181.9 | 26.3 | 11.0 | 5.5 | 96 | 150.2 | 24.9 | 34.5 | 7.6 | 40 | 60 | 25 | ISMC 200 |
| 239.5 | 32.8 | 12.0 | 6.0 | 96 | 170.9 | 27.1 | 36.8 | 7.9 | 45 | 60 | 25 | ISMC 225 |
| 305.3 | 38.4 | 12.0 | 6.0 | 96 | 192.5 | 28.7 | 36.5 | 8.6 | 45 | 65 | 25 | ISMC 250 |
| 424.2 | 46.8 | 13.0 | 6.5 | 96 | 240.7 | 29.6 | 41.2 | 9.1 | 50 | 65 | 28 | ISMC 300 |
| 571.9 | 57.0 | 14.0 | 7.0 | 96 | 288.1 | 30.9 | 46.0 | 9.6 | 60 | 65 | 28 | ISMC 350 |
| 754.1 | 66.6 | 15.0 | 7.5 | 96 | 332.8 | 33.6 | 45.7 | 10.1 | 60 | 70 | 28 | ISMC 400 |

**Note :** The values of 'g' are meant for one row of rivets only. In sufficiently wide flanges, if two rows are desirable, different gauges will have to be adopted.

## TABLE 21 : AREAS OF ROUND BARS IN PER METRE WIDTH OF SLABS FOR DIFFERENT SPACINGS

(area in $cm^2$)

| Dia. of bars (mm) | Spacing of bars (cm) | | | | | | | | | | | | |
|---|---|---|---|---|---|---|---|---|---|---|---|---|---|
| | 6 | 8 | 10 | 12 | 14 | 16 | 18 | 20 | 22 | 24 | 26 | 28 | 30 |
| 5 | 3.27 | 2.45 | 1.96 | 1.64 | 1.40 | 1.23 | 1.09 | 0.98 | 0.89 | 0.82 | 0.75 | 0.70 | 0.65 |
| 6 | 4.71 | 3.53 | 2.83 | 2.63 | 2.02 | 1.76 | 1.57 | 1.41 | 1.28 | 1.18 | 1.09 | 1.01 | 0.94 |
| 7 | 6.41 | 4.81 | 3.85 | 3.20 | 2.75 | 2.40 | 2.17 | 1.92 | 1.75 | 1.60 | 1.48 | 1.37 | 1.28 |
| 8 | 8.37 | 6.28 | 5.02 | 4.19 | 3.59 | 3.14 | 2.79 | 2.51 | 2.28 | 2.09 | 1.93 | 1.79 | 1.67 |
| 10 | 13.09 | 9.82 | 7.85 | 6.54 | 5.61 | 4.91 | 4.36 | 3.93 | 3.57 | 3.27 | 3.02 | 2.80 | 2.62 |
| 11 | 15.84 | 11.88 | 9.50 | 7.92 | 6.79 | 5.94 | 5.28 | 4.75 | 4.32 | 3.96 | 3.65 | 3.39 | 3.17 |
| 12 | 18.85 | 14.14 | 11.31 | 9.42 | 8.08 | 7.07 | 6.28 | 5.65 | 5.14 | 4.71 | 4.35 | 4.04 | 3.77 |
| 14 | 26.65 | 19.24 | 15.39 | 12.83 | 11.00 | 9.62 | 8.55 | 7.70 | 7.00 | 6.41 | 5.92 | 5.50 | 5.13 |
| 16 | 33.54 | 25.13 | 20.10 | 16.76 | 14.36 | 12.56 | 11.18 | 10.05 | 9.14 | 8.38 | 7.73 | 7.18 | 7.70 |
| 18 | 42.41 | 31.80 | 25.44 | 21.20 | 18.17 | 15.90 | 14.14 | 12.75 | 11.56 | 10.60 | 9.78 | 9.08 | 8.48 |
| 20 | 52.36 | 39.27 | 31.41 | 26.18 | 22.44 | 19.64 | 17.45 | 15.71 | 14.29 | 13.09 | 12.08 | 11.22 | 10.47 |
| 22 | — | 47.51 | 38.01 | 31.67 | 27.15 | 23.75 | 21.12 | 19.00 | 17.28 | 15.84 | 14.62 | 13.57 | 13.67 |
| 25 | — | 61.36 | 49.08 | 40.90 | 35.06 | 30.68 | 27.27 | 24.54 | 22.31 | 20.45 | 18.88 | 17.53 | 16.36 |

TABLE 22 : **AREAS OF GROUPS OF ROUND BARS**

(area in $cm^2$)

| Diam. mm | Number of bars | | | | | | | | | |
|---|---|---|---|---|---|---|---|---|---|---|
| | 1 | 2 | 3 | 4 | 5 | 6 | 7 | 8 | 9 | 10 |
| 5 | 0.20 | 0.39 | 0.59 | 0.79 | 0.98 | 1.18 | 1.37 | 1.57 | 1.77 | 1.96 |
| 6 | 0.28 | 0.56 | 0.85 | 1.13 | 1.41 | 1.70 | 1.98 | 2.26 | 2.54 | 2.83 |
| 7 | 0.38 | 0.77 | 1.15 | 1.54 | 1.92 | 2.31 | 2.69 | 3.08 | 3.46 | 3.85 |
| 8 | 0.50 | 1.00 | 1.51 | 9.01 | 2.51 | 3.01 | 3.52 | 4.02 | 4.52 | 5.03 |
| 10 | 0.79 | 1.57 | 2.36 | 3.14 | 3.96 | 4.71 | 5.50 | 6.28 | 7.07 | 7.85 |
| 12 | 1.13 | 2.26 | 3.39 | 4.52 | 5.65 | 6.79 | 7.92 | 9.05 | 10.18 | 11.31 |
| 14 | 1.54 | 3.08 | 4.62 | 6.16 | 7.70 | 9.24 | 10.78 | 12.32 | 13.85 | 15.39 |
| 16 | 2.01 | 4.02 | 6.03 | 8.04 | 10.05 | 12.06 | 14.07 | 16.08 | 18.10 | 20.11 |
| 18 | 2.54 | 5.09 | 7.63 | 10.18 | 12.72 | 15.26 | 17.81 | 20.36 | 22.90 | 25.45 |
| 20 | 3.14 | 6.28 | 9.42 | 12.57 | 15.71 | 18.84 | 21.99 | 25.14 | 28.28 | 31.42 |
| 22 | 3.80 | 7.60 | 11.40 | 15.21 | 19.01 | 22.81 | 26.61 | 30.41 | 34.21 | 38.01 |
| 24 | 4.52 | 9.05 | 13.57 | 18.10 | 22.62 | 27.14 | 31.67 | 36.19 | 40.72 | 45.24 |
| 26 | 5.31 | 10.62 | 15.93 | 21.24 | 26.55 | 31.86 | 37.17 | 42.47 | 47.78 | 53.09 |
| 28 | 6.16 | 12.31 | 18.47 | 24.63 | 30.79 | 36.94 | 43.10 | 49.26 | 55.42 | 61.58 |
| 30 | 7.07 | 14.14 | 21.21 | 28.27 | 35.34 | 42.41 | 49.48 | 56.55 | 63.62 | 70.69 |
| 32 | 8.04 | 16.08 | 24.13 | 32.17 | 40.21 | 48.26 | 56.30 | 64.34 | 72.38 | 80.42 |
| 34 | 9.08 | 18.16 | 27.24 | 36.32 | 45.40 | 54.48 | 63.56 | 72.63 | 81.71 | 90.74 |
| 36 | 10.18 | 20.36 | 30.54 | 40.72 | 50.90 | 61.07 | 71.25 | 81.43 | 91.61 | 101.79 |
| 38 | 11.34 | 22.68 | 34.02 | 45.36 | 56.70 | 68.04 | 79.38 | 90.73 | 102.07 | 113.41 |
| 40 | 12.57 | 25.13 | 37.70 | 50.26 | 62.83 | 75.40 | 87.96 | 100.53 | 113.10 | 125.66 |
| 45 | 15.90 | 31.81 | 47.71 | 63.62 | 79.52 | 95.43 | 111.33 | 127.23 | 143.14 | 159.04 |
| 50 | 19.64 | 39.27 | 58.91 | 78.54 | 98.15 | 117.81 | 137.45 | 157.08 | 176.72 | 196.35 |

**TABLE 23 :** 

# REDUCTION FOR AREA FOR RIVET HOLES

| Diameter of Rivet mm | 12 | 14 | 16 | 18 | 20 | 22 | 24 |
|---|---|---|---|---|---|---|---|
| Rivet Hole Diameter mm | 13.5 | 15.5 | 17.5 | 19.5 | 21.5 | 23.5 | 25.5 |
| Thickness of Metal mm | Area of Rivet Holes in cm² | | | | | | |
| 5.0 | 0.68 | 0.78 | 0.88 | 0.98 | 1.08 | 1.18 | 1.28 |
| 6.0 | 0.81 | 0.93 | 1.05 | 1.17 | 1.29 | 1.41 | 1.53 |
| 8.0 | 1.08 | 1.24 | 1.40 | 1.56 | 1.72 | 1.88 | 2.04 |
| 10.0 | 1.35 | 1.55 | 1.75 | 1.95 | 2.15 | 2.35 | 2.58 |
| 12.0 | 1.62 | 1.86 | 2.10 | 2.34 | 2.58 | 2.82 | 3.06 |
| 14.0 | 1.89 | 2.17 | 2.45 | 2.73 | 3.01 | 3.29 | 3.57 |
| 16.0 | 2.16 | 2.48 | 2.80 | 3.12 | 3.44 | 3.76 | 4.08 |
| 18.0 | 2.43 | 2.79 | 3.15 | 3.51 | 3.87 | 4.23 | 4.59 |
| 20.0 | 2.70 | 3.10 | 3.50 | 3.90 | 4.30 | 4.70 | 5.10 |
| 22.0 | 2.97 | 3.41 | 3.85 | 4.29 | 4.73 | 5.17 | 5.61 |
| 25.0 | 3.38 | 3.88 | 4.38 | 4.88 | 5.38 | 5.88 | 6.38 |
| 28.0 | 3.78 | 4.34 | 4.90 | 5.46 | 6.02 | 6.58 | 7.14 |
| 32.0 | 4.32 | 4.96 | 5.60 | 6.24 | 6.89 | 7.52 | 8.16 |
| 36.0 | 4.86 | 5.58 | 6.30 | 7.02 | 7.74 | 8.46 | 9.18 |
| 40.0 | 5.40 | 6.20 | 7.00 | 7.80 | 8.60 | 9.40 | 10.20 |
| 45.0 | 6.08 | 6.98 | 7.88 | 8.78 | 9.68 | 10.58 | 11.48 |
| 50.0 | 6.75 | 7.75 | 8.75 | 9.75 | 10.75 | 11.75 | 12.75 |
| 56.0 | 7.56 | 8.68 | 9.80 | 10.92 | 12.04 | 13.16 | 14.28 |
| 63.0 | 8.50 | 9.76 | 11.02 | 12.28 | 13.54 | 14.80 | 16.06 |

(Continued)

## TABLE 23 : REDUCTION FOR AREA FOR RIVET HOLES

| 27 | 30 | 33 | 36 | 39 | 42 | 48 | Diameter of Rivet mm |
|---|---|---|---|---|---|---|---|
| 29.0 | 32.0 | 35.0 | 38.0 | 41.0 | 44.0 | 50.0 | Rivet Hole Diameter mm |
| Area of Rivet Holes in $cm^2$ | | | | | | | Thickness of Metal mm |
| 1.45 | 1.60 | 1.75 | 1.90 | 2.05 | 2.20 | 2.50 | 5.0 |
| 1.76 | 1.92 | 2.10 | 2.28 | 2.46 | 2.64 | 3.00 | 6.0 |
| 2.32 | 2.56 | 2.80 | 3.04 | 3.28 | 3.52 | 4.00 | 8.00 |
| 2.90 | 3.20 | 3.50 | 3.80 | 4.10 | 4.40 | 5.00 | 10.0 |
| 3.48 | 3.84 | 4.20 | 4.56 | 4.92 | 5.28 | 6.00 | 12.0 |
| 4.06 | 4.48 | 4.90 | 5.32 | 5.74 | 6.16 | 7.00 | 14.0 |
| 4.64 | 5.12 | 5.60 | 6.08 | 6.56 | 7.04 | 8.00 | 16.0 |
| 5.22 | 5.76 | 6.30 | 6.84 | 7.38 | 7.92 | 9.00 | 18.0 |
| 5.80 | 6.40 | 7.00 | 7.60 | 8.20 | 8.80 | 10.00 | 20.0 |
| 6.38 | 7.04 | 7.70 | 8.36 | 9.02 | 9.68 | 11.00 | 22.0 |
| 7.25 | 8.00 | 8.75 | 9.50 | 10.25 | 11.00 | 12.50 | 25.0 |
| 8.12 | 8.96 | 9.80 | 10.64 | 11.48 | 12.32 | 14.00 | 28.0 |
| 9.28 | 10.24 | 11.20 | 12.16 | 13.12 | 14.08 | 16.00 | 32.0 |
| 10.44 | 11.52 | 12.60 | 13.68 | 14.76 | 15.84 | 18.00 | 36.0 |
| 11.60 | 12.80 | 14.00 | 15.20 | 16.40 | 17.60 | 20.00 | 40.0 |
| 13.05 | 14.40 | 15.75 | 17.10 | 18.45 | 19.80 | 22.50 | 45.0 |
| 14.50 | 16.00 | 17.50 | 19.00 | 20.50 | 22.00 | 25.00 | 50.0 |
| 16.24 | 17.92 | 19.60 | 21.28 | 22.96 | 24.64 | 28.00 | 56.0 |
| 18.27 | 20.16 | 22.05 | 23.94 | 25.83 | 27.72 | 31.50 | 63.0 |

TABLE 25 :

# PROPERTIES OF TWO EQUAL ANGLES BACK TO BACK

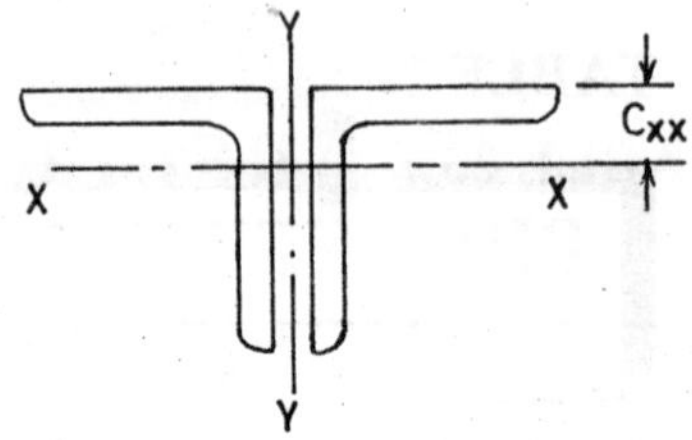


| Designation | Size of Each Angle A×B | Thickness t | Weight per Metre (w) | | Sectional Area a | Moment of inertia $I_{xx}$ | Modulus of Section $Z_{xx}$ | Radius of Gyration $r_{xx}$ |
|---|---|---|---|---|---|---|---|---|
| | mm | mm | kg | N | cm² | cm⁴ | cm² | cm |
| ISA 5050 | 50 × 50 | 3.0 | 4.6 | 45.1 | 5.90 | 13.8 | 3.8 | 1.53 |
| | | 4.0 | 6.0 | 58.9 | 7.76 | 18.2 | 5.0 | 1.53 |
| | | 5.0 | 7.6 | 74.6 | 9.58 | 22.0 | 6.2 | 1.52 |
| | | 6.0 | 9.0 | 88.3 | 11.36 | 25.8 | 7.2 | 1.51 |
| ISA 5555 | 55 × 55 | 5.0 | 8.2 | 80.4 | 10.54 | 29.4 | 7.4 | 1.67 |
| | | 6.0 | 9.8 | 96.1 | 12.52 | 34.6 | 8.8 | 1.66 |
| | | 8.0 | 12.8 | 125.6 | 16.36 | 44.0 | 11.4 | 1.64 |
| | | 10.0 | 15.8 | 155.0 | 20.04 | 52.6 | 14.0 | 1.62 |
| ISA 6060 | 60 × 60 | 5.0 | 9.0 | 88.3 | 11.50 | 38.4 | 8.8 | 1.82 |
| | | 6.0 | 10.8 | 105.9 | 13.68 | 45.2 | 10.4 | 1.82 |
| | | 8.0 | 14.0 | 137.3 | 17.92 | 58.0 | 13.6 | 1.80 |
| | | 10.0 | 17.2 | 168.7 | 22.00 | 69.6 | 16.8 | 1.78 |
| ISA 6565 | 65 × 65 | 5.0 | 9.8 | 96.1 | 12.50 | 49.4 | 10.4 | 1.99 |
| | | 6.0 | 11.6 | 113.8 | 14.88 | 58.2 | 12.4 | 1.98 |
| | | 8.0 | 15.4 | 151.1 | 19.52 | 74.8 | 16.2 | 1.96 |
| | | 10.0 | 18.8 | 184.4 | 24.00 | 90.0 | 19.8 | 1.94 |
| ISA 7070 | 70 × 70 | 5.0 | 10.6 | 104.0 | 13.54 | 62.2 | 12.2 | 2.15 |
| | | 6.0 | 12.6 | 123.6 | 16.12 | 73.6 | 14.6 | 2.14 |
| | | 8.0 | 16.6 | 162.8 | 21.16 | 94.8 | 19.0 | 2.12 |
| | | 10.0 | 20.4 | 200.1 | 26.04 | 114.4 | 23.4 | 2.10 |
| ISA 7575 | 75 × 75 | 5.0 | 11.4 | 111.8 | 14.54 | 77.4 | 14.2 | 2.31 |
| | | 6.0 | 13.6 | 133.4 | 17.32 | 91.4 | 16.8 | 2.30 |
| | | 8.0 | 17.8 | 174.6 | 22.76 | 118.0 | 22.0 | 2.28 |
| | | 10.0 | 22.0 | 215.8 | 28.04 | 142.8 | 27.0 | 2.26 |
| ISA 8080 | 80 × 80 | 6.0 | 14.6 | 143.2 | 18.58 | 112.0 | 19.2 | 2.46 |
| | | 8.0 | 19.2 | 188.4 | 24.42 | 145.0 | 25.2 | 2.44 |
| | | 10.0 | 23.6 | 231.5 | 30.10 | 175.4 | 31.0 | 2.41 |
| | | 12.0 | 28.0 | 274.7 | 35.62 | 203.8 | 36.6 | 2.39 |

(Continued)

**TABLE 25 :**

# PROPERTIES OF TWO EQUAL ANGLES BACK TO BACK

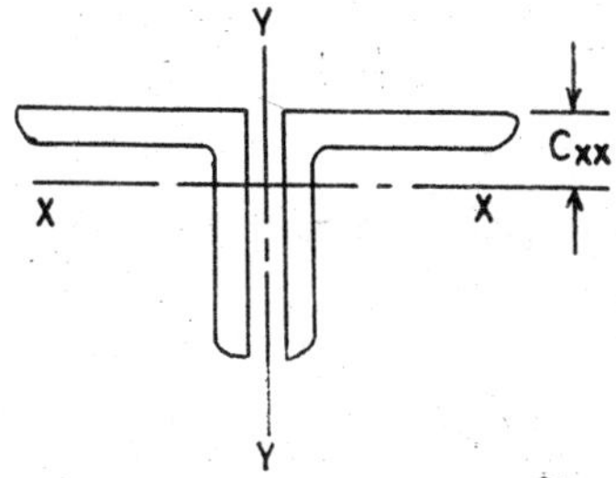


| Distance of Centre of Gravity $C_{xx}$ cm | Radii of Gyration About Y-Y Axis, in cm — Distance, Back to Back of Angles, in cm 0.0 | 0.6 | 1.0 | 1.4 | 1.8 | 2.2 | Designation |
|---|---|---|---|---|---|---|---|
| 1.32 | 2.02 | 2.22 | 2.38 | 2.53 | 2.69 | 2.86 | ISA 5050 |
| 1.37 | 2.06 | 2.26 | 2.42 | 2.57 | 2.74 | 2.91 | |
| 1.41 | 2.07 | 2.28 | 2.44 | 2.60 | 2.76 | 2.93 | |
| 1.45 | 2.09 | 2.31 | 2.46 | 2.63 | 2.79 | 2.96 | |
| 1.53 | 2.26 | 2.48 | 2.63 | 2.79 | 2.95 | 3.12 | ISA 5555 |
| 1.57 | 2.28 | 2.50 | 2.65 | 2.81 | 2.98 | 3.14 | |
| 1.65 | 2.33 | 2.55 | 2.70 | 2.87 | 3.03 | 3.20 | |
| 1.72 | 2.36 | 2.59 | 2.75 | 2.91 | 3.08 | 3.30 | |
| 1.65 | 2.46 | 2.67 | 2.82 | 2.98 | 3.14 | 3.30 | ISA 6060 |
| 1.69 | 2.48 | 2.70 | 2.85 | 3.00 | 3.16 | 3.33 | |
| 1.77 | 2.52 | 2.74 | 2.89 | 3.06 | 3.22 | 3.39 | |
| 1.85 | 2.57 | 2.79 | 2.95 | 3.11 | 3.28 | 3.44 | |
| 1.77 | 2.66 | 2.87 | 3.02 | 3.17 | 3.33 | 3.49 | ISA 6565 |
| 1.81 | 2.68 | 2.89 | 3.04 | 3.20 | 3.35 | 3.52 | |
| 1.89 | 2.72 | 2.94 | 3.09 | 3.25 | 3.41 | 3.57 | |
| 1.97 | 2.76 | 2.98 | 3.14 | 3.30 | 3.46 | 3.63 | |
| 1.89 | 2.86 | 3.06 | 3.21 | 3.36 | 3.52 | 3.68 | ISA 7070 |
| 1.94 | 2.88 | 3.10 | 3.24 | 3.40 | 3.55 | 3.72 | |
| 2.02 | 2.93 | 3.14 | 3.29 | 3.45 | 3.61 | 3.77 | |
| 2.10 | 2.97 | 3.19 | 3.34 | 3.50 | 3.66 | 3.82 | |
| 2.02 | 3.07 | 3.27 | 3.42 | 3.57 | 3.72 | 3.88 | ISA 7575 |
| 2.06 | 3.08 | 3.29 | 3.44 | 3.59 | 3.75 | 3.91 | |
| 2.14 | 3.12 | 3.34 | 3.49 | 3.64 | 3.80 | 3.96 | |
| 2.22 | 3.17 | 3.38 | 3.54 | 3.69 | 3.85 | 4.01 | |
| 2.18 | 3.28 | 3.49 | 3.63 | 3.79 | 3.94 | 4.10 | ISA 8080 |
| 2.27 | 3.33 | 3.54 | 3.69 | 3.84 | 4.00 | 4.16 | |
| 2.34 | 3.36 | 3.58 | 3.73 | 3.88 | 4.04 | 4.20 | |
| 2.42 | 3.40 | 3.62 | 3.77 | 3.93 | 4.09 | 4.26 | |

(Continued)

TABLE 25 :

# PROPERTIES OF TWO EQUAL ANGLES BACK TO BACK

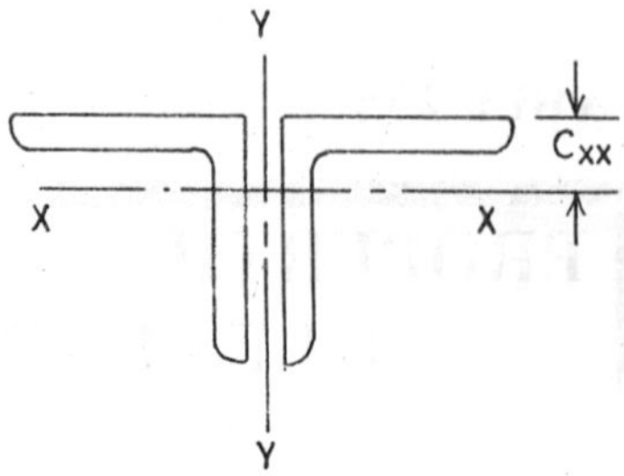


| Designation | Size of Each Angle A×B | Thickness t | Weight per Metre (w) | | Sectional Area a | Moment of inertia $I_{xx}$ | Modulus of Section $Z_{xx}$ | Radius of Gyration $r_{xx}$ |
|---|---|---|---|---|---|---|---|---|
| | mm | mm | kg | N | cm² | cm⁴ | cm³ | cm |
| ISA 9090 | 90 × 90 | 6.0 | 16.4 | 160.9 | 20.94 | 160.2 | 24.4 | 2.77 |
| | | 8.0 | 21.6 | 211.9 | 27.58 | 208.4 | 32.0 | 2.75 |
| | | 10.0 | 26.8 | 262.9 | 34.06 | 253.4 | 39.6 | 2.73 |
| | | 12.0 | 31.6 | 310.0 | 40.38 | 295.8 | 46.6 | 2.71 |
| ISA 100100 | 100 × 100 | 6.0 | 18.4 | 180.5 | 23.34 | 222.6 | 30.4 | 3.09 |
| | | 8.0 | 24.2 | 237.4 | 30.78 | 290.2 | 40.0 | 3.07 |
| | | 10.0 | 29.8 | 292.3 | 38.06 | 354.0 | 49.4 | 3.05 |
| | | 12.0 | 35.4 | 347.3 | 45.18 | 414.0 | 58.4 | 3.03 |
| ISA 110110 | 110 × 110 | 8.0 | 26.8 | 262.9 | 34.04 | 390.0 | 48.8 | 3.38 |
| | | 10.0 | 38.0 | 372.8 | 42.12 | 476.8 | 60.2 | 3.36 |
| | | 12.0 | 39.2 | 384.6 | 50.04 | 559.2 | 71.4 | 3.34 |
| | | 15.0 | 48.4 | 474.8 | 61.62 | 674.8 | 87.4 | 3.31 |
| ISA 130130 | 130 × 130 | 8.0 | 31.8 | 312.0 | 40.44 | 656.6 | 69.0 | 4.03 |
| | | 10.0 | 39.4 | 386.5 | 50.12 | 805.4 | 85.4 | 4.01 |
| | | 12.0 | 46.8 | 459.1 | 59.64 | 947.6 | 101.4 | 3.99 |
| | | 15.0 | 57.8 | 567.0 | 73.62 | 1149.2 | 124.6 | 3.95 |
| ISA 150150 | 150 × 150 | 10.0 | 45.6 | 447.3 | 58.06 | 1244.8 | 113.8 | 4.63 |
| | | 12.0 | 54.4 | 533.7 | 69.18 | 1470.8 | 135.4 | 4.61 |
| | | 15.0 | 67.2 | 659.2 | 85.56 | 1793.6 | 167.0 | 4.58 |
| | | 18.0 | 79.8 | 782.8 | 101.58 | 2097.8 | 197.4 | 4.54 |
| ISA 200200 | 200 × 200 | 12.0 | 73.2 | 718.1 | 93.22 | 3577.8 | 244.4 | 6.20 |
| | | 15.0 | 90.8 | 890.7 | 115.60 | 4395.4 | 302.8 | 6.17 |
| | | 18.0 | 108.0 | 1059.5 | 137.62 | 5177.4 | 359.8 | 6.13 |
| | | 25.0 | 147.2 | 1444.0 | 187.60 | 6872.6 | 486.6 | 6.05 |

(Continued)

TABLE 25 :

# PROPERTIES OF TWO EQUAL ANGLES BACK TO BACK

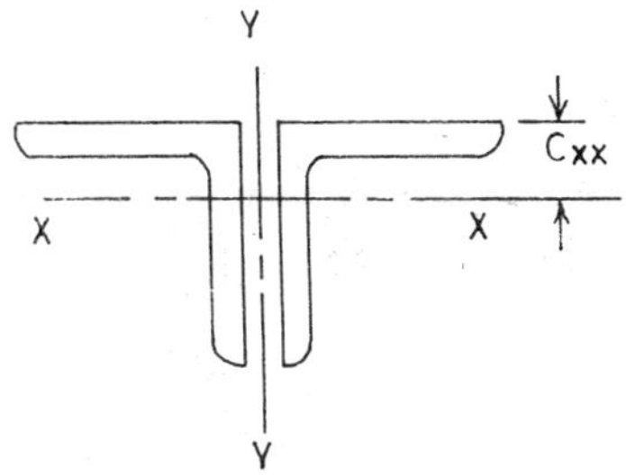


| Distance of Centre of Gravity $C_{xx}$ | Radii of Gyration About Y-Y Axis, in cm — Distance, Back to Back of Angles, in cm | | | | | | Designation |
|---|---|---|---|---|---|---|---|
| | 0.0 | 0.6 | 1.0 | 1.4 | 1.8 | 2.2 | |
| cm | | | | | | | |
| 2.42 | 3.68 | 3.88 | 4.02 | 4.17 | 4.32 | 4.48 | ISA 9090 |
| 2.51 | 3.72 | 3.93 | 4.08 | 4.23 | 4.38 | 4.54 | |
| 2.59 | 3.76 | 3.97 | 4.12 | 4.27 | 4.43 | 4.59 | |
| 2.66 | 3.79 | 4.01 | 4.16 | 4.31 | 4.47 | 4.63 | |
| 2.67 | 4.08 | 4.28 | 4.43 | 4.57 | 4.72 | 4.87 | ISA 100100 |
| 2.76 | 4.13 | 4.33 | 4.48 | 4.63 | 4.78 | 4.93 | |
| 2.84 | 4.17 | 4.38 | 4.52 | 4.67 | 4.83 | 4.98 | |
| 2.92 | 4.20 | 4.41 | 4.56 | 4.71 | 4.87 | 5.02 | |
| 3.00 | 4.52 | 4.73 | 4.87 | 5.01 | 5.16 | 5.32 | ISA 110110 |
| 3.08 | 4.56 | 4.77 | 4.91 | 5.06 | 5.21 | 5.37 | |
| 3.16 | 4.60 | 4.81 | 4.96 | 5.11 | 5.26 | 5.41 | |
| 3.27 | 4.65 | 4.87 | 5.02 | 5.17 | 5.32 | 5.48 | |
| 3.50 | 5.34 | 5.54 | 5.68 | 5.82 | 5.97 | 6.12 | ISA 130130 |
| 3.58 | 5.37 | 5.58 | 5.72 | 5.86 | 6.01 | 6.16 | |
| 3.66 | 5.41 | 5.62 | 5.76 | 5.91 | 6.06 | 6.21 | |
| 3.78 | 5.46 | 5.67 | 5.82 | 5.97 | 6.12 | 6.27 | |
| 4.06 | 6.15 | 6.36 | 6.50 | 6.64 | 6.78 | 6.93 | ISA 150150 |
| 4.14 | 6.20 | 6.40 | 6.54 | 6.68 | 6.83 | 6.98 | |
| 4.26 | 6.25 | 6.46 | 6.60 | 6.75 | 6.90 | 7.05 | |
| 4.38 | 6.31 | 6.52 | 6.67 | 6.82 | 6.97 | 7.12 | |
| 5.36 | 8.19 | 8.39 | 8.53 | 8.67 | 8.81 | 8.96 | ISA 200200 |
| 5.49 | 8.26 | 8.46 | 8.60 | 8.74 | 8.88 | 9.02 | |
| 5.61 | 8.31 | 8.52 | 8.66 | 8.80 | 8.94 | 9.09 | |
| 5.88 | 8.44 | 8.65 | 8.79 | 8.94 | 9.09 | 9.24 | |

**TABLE 26 :**

# PROPERTIES OF TWO UNEQUAL ANGLES BACK TO BACK

## (LONGER LEGS BACK TO BACK)

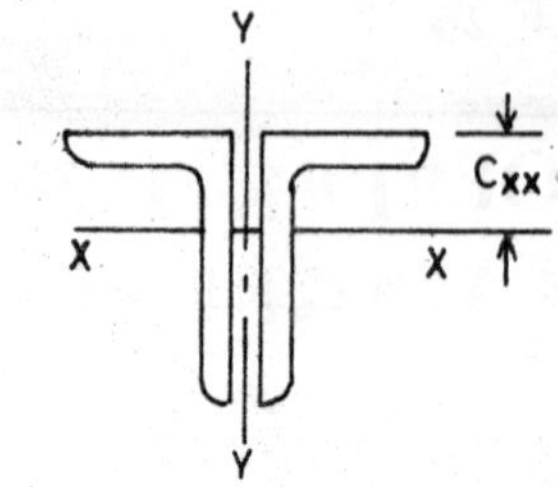


| Designation | Size of Each Angle A×B | Thickness t | Weight per Metre (w) | | Sectional Area a | Moment of inertia $I_{xx}$ | Modulus of Section $Z_{xx}$ | Radius of Gyration $r_{xx}$ |
|---|---|---|---|---|---|---|---|---|
| | mm mm | mm | kg | N | cm$^2$ | cm$^4$ | cm$^3$ | cm |
| ISA 6545 | 65 × 45 | 5.0 | 8.2 | 80.4 | 10.52 | 44.2 | 10.0 | 2.05 |
| | | 6.0 | 9.8 | 96.1 | 12.50 | 52.0 | 11.8 | 2.04 |
| | | 8.0 | 12.8 | 125.6 | 16.34 | 66.4 | 15.4 | 2.02 |
| ISA 7045 | 70 × 45 | 5.0 | 8.6 | 84.4 | 11.04 | 54.4 | 11.4 | 2.22 |
| | | 6.0 | 10.4 | 102.0 | 13.12 | 64.0 | 13.6 | 2.21 |
| | | 8.0 | 13.4 | 131.5 | 17.16 | 82.0 | 17.8 | 2.19 |
| | | 10.0 | 16.6 | 162.8 | 21.04 | 98.6 | 21.8 | 2.16 |
| ISA 7550 | 75 × 50 | 5.0 | 9.4 | 92.2 | 12.04 | 68.2 | 13.4 | 2.38 |
| | | 6.0 | 11.2 | 109.9 | 14.32 | 80.6 | 16.0 | 2.37 |
| | | 8.0 | 14.8 | 145.2 | 18.76 | 103.6 | 20.8 | 2.35 |
| | | 10.0 | 18.0 | 176.6 | 23.04 | 124.6 | 25.4 | 2.33 |
| ISA 8050 | 80 × 50 | 5.0 | 9.8 | 96.1 | 12.54 | 81.2 | 15.0 | 2.55 |
| | | 6.0 | 11.8 | 115.8 | 14.92 | 96.0 | 18.0 | 2.54 |
| | | 8.0 | 15.4 | 151.1 | 19.56 | 123.8 | 23.4 | 2.52 |
| | | 10.0 | 18.8 | 184.4 | 24.04 | 149.4 | 28.8 | 2.49 |
| ISA 9060 | 90 × 60 | 6.0 | 13.6 | 133.4 | 17.30 | 141.2 | 23.0 | 2.86 |
| | | 8.0 | 17.8 | 174.6 | 22.74 | 183.0 | 30.2 | 2.84 |
| | | 10.0 | 22.0 | 215.8 | 28.02 | 221.8 | 37.2 | 2.81 |
| | | 12.0 | 26.0 | 255.1 | 33.14 | 258.2 | 44.0 | 2.79 |
| ISA 10065 | 100 × 65 | 6.0 | 15.0 | 147.2 | 19.10 | 193.4 | 28.4 | 3.18 |
| | | 8.0 | 19.8 | 192.2 | 25.14 | 251.8 | 37.4 | 3.16 |
| | | 10.0 | 24.4 | 239.4 | 31.02 | 306.4 | 46.2 | 3.14 |
| ISA 10075 | 100 × 75 | 6.0 | 16.0 | 157.0 | 20.28 | 201.8 | 28.8 | 3.15 |
| | | 8.0 | 21.0 | 206.0 | 26.72 | 263.2 | 38.2 | 3.14 |
| | | 10.0 | 26.0 | 255.1 | 33.00 | 320.8 | 47.2 | 3.12 |
| | | 12.0 | 30.8 | 302.2 | 39.12 | 375.0 | 55.8 | 3.10 |

(Continued)

TABLE 26 :

# PROPERTIES OF TWO UNEQUAL ANGLES BACK TO BACK

## (LONGER LEGS BACK TO BACK)

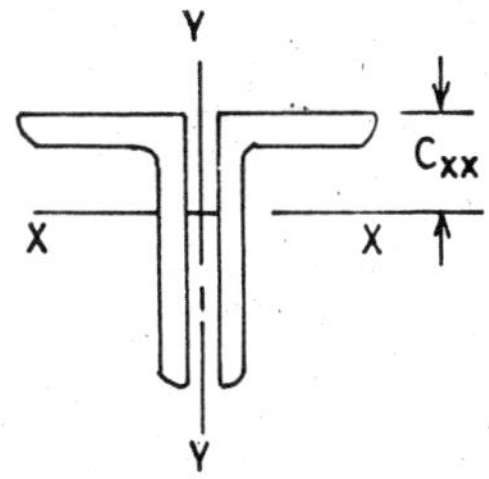


| Distance of Centre of Gravity $C_{xx}$ cm | Radii of Gyration About Y-Y Axis, in cm — Distance, Back to Back of Angles, in cm | | | | | | Designation |
|---|---|---|---|---|---|---|---|
| | 0.0 | 0.6 | 1.0 | 1.4 | 1.8 | 2.2 | |
| 2.07 | 1.67 | 1.88 | 2.03 | 2.19 | 2.36 | 2.53 | ISA 6545 |
| 2.11 | 1.69 | 1.91 | 2.06 | 2.22 | 2.39 | 2.56 | |
| 2.19 | 1.73 | 1.95 | 2.11 | 2.28 | 2.44 | 2.62 | |
| 2.27 | 1.64 | 1.84 | 1.99 | 2.15 | 2.31 | 2.48 | ISA 7045 |
| 2.32 | 1.66 | 1.87 | 2.02 | 2.18 | 2.35 | 2.52 | |
| 2.40 | 1.69 | 1.91 | 2.07 | 2.23 | 2.40 | 2.58 | |
| 2.48 | 1.74 | 1.96 | 2.12 | 2.29 | 2.46 | 2.64 | |
| 2.39 | 1.84 | 2.04 | 2.19 | 2.34 | 2.50 | 2.67 | ISA 7550 |
| 2.44 | 1.85 | 2.06 | 2.21 | 2.37 | 2.53 | 2.70 | |
| 2.52 | 1.89 | 2.11 | 2.26 | 2.42 | 2.59 | 2.76 | |
| 2.60 | 1.93 | 2.16 | 2.31 | 2.48 | 2.65 | 2.82 | |
| 2.60 | 1.79 | 1.99 | 2.14 | 2.30 | 2.46 | 2.62 | ISA 8050 |
| 2.64 | 1.81 | 2.02 | 2.16 | 2.32 | 2.48 | 2.65 | |
| 2.73 | 1.85 | 2.06 | 2.22 | 2.38 | 2.54 | 2.71 | |
| 2.81 | 1.89 | 2.11 | 2.27 | 2.43 | 2.60 | 2.77 | |
| 2.87 | 2.20 | 2.40 | 2.55 | 2.70 | 2.86 | 3.02 | ISA 9060 |
| 2.96 | 2.24 | 2.45 | 2.60 | 2.76 | 2.92 | 3.08 | |
| 3.04 | 2.28 | 2.49 | 2.64 | 2.80 | 2.97 | 3.13 | |
| 3.12 | 2.32 | 2.54 | 2.70 | 2.86 | 3.02 | 3.19 | |
| 3.19 | 2.36 | 2.55 | 2.70 | 2.85 | 3.00 | 3.16 | ISA 10065 |
| 3.28 | 2.40 | 2.60 | 2.75 | 2.90 | 3.06 | 3.22 | |
| 3.37 | 2.43 | 2.64 | 2.79 | 2.95 | 3.11 | 3.27 | |
| 3.01 | 2.82 | 3.02 | 3.16 | 3.31 | 3.46 | 3.62 | ISA 10075 |
| 3.10 | 2.87 | 3.07 | 3.22 | 3.37 | 3.52 | 3.68 | |
| 3.19 | 2.91 | 3.12 | 3.27 | 3.42 | 3.58 | 3.74 | |
| 3.27 | 2.95 | 3.16 | 3.31 | 3.47 | 3.63 | 3.79 | |

(Continued)

**TABLE 26 :**

# PROPERTIES OF TWO UNEQUAL ANGLES BACK TO BACK

## (LONGER LEGS BACK TO BACK)

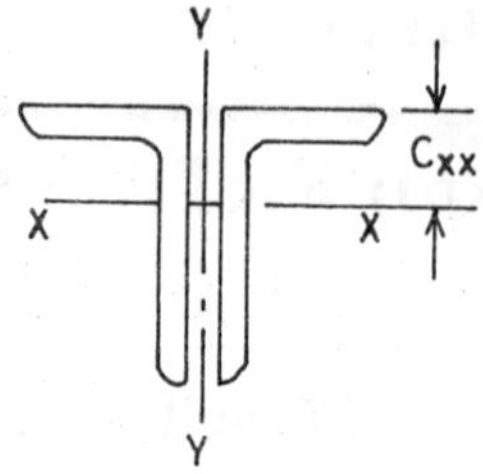


| Designation | Size of Each Angle A×B | Thickness t | Weight per Metre (w) | | Sectional Area a | Moment of inertia $I_{xx}$ | Modulus of Section $Z_{xx}$ | Radius of Gyration $r_{xx}$ |
|---|---|---|---|---|---|---|---|---|
| | mm mm | mm | kg | N | cm² | cm⁴ | cm³ | cm |
| ISA12575 | 125 × 75 | 6.0 | 18.4 | 180.5 | 23.32 | 375.6 | 44.4 | 4.01 |
| | | 8.0 | 24.2 | 237.4 | 30.76 | 491.0 | 58.8 | 4.00 |
| | | 10.0 | 29.8 | 292.3 | 38.04 | 600.6 | 72.6 | 3.97 |
| ISA12595 | 125 × 95 | 6.0 | 20.2 | 198.2 | 25.72 | 406.4 | 46.2 | 3.97 |
| | | 8.0 | 26.6 | 260.9 | 33.96 | 532.0 | 61.2 | 3.96 |
| | | 10.0 | 33.0 | 323.7 | 42.04 | 651.6 | 75.6 | 3.94 |
| | | 12.0 | 39.2 | 384.6 | 49.96 | 765.2 | 89.6 | 3.91 |
| ISA15075 | 150 × 75 | 8.0 | 27.4 | 268.8 | 34.84 | 814.4 | 83.4 | 4.83 |
| | | 10.0 | 33.8 | 331.6 | 43.12 | 998.2 | 103.2 | 4.81 |
| | | 12.0 | 40.2 | 394.4 | 51.24 | 1174.0 | 122.4 | 4.79 |
| ISA150115 | 150 × 115 | 8.0 | 32.4 | 317.8 | 41.16 | 931.4 | 88.4 | 4.76 |
| | | 10.0 | 40.0 | 392.4 | 51.04 | 1146.6 | 109.8 | 4.74 |
| | | 12.0 | 47.6 | 467.0 | 60.76 | 1353.0 | 130.6 | 4.72 |
| | | 15.0 | 59.0 | 578.8 | 75.04 | 1647.0 | 160.8 | 4.69 |
| ISA 200100 | 200 × 100 | 10.0 | 45.6 | 447.3 | 58.06 | 2420.0 | 185.6 | 6.46 |
| | | 12.0 | 54.4 | 533.7 | 69.18 | 2863.4 | 221.2 | 6.43 |
| | | 15.0 | 67.2 | 659.2 | 85.56 | 3501.0 | 273.0 | 6.40 |
| ISA 200150 | 200 × 150 | 10.0 | 53.4 | 523.9 | 68.00 | 2755.8 | 196.6 | 6.37 |
| | | 12.0 | 63.6 | 623.9 | 81.12 | 3269.8 | 234.8 | 6.35 |
| | | 15.0 | 78.8 | 773.0 | 100.50 | 4011.2 | 290.8 | 6.32 |
| | | 18.0 | 93.8 | 920.2 | 119.52 | 4718.8 | 345.0 | 6.29 |

(Continued)

TABLE 26 :

# PROPERTIES OF TWO UNEQUAL ANGLES BACK TO BACK

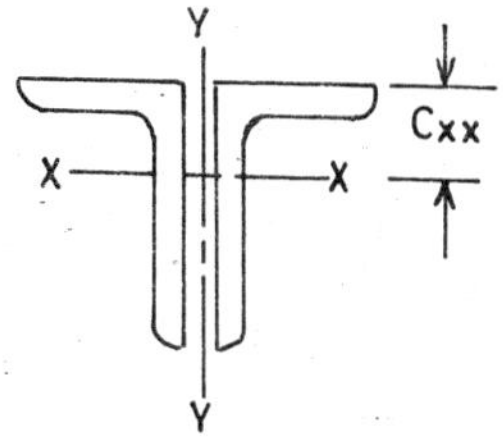


## (LONGER LEGS BACK TO BACK)

| Distance of Centre of Gravity $C_{xx}$ cm | Radii of Gyration About Y-Y Axis, in cm — Distance, Back to Back of Angles, in cm | | | | | | Designation |
|---|---|---|---|---|---|---|---|
| | 0.0 | 0.6 | 1.0 | 1.4 | 1.8 | 2.2 | |
| 4.05 | 2.64 | 2.83 | 2.97 | 3.11 | 3.26 | 3.41 | ISA 12575 |
| 4.15 | 2.68 | 2.88 | 3.02 | 3.17 | 3.32 | 3.48 | |
| 4.24 | 2.72 | 2.92 | 3.07 | 3.22 | 3.37 | 3.53 | |
| 3.70 | 3.59 | 3.78 | 3.92 | 4.06 | 4.20 | 4.35 | ISA 12595 |
| 3.80 | 3.63 | 3.83 | 3.97 | 4.11 | 4.26 | 4.41 | |
| 3.88 | 3.67 | 3.87 | 4.01 | 4.16 | 4.31 | 4.46 | |
| 3.96 | 3.70 | 3.91 | 4.05 | 4.20 | 4.36 | 4.51 | |
| 5.23 | 2.52 | 2.72 | 2.86 | 3.00 | 3.15 | 3.31 | ISA 15075 |
| 5.32 | 2.56 | 2.76 | 2.90 | 3.05 | 3.20 | 3.36 | |
| 5.41 | 2.60 | 2.80 | 2.95 | 3.10 | 3.25 | 3.42 | |
| 4.46 | 4.37 | 4.56 | 4.69 | 4.83 | 4.98 | 5.14 | ISA 150115 |
| 4.55 | 4.41 | 4.61 | 4.75 | 4.89 | 5.03 | 5.18 | |
| 4.64 | 4.45 | 4.65 | 4.79 | 4.93 | 5.08 | 5.23 | |
| 4.76 | 4.50 | 4.71 | 4.85 | 5.00 | 5.15 | 5.30 | |
| 6.96 | 3.35 | 3.54 | 3.68 | 3.81 | 3.96 | 4.11 | ISA 200100 |
| 7.05 | 3.40 | 3.59 | 3.73 | 3.87 | 4.01 | 4.17 | |
| 7.81 | 3.45 | 3.65 | 3.79 | 3.94 | 4.09 | 4.24 | |
| 5.99 | 5.66 | 5.85 | 5.98 | 6.12 | 6.26 | 6.40 | ISA 200150 |
| 6.08 | 5.70 | 5.90 | 6.03 | 6.17 | 6.31 | 6.45 | |
| 6.20 | 5.76 | 5.96 | 6.09 | 6.23 | 6.38 | 6.52 | |
| 6.33 | 5.81 | 6.01 | 6.15 | 6.30 | 6.44 | 6.59 | |

TABLE 27 :

# PROPERTIES OF TWO UNEQUAL ANGLES BACK TO BACK

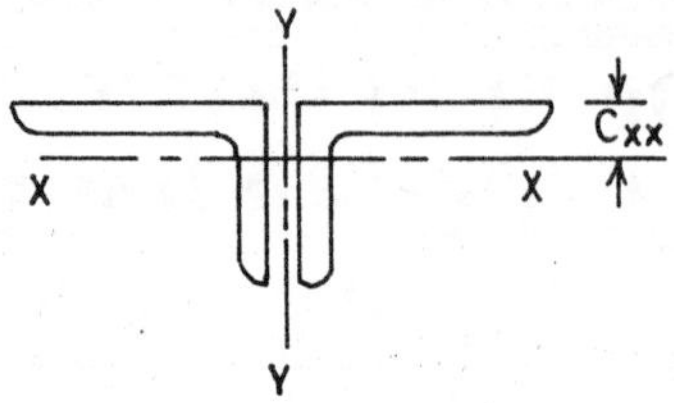


## (SHORTER LEGS BACK TO BACK)

| Designation | Size of Each Angle A×B | Thickness t | Weight per Metre (w) | | Sectional Area a | Moment of inertia $I_{xx}$ | Modulus of Section $Z_{xx}$ | Radius of Gyration $r_{xx}$ |
|---|---|---|---|---|---|---|---|---|
| | mm mm | mm | kg | N | cm$^2$ | cm$^4$ | cm$^3$ | cm |
| ISA 6545 | 65 × 45 | 5.0 | 8.2 | 80.4 | 10.52 | 17.2 | 5.0 | 1.28 |
| | | 6.0 | 9.8 | 96.1 | 12.50 | 20.2 | 6.0 | 1.27 |
| | | 8.0 | 12.8 | 125.6 | 16.34 | 25.6 | 7.8 | 1.25 |
| ISA 7045 | 70 × 45 | 5.0 | 8.6 | 108.4 | 11.04 | 17.6 | 5.0 | 1.26 |
| | | 6.0 | 10.4 | 102.0 | 13.12 | 20.6 | 6.0 | 1.25 |
| | | 8.0 | 13.4 | 131.5 | 17.16 | 26.2 | 7.8 | 1.24 |
| | | 10.0 | 16.6 | 162.8 | 21.04 | 31.2 | 9.6 | 1.22 |
| ISA 7550 | 75 × 50 | 5.0 | 9.4 | 92.2 | 12.04 | 24.4 | 6.4 | 1.42 |
| | | 6.0 | 11.2 | 109.9 | 14.32 | 28.6 | 7.6 | 1.41 |
| | | 8.0 | 14.8 | 145.2 | 18.76 | 36.6 | 9.8 | 1.40 |
| | | 10.0 | 18.0 | 176.6 | 23.04 | 43.6 | 12.0 | 1.38 |
| ISA 8050 | 80 × 50 | 5.0 | 9.8 | 96.1 | 12.54 | 24.6 | 6.4 | 1.40 |
| | | 6.0 | 11.8 | 115.8 | 14.92 | 28.8 | 7.6 | 1.39 |
| | | 8.0 | 15.4 | 151.1 | 19.56 | 37.0 | 9.8 | 1.37 |
| | | 10.0 | 18.8 | 184.4 | 24.04 | 44.2 | 12.0 | 1.36 |
| ISA 9060 | 90 × 60 | 6.0 | 13.6 | 133.4 | 17.30 | 50.4 | 11.0 | 1.71 |
| | | 8.0 | 17.8 | 174.6 | 22.74 | 64.8 | 14.4 | 1.69 |
| | | 10.0 | 22.0 | 215.8 | 28.02 | 78.2 | 17.6 | 1.67 |
| | | 12.0 | 26.0 | 255.1 | 33.14 | 90.4 | 20.6 | 1.65 |
| ISA 10065 | 100 × 65 | 6.0 | 15.0 | 147.2 | 19.10 | 64.8 | 12.8 | 1.84 |
| | | 8.0 | 19.8 | 194.2 | 25.14 | 83.8 | 17.0 | 1.83 |
| | | 10.0 | 24.4 | 239.4 | 31.02 | 101.4 | 20.8 | 1.81 |
| ISA 10075 | 100 × 75 | 6.0 | 16.0 | 157.0 | 20.28 | 97.4 | 17.0 | 2.19 |
| | | 8.0 | 21.0 | 206.0 | 26.72 | 126.6 | 22.4 | 2.18 |
| | | 10.0 | 26.0 | 255.1 | 33.00 | 153.8 | 27.6 | 2.16 |
| | | 12.0 | 30.8 | 302.1 | 39.12 | 179.0 | 32.6 | 2.14 |

(Continued)

**TABLE 27 :**

# PROPERTIES OF TWO UNEQUAL ANGLES BACK TO BACK

## (SHORTER LEGS BACK TO BACK)

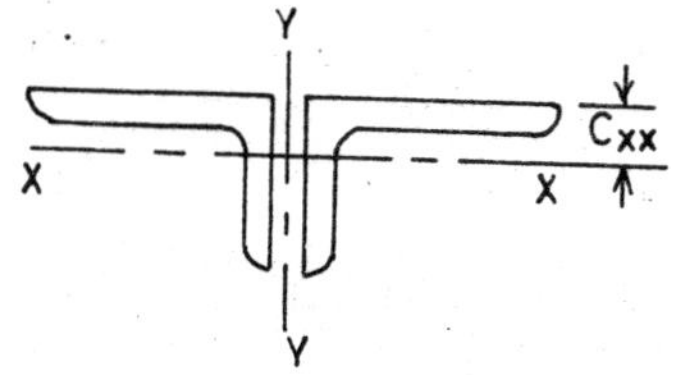


| Distance of Centre of Gravity $C_{xx}$ cm | Radii of Gyration About Y-Y Axis, in cm — Distance, Back to Back of Angles, in cm 0.0 | 0.6 | 1.0 | 1.4 | 1.8 | 2.2 | Designation |
|---|---|---|---|---|---|---|---|
| 1.08 | 2.91 | 3.13 | 3.29 | 3.45 | 3.61 | 3.78 | ISA 6545 |
| 1.12 | 2.93 | 3.16 | 3.31 | 3.47 | 3.64 | 3.80 | |
| 1.20 | 2.98 | 3.20 | 3.36 | 3.52 | 3.69 | 3.86 | |
| 1.04 | 3.17 | 3.40 | 3.55 | 3.71 | 3.87 | 4.04 | ISA 7045 |
| 1.09 | 3.20 | 3.43 | 3.58 | 3.74 | 3.90 | 4.07 | |
| 1.16 | 3.25 | 3.47 | 3.63 | 3.79 | 3.96 | 4.13 | |
| 1.24 | 3.29 | 3.52 | 3.68 | 3.85 | 4.01 | 4.18 | |
| 1.16 | 3.37 | 3.59 | 3.74 | 3.90 | 4.06 | 4.22 | ISA 7550 |
| 1.20 | 3.40 | 3.62 | 3.78 | 3.94 | 4.10 | 4.26 | |
| 1.28 | 3.45 | 3.67 | 3.83 | 3.99 | 4.15 | 4.32 | |
| 1.36 | 3.49 | 3.72 | 3.88 | 4.04 | 4.20 | 4.37 | |
| 1.12 | 3.64 | 3.86 | 4.01 | 4.17 | 4.33 | 4.49 | ISA 8050 |
| 1.16 | 3.66 | 3.88 | 4.04 | 4.19 | 4.36 | 4.52 | |
| 1.24 | 3.71 | 3.94 | 4.09 | 4.25 | 4.42 | 4.58 | |
| 1.32 | 3.76 | 3.99 | 4.14 | 4.31 | 4.47 | 4.64 | |
| 1.39 | 4.05 | 4.27 | 4.42 | 4.52 | 4.73 | 4.89 | ISA 9060 |
| 1.48 | 4.10 | 4.32 | 4.47 | 4.63 | 4.79 | 4.95 | |
| 1.55 | 4.14 | 4.37 | 4.52 | 4.68 | 4.84 | 5.01 | |
| 1.63 | 4.19 | 4.41 | 4.57 | 4.73 | 4.89 | 5.06 | |
| 1.47 | 4.51 | 4.72 | 4.87 | 5.03 | 5.18 | 5.34 | ISA 10065 |
| 1.55 | 4.56 | 4.78 | 4.93 | 5.08 | 5.24 | 5.40 | |
| 1.63 | 4.61 | 4.83 | 4.99 | 5.14 | 5.30 | 5.46 | |
| 1.78 | 4.36 | 4.57 | 4.72 | 4.87 | 5.02 | 5.18 | ISA 10075 |
| 1.87 | 4.41 | 4.63 | 4.78 | 4.93 | 5.08 | 5.24 | |
| 1.95 | 4.44 | 4.68 | 4.83 | 4.99 | 5.14 | 5.29 | |
| 2.03 | 4.50 | 4.73 | 4.88 | 5.03 | 5.19 | 5.36 | |

(Continued)

TABLE 27 :

# PROPERTIES OF TWO UNEQUAL ANGLES BACK TO BACK

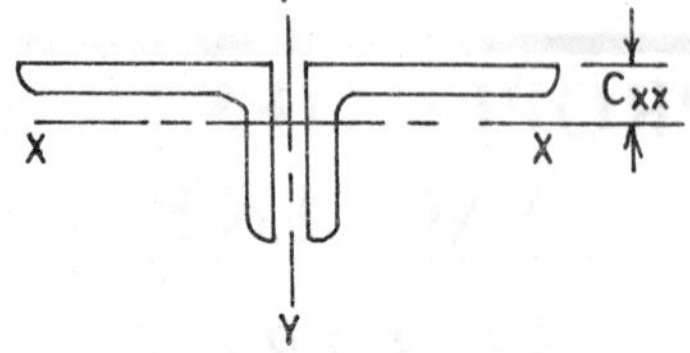


## (SHORTER LEGS BACK TO BACK)

| Designation | Size of Each Angle A×B | Thickness t | Weight per Metre (w) | | Sectional Area a | Moment of inertia $I_{xx}$ | Modulus of Section $Z_{xx}$ | Radius of Gyration $r_{xx}$ |
|---|---|---|---|---|---|---|---|---|
| | mm mm | mm | kg | N | cm$^2$ | cm$^4$ | cm$^3$ | cm |
| ISA 12575 | 125 × 75 | 6.0 | 18.4 | 180.5 | 23.32 | 103.2 | 17.4 | 2.10 |
| | | 8.0 | 24.2 | 237.4 | 30.76 | 134.4 | 23.0 | 2.09 |
| | | 10.0 | 29.8 | 292.3 | 38.04 | 163.2 | 28.4 | 2.07 |
| ISA 12595 | 125 × 95 | 6.0 | 20.2 | 198.2 | 25.72 | 204.2 | 28.0 | 2.82 |
| | | 8.0 | 26.6 | 260.9 | 33.96 | 266.6 | 37.0 | 2.80 |
| | | 10.0 | 33.0 | 323.7 | 42.04 | 325.4 | 45.8 | 2.78 |
| | | 12.0 | 39.2 | 384.6 | 49.96 | 380.8 | 54.2 | 2.76 |
| ISA 15075 | 150 × 75 | 8.0 | 27.4 | 268.8 | 34.84 | 140.4 | 23.6 | 2.01 |
| | | 10.0 | 33.8 | 331.6 | 43.12 | 170.6 | 29.0 | 1.99 |
| | | 12.0 | 40.2 | 394.4 | 51.24 | 199.0 | 34.2 | 1.97 |
| ISA 150115 | 150 × 115 | 8.0 | 32.4 | 317.8 | 41.16 | 477.8 | 54.4 | 3.41 |
| | | 10.0 | 40.0 | 392.4 | 51.04 | 586.8 | 67.6 | 3.39 |
| | | 12.0 | 47.6 | 467.0 | 60.76 | 690.6 | 80.4 | 3.37 |
| | | 15.0 | 59.0 | 578.8 | 75.04 | 837.2 | 98.8 | 3.34 |
| ISA 200100 | 200 × 100 | 10.0 | 45.6 | 447.3 | 58.06 | 418.4 | 52.4 | 2.68 |
| | | 12.0 | 54.4 | 533.7 | 69.18 | 492.4 | 62.2 | 2.67 |
| | | 15.0 | 67.2 | 659.2 | 85.56 | 596.2 | 76.6 | 2.64 |
| ISA 200150 | 200 × 150 | 10.0 | 53.4 | 523.9 | 68.00 | 1339.2 | 116.6 | 4.44 |
| | | 12.0 | 63.6 | 623.9 | 81.12 | 1586.4 | 139.2 | 4.42 |
| | | 15.0 | 78.8 | 773.0 | 100.50 | 1939.8 | 172.0 | 4.39 |
| | | 18.0 | 93.8 | 920.2 | 119.52 | 2273.8 | 203.8 | 4.36 |

(Continued)

TABLE 27 :

# PROPERTIES OF TWO UNEQUAL ANGLES BACK TO BACK

## (SHORTER LEGS BACK TO BACK)

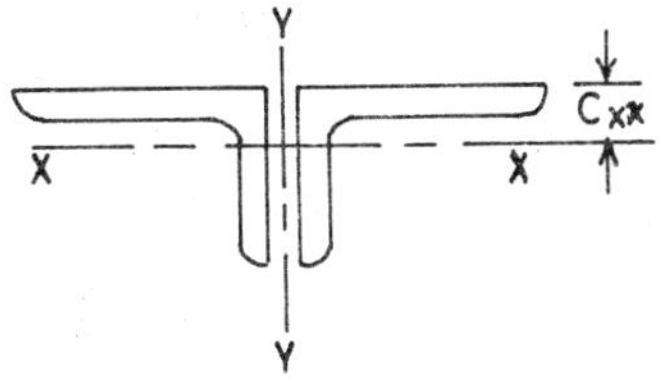


| Distance of Centre of Gravity $C_{xx}$ | Radii of Gyration About Y-Y Axis, in cm — Distance, Back to Back of Angles, in cm | | | | | | Designation |
|---|---|---|---|---|---|---|---|
| | 0.0 | 0.6 | 1.0 | 1.4 | 1.8 | 2.2 | |
| cm | | | | | | | |
| 1.59 | 5.71 | 5.92 | 6.07 | 6.22 | 6.37 | 6.53 | ISA 12575 |
| 1.68 | 5.76 | 5.98 | 6.13 | 6.28 | 6.44 | 6.60 | |
| 1.76 | 5.81 | 6.03 | 6.18 | 6.34 | 6.50 | 6.66 | |
| 2.22 | 5.43 | 5.64 | 5.78 | 5.93 | 6.08 | 6.23 | ISA 12595 |
| 2.31 | 5.49 | 5.70 | 5.84 | 5.99 | 6.14 | 6.30 | |
| 2.39 | 5.53 | 5.74 | 5.89 | 6.04 | 6.19 | 6.35 | |
| 2.47 | 5.57 | 5.78 | 5.93 | 6.09 | 6.24 | 6.40 | |
| 1.53 | 7.12 | 7.35 | 7.50 | 7.65 | 7.81 | 7.96 | ISA 15075 |
| 1.61 | 7.17 | 7.40 | 7.55 | 7.71 | 7.86 | 8.02 | |
| 1.69 | 7.22 | 7.45 | 7.61 | 7.76 | 7.92 | 8.08 | |
| 2.73 | 6.52 | 6.73 | 6.87 | 7.02 | 7.17 | 7.32 | ISA 150115 |
| 2.82 | 6.57 | 6.78 | 6.93 | 7.07 | 7.22 | 7.37 | |
| 2.90 | 6.62 | 6.83 | 6.98 | 7.13 | 7.28 | 7.43 | |
| 3.02 | 6.68 | 6.90 | 7.04 | 7.19 | 7.35 | 7.50 | |
| 2.01 | 9.49 | 9.72 | 9.87 | 10.02 | 10.17 | 10.33 | ISA 200100 |
| 2.10 | 9.54 | 9.77 | 9.92 | 10.07 | 10.23 | 10.38 | |
| 2.22 | 9.62 | 9.84 | 9.99 | 10.15 | 10.31 | 10.46 | |
| 3.51 | 8.74 | 8.95 | 9.09 | 9.23 | 9.38 | 9.53 | ISA 200150 |
| 3.60 | 8.79 | 9.00 | 9.14 | 9.29 | 9.44 | 9.58 | |
| 3.72 | 8.85 | 9.06 | 9.21 | 9.36 | 9.50 | 9.65 | |
| 3.84 | 8.92 | 9.13 | 9.28 | 9.43 | 9.58 | 9.73 | |

**TABLE 28 :**

# PROPERTIES OF STARRED ANGLES

## (TWO EQUAL ANGLES STARRED)

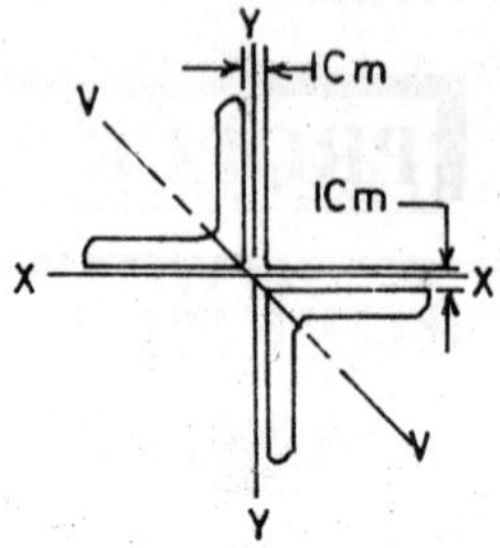


Space between parallel faces = 1cm

| Size | Total Area | Least Radius of Gyration | Size | Total Area | Least Radius of Gyration |
|---|---|---|---|---|---|
| $A \times B \times t$ | $a$ | $r_{vv}$ | $A \times B \times t$ | $a$ | $r_{vv}$ |
| mm mm mm | cm$^2$ | cm | mm mm mm | cm$^2$ | cm |
| 50 × 50 × 3.0 | 5.90 | 1.94 | 80 × 80 × 10.0 | 30.10 | 3.04 |
| 4.0 | 7.76 | 1.93 | 12.0 | 35.62 | 3.01 |
| 5.0 | 9.58 | 1.92 | | | |
| 6.0 | 11.36 | 1.90 | 90 × 90 × 6.0 | 20.94 | 3.50 |
| | | | 8.0 | 27.58 | 3.47 |
| 55 × 55 × 5.0 | 10.54 | 2.11 | 10.0 | 34.06 | 3.44 |
| 6.0 | 12.52 | 2.10 | 12.0 | 40.38 | 3.41 |
| 8.0 | 16.36 | 2.07 | | | |
| 10.0 | 20.04 | 2.03 | 100 × 100 × 6.0 | 23.34 | 3.91 |
| | | | 8.0 | 30.78 | 3.88 |
| 60 × 60 × 5.0 | 11.50 | 2.31 | 10.0 | 38.06 | 3.85 |
| 6.0 | 13.68 | 2.29 | 12.0 | 45.18 | 3.82 |
| 8.0 | 17.92 | 2.27 | | | |
| 10.0 | 22.00 | 2.23 | 110 × 110 × 8.0 | 34.04 | 4.28 |
| | | | 10.0 | 42.12 | 4.25 |
| 65 × 65 × 5.0 | 12.50 | 2.51 | 12.0 | 50.04 | 4.22 |
| 6.0 | 14.88 | 2.50 | 15.0 | 61.62 | 4.17 |
| 8.0 | 19.52 | 2.47 | | | |
| 10.0 | 24.00 | 2.44 | 130 × 130 × 8.0 | 40.44 | 5.10 |
| | | | 10.0 | 50.12 | 5.07 |
| 70 × 70 × 5.0 | 13.54 | 2.71 | 12.0 | 59.64 | 5.03 |
| 6.0 | 16.12 | 2.70 | 15.0 | 73.62 | 4.98 |
| 8.0 | 21.16 | 2.67 | | | |
| 10.0 | 26.04 | 2.64 | 150 × 150 × 10.0 | 58.06 | 5.86 |
| | | | 12.0 | 69.18 | 5.83 |
| 75 × 75 × 5.0 | 14.54 | 2.92 | 15.0 | 85.56 | 5.78 |
| 6.0 | 17.32 | 2.91 | 18.0 | 101.58 | 5.73 |
| 8.0 | 22.76 | 2.88 | | | |
| 10.0 | 28.04 | 2.84 | 200 × 200 × 12.0 | 93.22 | 7.84 |
| | | | 15.0 | 115.60 | 7.79 |
| 80 × 80 × 6.0 | 18.58 | 3.11 | 18.0 | 137.62 | 7.75 |
| 8.0 | 24.42 | 3.08 | 20.0 | 187.60 | 7.63 |

**TABLE 29 :**

# PROPERTIES OF STARRED ANGLES

## (TWO UNEQUAL ANGLES STARRED)

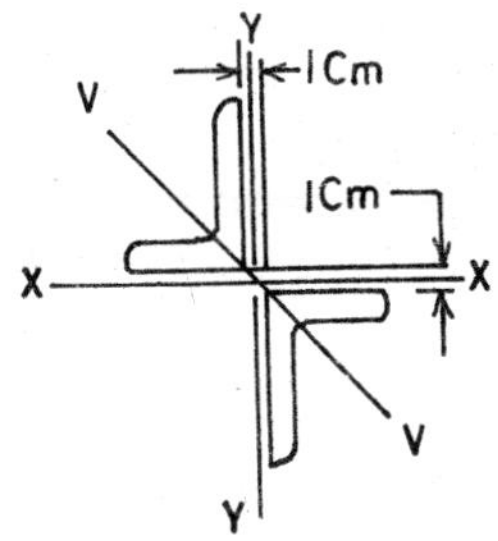


Space between parallel faces = 1cm

| Size<br>$A \times B \times t$ | Total Area<br>$a$ | Least Radius of Gyration<br>$r_{vv}$ |
|---|---|---|
| mm mm mm | cm² | cm |
| 65 × 45 × 5.0 | 10.52 | 1.81 |
| 6.0 | 12.50 | 1.81 |
| 8.0 | 16.34 | 1.80 |
| 70 × 45 × 5.0 | 11.04 | 1.79 |
| 6.0 | 13.12 | 1.80 |
| 8.0 | 17.16 | 1.79 |
| 10.0 | 23.04 | 1.79 |
| 75 × 50 × 5.0 | 12.04 | 2.00 |
| 6.0 | 14.32 | 2.00 |
| 8.0 | 19.56 | 1.99 |
| 10.0 | 23.04 | 1.99 |
| 80 × 50 × 5.0 | 12.54 | 1.97 |
| 6.0 | 14.92 | 1.97 |
| 8.0 | 19.56 | 1.97 |
| 10.0 | 24.04 | 1.97 |
| 90 × 60 × 6.0 | 17.03 | 2.36 |
| 8.0 | 22.74 | 2.37 |
| 10.0 | 28.02 | 2.37 |
| 12.0 | 33.14 | 2.36 |
| 100 × 65 × 6.0 | 19.10 | 2.53 |
| 8.0 | 25.14 | 2.54 |
| 10.0 | 31.02 | 2.54 |
| 100 × 75 × 6.0 | 20.28 | 2.97 |
| 8.0 | 26.72 | 2.98 |
| 100 × 75 × 10.0 | 33.00 | 2.98 |
| 12.0 | 39.12 | 2.97 |
| 125 × 75 6.0 | 23.32 | 2.84 |
| 8.0 | 30.76 | 2.86 |
| 10.0 | 38.04 | 2.86 |
| 125 × 95 × 6.0 | 25.72 | 3.76 |
| 8.0 | 33.96 | 3.77 |
| 10.0 | 42.04 | 3.77 |
| 12.0 | 49.96 | 3.76 |
| 150 × 75 × 8.0 | 34.84 | 2.72 |
| 10.0 | 43.12 | 2.73 |
| 12.0 | 51.24 | 2.74 |
| 150 × 115 × 8.0 | 41.16 | 4.52 |
| 10.0 | 51.04 | 4.53 |
| 12.0 | 60.76 | 4.54 |
| 15.0 | 75.04 | 4.53 |
| 200 × 100 × 10.0 | 58.06 | 3.55 |
| 12.0 | 69.18 | 3.57 |
| 15.0 | 85.56 | 3.59 |
| 200 × 150 × 10.0 | 68.00 | 5.83 |
| 12.0 | 81.12 | 5.84 |
| 15.0 | 100.50 | 5.85 |
| 18.0 | 119.52 | 5.86 |

## TABLE 30 :

# SINGAL JOIST WITH ADDITIONAL PLATES ON BOTH FLANGES

### (FOR USING AS GIRDERS)

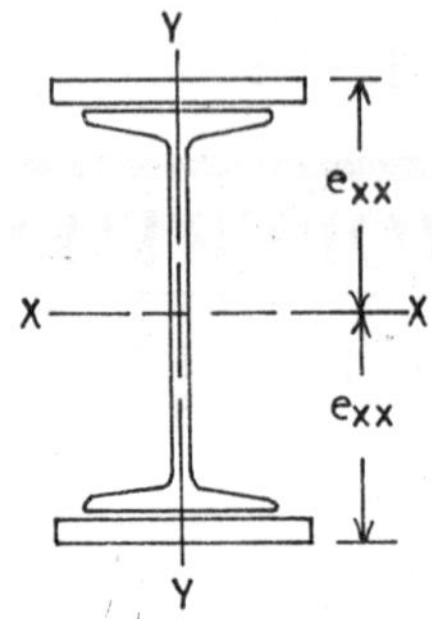


| Designation (Joist) | Cover Plates Width (mm) | Cover Plates Thickness (mm) | Weight per Meter (w) (kg) | Weight per Meter (w) (N) | Sectional Area $a$ ($cm^2$) | Mean Thickness of Flanges (mm) | Extreme Fibre Distance $e_{xx}$ (cm) | Gross Moments of Inertia $I_{xx}$ ($cm^4$) | Gross Moments of Inertia $I_{yy}$ ($cm^4$) | Least Radius of Gyration $r_{vv}$ (cm) | Modulus of Section $Z_{xx}$ ($cm^3$) | Maximum Allowable Moment $M$ (kg.m × $10^3$) | Maximum allowable Moment $S$ (kg × $10^3$) |
|---|---|---|---|---|---|---|---|---|---|---|---|---|---|
| ISWB 150 | 160.0 | 10.0 | 42.1 | 413.0 | 53.67 | 14.4 | 8.50 | 2889.8 | 777.5 | 3.81 | 340.0 | 5.4 | 7.7 |
| | | 12.0 | 47.2 | 463.0 | 60.07 | 16.4 | 8.70 | 3363.1 | 914.0 | 3.90 | 386.6 | 6.1 | |
| | | 16.0 | 57.2 | 561.1 | 72.87 | 20.4 | 9.10 | 4377.2 | 1187.1 | 4.04 | 481.0 | 7.6 | |
| | | 20.0 | 67.3 | 660.2 | 85.67 | 24.4 | 9.50 | 5484.4 | 1460.1 | 4.13 | 577.3 | 9.1 | |
| | | 25.0 | 79.8 | 782.8 | 101.67 | 29.4 | 10.00 | 7005.8 | 1801.5 | 4.21 | 700.6 | 11.0 | |
| ISWB 175 | 200.0 | 10.0 | 53.5 | 524.8 | 68.11 | 14.6 | 9.75 | 4935.2 | 1521.9 | 4.73 | 506.2 | 8.0 | 9.6 |
| | | 12.0 | 59.7 | 585.7 | 76.11 | 16.6 | 9.95 | 5711.3 | 1788.6 | 4.85 | 574.0 | 9.0 | |
| | | 16.0 | 72.3 | 709.3 | 92.11 | 20.6 | 10.35 | 7360.0 | 2321.9 | 5.02 | 711.1 | 11.2 | |
| | | 20.0 | 84.9 | 832.9 | 108.11 | 24.6 | 10.75 | 9141.1 | 2855.3 | 5.14 | 850.3 | 13.4 | |
| | | 25.0 | 100.6 | 986.9 | 128.11 | 29.6 | 11.25 | 11561.5 | 3521.9 | 5.24 | 1027.7 | 16.2 | |
| ISMB 200 | 160.0 | 10.0 | 50.5 | 495.4 | 64.33 | 16.8 | 11.00 | 5766.1 | 832.7 | 3.60 | 524.2 | 8.3 | 10.8 |
| | | 12.0 | 55.5 | 544.5 | 70.73 | 18.8 | 11.20 | 6554.6 | 969.2 | 3.70 | 585.2 | 9.2 | |
| | | 16.0 | 65.6 | 643.5 | 83.53 | 22.8 | 11.60 | 8218.3 | 1242.3 | 3.86 | 708.5 | 11.2 | |
| | | 20.0 | 75.6 | 741.6 | 96.33 | 26.8 | 12.00 | 10000.7 | 1515.3 | 3.97 | 833.4 | 13.1 | |
| | | 25.0 | 88.2 | 865.2 | 112.33 | 31.8 | 12.50 | 12402.1 | 1856.7 | 4.07 | 992.2 | 15.6 | |
| ISWB 200 | 200.0 | 10.0 | 60.2 | 590.6 | 76.71 | 16.3 | 11.00 | 7037.8 | 1662.1 | 4.66 | 639.8 | 10.1 | 11.5 |
| | | 12.0 | 66.5 | 652.4 | 84.71 | 18.3 | 11.20 | 8023.5 | 1928.8 | 4.77 | 716.4 | 11.3 | |
| | | 16.0 | 79.1 | 776.0 | 100.71 | 22.3 | 11.60 | 10103.1 | 2462.1 | 4.94 | 871.0 | 13.7 | |
| | | 20.0 | 91.6 | 898.6 | 116.71 | 26.3 | 12.00 | 12331.2 | 2995.5 | 5.07 | 1027.6 | 16.2 | |
| | | 25.0 | 107.3 | 1052.6 | 136.71 | 31.3 | 12.50 | 15332.8 | 3662.1 | 5.18 | 1226.6 | 19.3 | |
| ISMB 225 | 160.0 | 10.0 | 56.3 | 552.3 | 71.72 | 18.1 | 12.25 | 7862.4 | 901.0 | 3.54 | 641.8 | 10.1 | 13.8 |
| | | 12.0 | 61.3 | 601.4 | 78.12 | 20.1 | 12.45 | 8838.5 | 1037.5 | 3.64 | 709.9 | 11.2 | |
| | | 16.0 | 71.4 | 700.4 | 90.92 | 24.1 | 12.85 | 10887.0 | 1310.6 | 3.80 | 847.2 | 13.3 | |
| | | 20.0 | 81.4 | 798.5 | 103.72 | 28.1 | 13.25 | 13067.0 | 1583.6 | 3.91 | 986.2 | 15.5 | |
| | | 25.0 | 94.0 | 922.1 | 119.72 | 33.1 | 13.75 | 15983.5 | 1925.0 | 4.01 | 1162.4 | 18.3 | |
| ISWB 225 | 200.0 | 10.0 | 65.3 | 640.6 | 83.24 | 17.4 | 12.25 | 9446.2 | 1781.9 | 4.63 | 771.1 | 12.1 | 13.6 |
| | | 12.0 | 71.6 | 702.4 | 91.24 | 19.4 | 12.45 | 10666.4 | 2048.6 | 4.74 | 856.7 | 13.5 | |
| | | 16.0 | 84.2 | 826.0 | 107.24 | 23.4 | 12.85 | 13227.0 | 2581.9 | 4.91 | 1029.3 | 16.2 | |
| | | 20.0 | 96.7 | 948.6 | 123.24 | 27.4 | 13.25 | 15952.0 | 3115.3 | 5.03 | 1203.9 | 19.0 | |
| | | 25.0 | 112.4 | 1102.6 | 143.24 | 32.4 | 13.75 | 19597.6 | 3781.9 | 5.14 | 1425.3 | 22.4 | |
| ISMB 250 | 200.0 | 10.0 | 68.7 | 673.9 | 87.55 | 17.8 | 13.50 | 11894.9 | 1667.8 | 4.36 | 881.1 | 13.9 | 16.3 |
| | | 12.0 | 75.0 | 735.8 | 95.55 | 19.8 | 13.70 | 13374.6 | 1934.5 | 4.50 | 976.3 | 15.4 | |
| | | 16.0 | 87.6 | 859.4 | 111.55 | 23.8 | 14.10 | 16466.2 | 2467.8 | 4.70 | 1167.8 | 18.4 | |
| | | 20.0 | 100.1 | 982.0 | 127.55 | 27.8 | 14.50 | 19738.3 | 3001.2 | 4.85 | 1361.3 | 21.4 | |
| | | 25.0 | 115.8 | 1136.0 | 147.55 | 32.8 | 15.00 | 24089.9 | 3667.8 | 4.99 | 1606.0 | 25.3 | |

(Continued)

## TABLE 30 :

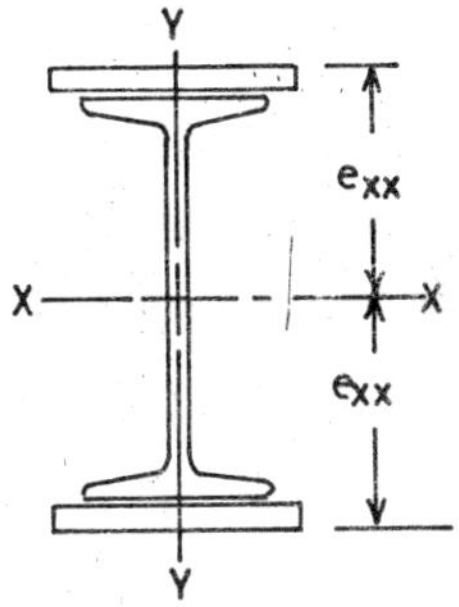


# SINGAL JOIST WITH ADDITIONAL PLATES ON BOTH FLANGES

## (FOR USING AS GIRDERS)

| Composed of: Joist Designation | Cover Plates: Width | Cover Plates: Thickness | Weight per Meter (w) | | Sectional Area $a$ | Mean Thickness of Flanges | Extreme Fibre Distance $e_{xx}$ | Gross Moments of Inertia $I_{xx}$ | Gross Moments of Inertia $I_{yy}$ | Least Radius of Gyration $r_{yy}$ | Modulus of Section $Z_{xx}$ | Maximum Allowable Moment $M$ | Maximum allowable Moment $S$ |
|---|---|---|---|---|---|---|---|---|---|---|---|---|---|
| | mm | mm | kg | N | cm² | mm | cm | cm⁴ | cm⁴ | cm | cm³ | kg.m × 10³ | kg × 10³ |
| ISWB 250 | 320.0 | 10.0 | 91.1 | 893.7 | 116.05 | 15.6 | 13.50 | 16764.4 | 6318.8 | 7.38 | 1241.8 | 19.6 | 15.8 |
| | | 12.0 | 101.1 | 991.8 | 128.85 | 17.6 | 13.70 | 19132.0 | 7411.1 | 7.58 | 1396.5 | 22.0 | |
| | | 16.0 | 121.2 | 1189.0 | 154.45 | 21.6 | 14.10 | 24078.5 | 9595.6 | 7.88 | 1707.7 | 26.9 | |
| | | 20.0 | 141.3 | 1386.2 | 180.05 | 25.6 | 14.50 | 29313.8 | 11780.2 | 8.09 | 2021.6 | 31.8 | |
| | | 25.0 | 166.5 | 1633.4 | 212.05 | 30.6 | 15.00 | 36276.0 | 14510.8 | 8.27 | 2418.4 | 38.1 | |
| ISMB 300 | 200.0 | 10.0 | 75.6 | 741.6 | 96.26 | 18.7 | 16.00 | 18216.9 | 1787.2 | 4.31 | 1138.6 | 17.9 | 21.3 |
| | | 12.0 | 81.8 | 802.5 | 104.26 | 20.7 | 16.20 | 20290.6 | 2053.9 | 4.44 | 1252.5 | 19.7 | |
| | | 16.0 | 94.4 | 926.1 | 120.26 | 24.7 | 16.60 | 24594.2 | 2587.2 | 4.64 | 1481.6 | 23.3 | |
| | | 20.0 | 107.0 | 1049.7 | 136.26 | 28.7 | 17.00 | 29110.3 | 3120.6 | 4.79 | 1712.4 | 27.0 | |
| | | 25.0 | 122.7 | 1203.7 | 156.26 | 33.7 | 17.50 | 35061.9 | 3787.2 | 4.92 | 2003.5 | 31.6 | |
| | | 32.0 | 144.6 | 1418.5 | 185.26 | 40.7 | 18.20 | 43984.5 | 4720.6 | 5.06 | 2416.7 | 38.1 | |
| ISWB 300 | 320.0 | 10.0 | 98.4 | 965.3 | 125.33 | 16.2 | 16.00 | 25202.9 | 6451.4 | 7.17 | 1575.2 | 24.8 | 21.0 |
| | | 12.0 | 108.4 | 1063.4 | 138.13 | 18.2 | 16.20 | 28520.9 | 7543.7 | 7.39 | 1760.5 | 27.7 | |
| | | 16.0 | 128.5 | 1260.6 | 163.73 | 22.2 | 16.60 | 35406.6 | 9728.2 | 7.71 | 2132.9 | 33.6 | |
| | | 20.0 | 148.6 | 1457.8 | 189.33 | 26.2 | 17.00 | 42632.3 | 11912.8 | 7.93 | 2507.8 | 39.5 | |
| | | 25.0 | 173.7 | 1704.0 | 221.33 | 31.2 | 17.50 | 52154.5 | 14643.4 | 8.13 | 2980.3 | 46.9 | |
| | | 32.0 | 208.9 | 2049.3 | 266.13 | 38.2 | 18.20 | 66431.1 | 18466.4 | 8.33 | 3650.1 | 57.5 | |
| ISWB 350 | 200.0 | 10.0 | 83.8 | 822.1 | 106.71 | 19.9 | 18.50 | 26593.6 | 1871.0 | 4.19 | 1437.5 | 22.6 | 26.8 |
| | | 12.0 | 90.0 | 882.9 | 114.71 | 21.9 | 18.70 | 29361.3 | 2137.7 | 4.32 | 1570.1 | 24.7 | |
| | | 16.0 | 102.6 | 1006.5 | 130.71 | 25.9 | 19.10 | 35076.9 | 2671.0 | 4.52 | 1836.5 | 28.9 | |
| | | 20.0 | 115.2 | 1130.1 | 146.71 | 29.9 | 19.50 | 41037.0 | 3204.4 | 4.67 | 2104.5 | 33.1 | |
| | | 25.0 | 130.9 | 1284.1 | 166.71 | 34.9 | 20.00 | 48838.6 | 3871.0 | 4.82 | 2441.9 | 38.5 | |
| | | 32.0 | 152.8 | 1499.0 | 194.71 | 41.9 | 20.70 | 60435.2 | 4804.4 | 4.97 | 2919.6 | 46.0 | |
| ISWB 350 | 320.0 | 10.0 | 107.2 | 1051.6 | 136.50 | 17.1 | 18.50 | 36263.0 | 6637.2 | 6.97 | 1960.2 | 30.9 | 26.5 |
| | | 12.0 | 117.2 | 1149.7 | 149.30 | 19.1 | 18.70 | 40691.4 | 7729.5 | 7.20 | 2176.0 | 34.3 | |
| | | 16.0 | 137.3 | 1346.9 | 174.90 | 23.1 | 19.10 | 49836.3 | 9914.0 | 7.53 | 2609.2 | 41.1 | |
| | | 20.0 | 157.4 | 1544.1 | 200.50 | 27.1 | 19.50 | 59372.4 | 12098.6 | 7.77 | 3044.7 | 48.0 | |
| | | 25.0 | 182.5 | 1790.3 | 232.50 | 32.1 | 20.00 | 71855.0 | 14829.2 | 7.99 | 3592.8 | 56.6 | |
| | | 32.0 | 217.7 | 2135.6 | 277.30 | 39.1 | 20.70 | 90409.6 | 18652.2 | 8.20 | 4367.6 | 68.8 | |
| ISMB 400 | 200.0 | 10.0 | 93.0 | 912.3 | 118.46 | 21.2 | 21.00 | 37271.7 | 1955.4 | 4.06 | 1774.8 | 28.0 | 33.6 |
| | | 12.0 | 99.3 | 974.1 | 126.46 | 23.2 | 21.20 | 40833.4 | 2222.1 | 4.19 | 1926.1 | 30.3 | |
| | | 16.0 | 111.3 | 1091.9 | 142.46 | 27.2 | 21.60 | 48161.0 | 2755.4 | 4.40 | 2229.7 | 35.1 | |
| | | 20.0 | 124.4 | 1220.4 | 158.46 | 31.2 | 22.00 | 55765.1 | 3288.8 | 4.56 | 2534.8 | 39.9 | |
| | | 25.0 | 140.1 | 1374.4 | 178.46 | 36.2 | 22.50 | 65666.7 | 3955.4 | 4.71 | 2918.5 | 46.0 | |
| | | 32.0 | 162.1 | 1590.2 | 206.46 | 43.2 | 23.20 | 80287.3 | 4888.8 | 4.87 | 3460.7 | 54.5 | |

(Continued)

(Continued)

## TABLE 30 :

# SINGAL JOIST WITH ADDITIONAL PLATES ON BOTH FLANGES

### (FOR USING AS GIRDERS)

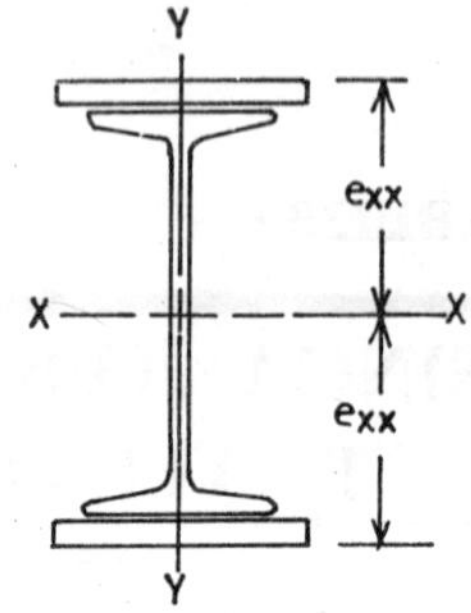


| Composed of: Joist Designation | Cover Plates: Width | Cover Plates: Thickness | Weight per Meter (w) | | Sec-tional Area $a$ | Mean Thick-ness of Flanges | Extreme Fibre Distance $e_{xx}$ | Gross Moments of Inertia $I_{xx}$ | $I_{yy}$ | Least Radius of Gyration $r_{yy}$ | Modulus of Section $Z_{xx}$ | Maxi-mum Allow-able Moment $M$ | Maxi-mum allow-able Moment $S$ |
|---|---|---|---|---|---|---|---|---|---|---|---|---|---|
| | mm | mm | kg | N | cm² | mm | cm | cm⁴ | cm⁴ | cm | cm³ | kg.m × 10³ | kg × 10³ |
| ISWB 400 | 320.0 | 10.0 | 117.0 | 1147.8 | 149.01 | 18.1 | 21.00 | 50328.0 | 6849.3 | 6.78 | 2396.6 | 37.7 | 32.5 |
| | | 12.0 | 127.0 | 1245.9 | 161.81 | 20.1 | 21.20 | 56026.8 | 7941.6 | 7.01 | 2642.8 | 41.6 | |
| | | 16.0 | 147.1 | 1443.0 | 187.41 | 24.1 | 21.60 | 67750.9 | 10126.1 | 7.35 | 3136.6 | 49.4 | |
| | | 20.0 | 167.2 | 1640.2 | 213.01 | 28.1 | 22.00 | 79917.4 | 12310.7 | 7.60 | 3632.6 | 57.2 | |
| | | 25.0 | 192.3 | 1886.5 | 345.01 | 33.1 | 22.50 | 95760.0 | 15041.3 | 7.84 | 4256.0 | 67.0 | |
| | | 32.0 | 227.5 | 2231.5 | 289.01 | 40.1 | 23.20 | 119153.0 | 18864.3 | 8.07 | 5135.9 | 80.9 | |
| | | 40.0 | 267.7 | 2626.1 | 341.01 | 48.1 | 24.00 | 147672.0 | 23233.3 | 8.25 | 6153.0 | 96.9 | |
| ISMB 450 | 200.0 | 10.0 | 103.8 | 1018.3 | 132.27 | 23.0 | 23.50 | 51554.1 | 2167.3 | 4.05 | 2193.8 | 34.6 | 40.0 |
| | | 12.0 | 110.1 | 1080.1 | 140.27 | 25.0 | 23.70 | 56009.8 | 2434.0 | 4.17 | 2363.3 | 37.2 | |
| | | 16.0 | 122.7 | 1203.7 | 156.27 | 29.0 | 24.10 | 65149.4 | 2967.3 | 4.36 | 2703.3 | 42.6 | |
| | | 20.0 | 135.2 | 1326.3 | 172.27 | 33.0 | 24.50 | 74597.5 | 3500.7 | 4.51 | 3044.8 | 48.0 | |
| | | 25.0 | 150.9 | 1480.3 | 192.27 | 38.0 | 25.00 | 86849.1 | 4167.3 | 4.66 | 3474.0 | 54.7 | |
| | | 32.0 | 172.9 | 1696.1 | 220.27 | 45.0 | 25.70 | 104843.7 | 5100.7 | 4.81 | 4079.5 | 64.3 | |
| | | 40.0 | 198.0 | 1942.4 | 252.27 | 53.0 | 26.50 | 126644.1 | 6167.3 | 4.94 | 4779.0 | 75.3 | |
| ISWB 450 | 320.0 | 10.0 | 129.6 | 1271.4 | 165.15 | 19.6 | 23.50 | 68918.9 | 7168.0 | 6.59 | 2932.7 | 46.2 | 39.1 |
| | | 12.0 | 139.7 | 1370.5 | 177.95 | 21.6 | 23.70 | 76048.1 | 8260.3 | 6.81 | 3208.8 | 50.5 | |
| | | 16.0 | 159.8 | 1567.6 | 203.55 | 25.6 | 24.10 | 90671.4 | 10444.8 | 7.16 | 3762.3 | 59.3 | |
| | | 20.0 | 179.9 | 1764.8 | 229.15 | 29.6 | 24.50 | 105788.3 | 12629.4 | 7.42 | 4317.9 | 68.0 | |
| | | 25.0 | 205.0 | 2011.0 | 261.15 | 34.6 | 25.00 | 125390.9 | 15360.0 | 7.67 | 5015.6 | 79.0 | |
| | | 32.0 | 240.2 | 2356.4 | 305.95 | 41.6 | 25.70 | 154182.3 | 19183.0 | 7.92 | 5999.3 | 94.5 | |
| | | 40.0 | 280.4 | 2750.7 | 357.15 | 49.6 | 26.50 | 189062.9 | 23552.0 | 8.12 | 7134.5 | 112.4 | |
| ISMB 500 | 250.0 | 10.0 | 126.2 | 1238.0 | 160.74 | 22.4 | 26.00 | 77735.0 | 3974.0 | 4.97 | 2989.8 | 47.1 | 48.2 |
| | | 12.0 | 134.0 | 1314.5 | 170.74 | 24.4 | 26.20 | 84547.1 | 4494.8 | 5.13 | 3227.0 | 50.8 | |
| | | 16.0 | 149.7 | 1468.6 | 190.74 | 28.4 | 26.60 | 98486.6 | 5536.5 | 5.39 | 3702.5 | 58.3 | |
| | | 20.0 | 165.4 | 1622.6 | 210.74 | 32.4 | 27.00 | 112851.6 | 6578.1 | 5.59 | 4179.7 | 65.8 | |
| | | 25.0 | 185.1 | 1815.8 | 235.74 | 37.4 | 27.50 | 131416.2 | 7880.2 | 5.78 | 4778.8 | 75.3 | |
| | | 32.0 | 212.5 | 2084.6 | 270.74 | 44.4 | 28.20 | 158564.4 | 9703.1 | 5.99 | 5622.9 | 88.6 | |
| | | 40.0 | 243.9 | 2392.7 | 310.74 | 52.4 | 29.00 | 191285.0 | 11786.5 | 6.16 | 6596.0 | 103.9 | |
| ISWB 500 | 400.0 | 10.0 | 158.0 | 1550.0 | 201.22 | 19.2 | 26.00 | 104317.6 | 13654.5 | 8.24 | 4012.2 | 47.4 | 46.81 |
| | | 12.0 | 170.5 | 1672.6 | 217.22 | 21.2 | 26.20 | 115217.0 | 15787.8 | 8.53 | 4397.6 | 50.4 | |
| | | 16.0 | 195.6 | 1918.8 | 249.22 | 25.2 | 26.60 | 137520.1 | 20054.5 | 8.97 | 5169.9 | 56.2 | |
| | | 20.0 | 220.8 | 2166.0 | 281.22 | 29.2 | 27.00 | 160504.2 | 24321.1 | 9.30 | 5944.6 | 62.1 | |
| | | 25.0 | 252.2 | 2474.1 | 321.22 | 34.2 | 27.50 | 190207.6 | 29654.5 | 9.61 | 6916.6 | 69.5 | |
| | | 32.0 | 296.1 | 2904.7 | 377.22 | 41.2 | 28.20 | 233644.7 | 37121.1 | 9.82 | 8285.3 | 79.9 | |
| | | 40.0 | 346.4 | 3398.2 | 441.22 | 49.2 | 29.00 | 285997.6 | 45654.5 | 10.17 | 9862.0 | 92.0 | |

(Continued)

## TABLE 30 :

# SINGAL JOIST WITH ADDITIONAL PLATES ON BOTH FLANGES

### (FOR USING AS GIRDERS)

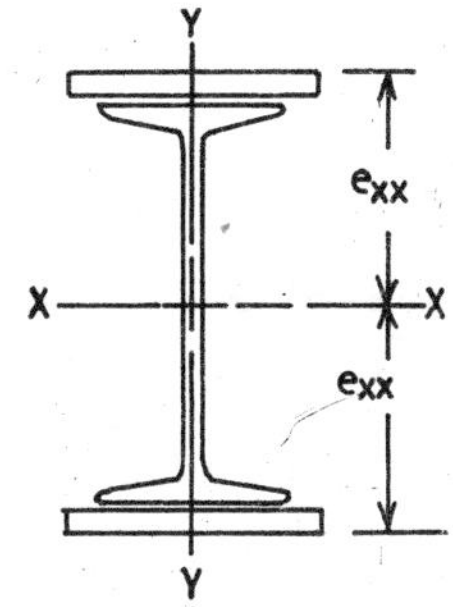


| Composed of: Joist | Cover Plates | | Weight per Meter (w) | | Sectional Area | Mean Thickness of Flanges | Extreme Fibre Distance | Gross Moments of Inertia | | Least Radius of Gyration | Modulus of Section | Maximum Allowable Moment | Maximum allowable Moment |
|---|---|---|---|---|---|---|---|---|---|---|---|---|---|
| Designation | Width | Thickness | | | $a$ | | $e_{xx}$ | $I_{xx}$ | $I_{yy}$ | $r_{vv}$ | $Z_{xx}$ | $M$ | $S$ |
| | mm | mm | kg | N | cm² | mm | cm | cm⁴ | cm⁴ | cm | cm³ | kg.m × 10³ | kg × 10³ |
| ISMB 550 | 250.0 | 10.0 | 143.0 | 1402.8 | 82.11 | 24.7 | 28.50 | 104097.8 | 4438.0 | 4.94 | 3652.6 | 57.5 | 58.2 |
| | | 12.0 | 150.8 | 1479.3 | 192.11 | 26.7 | 28.70 | 112277.4 | 4958.8 | 5.08 | 3912.1 | 61.6 | |
| | | 16.0 | 166.5 | 1633.4 | 212.11 | 30.7 | 29.10 | 128981.9 | 6000.5 | 5.32 | 4432.4 | 69.8 | |
| | | 20.0 | 182.2 | 1787.4 | 232.11 | 34.7 | 29.50 | 146151.9 | 7042.1 | 5.51 | 4954.3 | 78.0 | |
| | | 25.0 | 201.8 | 1979.7 | 257.11 | 39.7 | 30.00 | 168279.0 | 8344.2 | 5.70 | 5609.3 | 88.3 | |
| | | 32.0 | 229.3 | 2249.4 | 292.11 | 46.7 | 30.70 | 200519.7 | 10167.1 | 5.90 | 6531.6 | 102.9 | |
| | | 40.0 | 260.7 | 2557.5 | 332.11 | 54.7 | 31.50 | 239210.3 | 12250.5 | 6.07 | 7594.0 | 119.6 | |
| ISWB 550 | 400.0 | 10.0 | 175.3 | 1719.7 | 223.34 | 21.0 | 28.50 | 137632.8 | 14407.3 | 8.03 | 4829.2 | 76.1 | 54.6 |
| | | 12.0 | 187.9 | 1843.3 | 239.34 | 23.0 | 28.70 | 150720.2 | 16540.6 | 8.31 | 5251.6 | 82.7 | |
| | | 16.0 | 213.0 | 2089.5 | 271.34 | 27.0 | 29.10 | 177447.3 | 20807.3 | 8.76 | 6097.8 | 96.0 | |
| | | 20.0 | 238.1 | 2335.8 | 303.34 | 31.0 | 29.50 | 204919.4 | 25073.9 | 9.09 | 6946.4 | 109.4 | |
| | | 25.0 | 269.5 | 2643.8 | 343.34 | 36.0 | 30.00 | 240322.3 | 30407.3 | 9.41 | 8010.8 | 126.2 | |
| | | 32.0 | 313.5 | 3075.4 | 399.34 | 43.0 | 30.70 | 291907.9 | 37873.9 | 9.74 | 9508.4 | 149.8 | |
| | | 40.0 | 363.7 | 3567.9 | 463.34 | 51.0 | 31.50 | 353812.8 | 46407.3 | 10.06 | 11232.2 | 176.9 | |
| ISMB 600 | 320.0 | 10.0 | 172.9 | 1696.1 | 220.21 | 23.6 | 31.00 | 151354.3 | 8112.3 | 6.07 | 4882.4 | 76.9 | 68.0 |
| | | 12.0 | 182.9 | 1794.2 | 233.01 | 25.6 | 31.20 | 163734.7 | 9204.6 | 6.29 | 5247.9 | 82.7 | |
| | | 16.0 | 203.0 | 1991.4 | 258.61 | 29.6 | 31.60 | 188975.6 | 11389.1 | 6.64 | 5980.2 | 94.2 | |
| | | 20.0 | 223.1 | 2188.6 | 284.21 | 33.6 | 32.00 | 214863.7 | 13573.7 | 6.91 | 6714.5 | 105.8 | |
| | | 25.0 | 248.2 | 2434.8 | 316.21 | 38.6 | 32.50 | 248146.3 | 16304.3 | 7.18 | 7635.3 | 120.3 | |
| | | 32.0 | 283.4 | 2780.2 | 361.01 | 45.6 | 33.20 | 296492.9 | 20127.3 | 7.47 | 8930.5 | 140.7 | |
| | | 40.0 | 323.6 | 3174.5 | 412.21 | 53.6 | 34.00 | 354298.3 | 24496.3 | 7.71 | 10420.5 | 164.1 | |
| ISWB 600 | 400.0 | 10.0 | 196.5 | 1927.7 | 250.38 | 23.3 | 31.00 | 180625.2 | 15369.2 | 7.83 | 5826.6 | 91.8 | 63.5 |
| | | 12.0 | 209.1 | 2051.3 | 266.38 | 25.3 | 31.20 | 196100.6 | 17502.5 | 8.11 | 6285.3 | 99.0 | |
| | | 16.0 | 234.2 | 2297.5 | 298.38 | 29.3 | 31.60 | 227651.7 | 21769.2 | 8.54 | 7204.2 | 113.5 | |
| | | 20.0 | 259.3 | 2543.7 | 330.38 | 33.3 | 32.00 | 260011.8 | 26035.8 | 8.88 | 8125.4 | 128.0 | |
| | | 25.0 | 290.7 | 2851.8 | 370.38 | 38.3 | 32.50 | 301615.2 | 31369.2 | 9.20 | 9280.5 | 146.2 | |
| | | 32.0 | 334.7 | 3283.4 | 426.38 | 45.3 | 33.20 | 362048.3 | 38835.8 | 9.54 | 10905.1 | 171.8 | |
| | | 40.0 | 384.9 | 3775.9 | 490.38 | 53.3 | 34.00 | 434305.2 | 47369.2 | 9.83 | 12773.7 | 201.2 | |
| ISWB 600 | 400.0 | 10.0 | 207.9 | 2039.5 | 264.86 | 24.8 | 31.00 | 190053.3 | 15965.0 | 7.76 | 6130.8 | 96.6 | 66.9 |
| | | 12.0 | 220.5 | 2163.1 | 280.86 | 26.8 | 31.20 | 205528.7 | 18098.3 | 8.03 | 6587.5 | 103.8 | |
| | | 16.0 | 245.6 | 2409.3 | 312.86 | 30.8 | 31.60 | 237079.8 | 22365.0 | 8.45 | 7502.5 | 118.2 | |
| | | 20.0 | 270.7 | 2655.6 | 344.86 | 34.8 | 32.00 | 269439.9 | 26631.6 | 8.79 | 8420.0 | 132.6 | |
| | | 25.0 | 302.1 | 2963.6 | 384.86 | 39.8 | 32.50 | 311043.3 | 31965.0 | 9.11 | 9570.6 | 150.7 | |
| | | 32.0 | 346.1 | 3395.2 | 440.86 | 46.8 | 33.20 | 371476.4 | 39431.6 | 9.46 | 11189.0 | 176.2 | |
| | | 40.0 | 396.3 | 3887.7 | 504.86 | 54.8 | 34.00 | 443733.3 | 47965.0 | 9.75 | 13051.0 | 205.6 | |

**Note :** (1)The properties given in this Table are based on the gross area of the section. (2) The mean thickness of flange is computed according to Note 2 in Table II of IS: 800-1956. (3) The maximum allowable moment is computed on the basis of the allowable stress specified in 9.2.1. of IS: 800-1956 and the gross modulus of section ($Z_{xx}$) given in this Table. (4) The maximum allowable shear is computed on the basis of the allowable shear stress specified in 9.3.2. and the effective sectional area defined in 20.6.2.2. ot IS: 800-1956.

TABLE 31 :

# SINGLE JOIST WITH CHANNEL AND PLATES ON BOTH FLANGES

## (FOR USING AS GIRDERS)

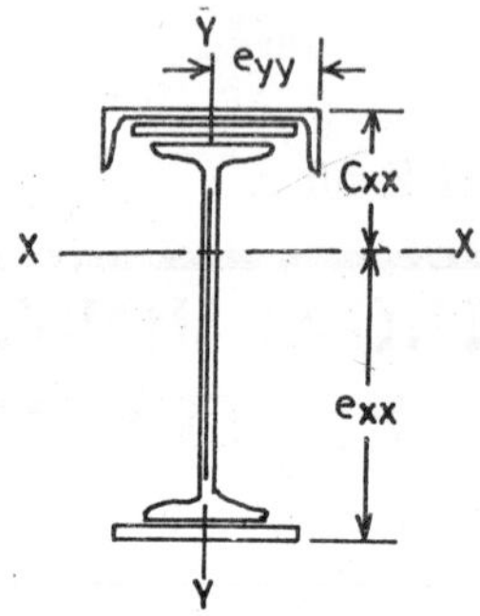


| Joist Designation | Joist w (kg/N) | Top Flange Channel Disignation | Channel w (kg/N) | Top Flange Plate Width × Thickness (mm × mm) | Bottom Flange Plate Width × Thickness (mm × mm) | Weight per Metre (w) kg | Weight per Metre (w) N | Sectional Area a (cm²) | Centre of Gravity $C_{xx}$ (cm) | Mean Thickness of Flanges Top (mm) | Mean Thickness of Flanges Bottom (mm) |
|---|---|---|---|---|---|---|---|---|---|---|---|
| ISMB 600 | 122.6 | ISMC 400 | 49.4 | 320 × 10.0 | 320 × 20.0 | 247.4 | 2427.0 | 315.14 | 29.18 | 27.5 | 33.6 |
| | 1202.7 | | 484.6 | 12.0 | 25.0 | 265.0 | 2599.7 | 337.54 | 30.46 | 29.1 | 38.6 |
| | | | | 16.0 | 32.0 | 292.6 | 2870.4 | 372.74 | 31.84 | 32.3 | 45.6 |
| | | | | 20.0 | 40.0 | 322.7 | 3165.7 | 411.14 | 33.34 | 35.5 | 53.6 |
| | | ISMC 350 | 42.1 | 250 × 10.0 | 320 × 20.0 | 234.6 | 2301.4 | 298.87 | 30.62 | 27.7 | 33.6 |
| | | | 413.0 | 12.0 | 25.0 | 251.1 | 2463.3 | 319.87 | 32.00 | 29.2 | 38.6 |
| | | | | 16.0 | 32.0 | 276.6 | 2713.4 | 352.27 | 33.53 | 32.0 | 45.6 |
| | | | | 20.0 | 40.0 | 304.5 | 2987.1 | 387.87 | 35.17 | 34.9 | 53.6 |
| | | ISMC 400 | 49.4 | — | 320 × 10.0 | 197.1 | 1933.6 | 251.14 | 27.62 | 19.5 | 23.6 |
| | | | 484.4 | — | 12.0 | 202.2 | 1983.6 | 257.54 | 28.47 | | 25.6 |
| | | | | — | 16.0 | 212.2 | 2081.7 | 270.34 | 30.07 | | 29.6 |
| | | | | — | 20.0 | 222.3 | 2180.8 | 283.14 | 31.55 | | 33.6 |
| | | ISMC 350 | 42.1 | — | 320 × 10.0 | 189.9 | 1862.9 | 241.87 | 28.55 | 20.6 | 23.6 |
| | | | 413.0 | — | 12.0 | 194.9 | 1912.0 | 248.27 | 29.41 | | 25.6 |
| | | | | — | 16.0 | 204.9 | 2010.1 | 261.07 | 31.02 | | 29.6 |
| | | | | — | 20.0 | 215.0 | 2109.2 | 273.87 | 32.50 | | 33.6 |
| | | ISMC 300 | 35.8 | — | 250 × 10.0 | 178.1 | 1747.2 | 226.85 | 28.41 | 22.2 | 27.5 |
| | | | 351.2 | — | 12.0 | 182.0 | 1785.4 | 231.85 | 29.13 | | 29.5 |
| | | | | — | 16.0 | 189.9 | 1862.9 | 241.85 | 30.49 | | 33.5 |
| | | | | — | 20.0 | 197.7 | 1939.4 | 251.85 | 31.77 | | 37.5 |
| SWB 600 | 133.7 | ISMC 400 | 49.4 | 320 × 10.0 | 320 × 20.0 | 258.5 | 2535.9 | 329.31 | 29.30 | 29.9 | 36.6 |
| | 1311.6 | | 484.6 | 12.0 | 25.0 | 276.1 | 2708.5 | 351.71 | 30.52 | 31.5 | 41.6 |
| | | | | 16.0 | 32.0 | 303.7 | 2979.3 | 386.91 | 31.86 | 34.7 | 48.6 |
| | | | | 20.0 | 40.0 | 333.9 | 3275.6 | 425.31 | 33.32 | 37.9 | 56.6 |
| | | ISMC 350 | 42.1 | 250 × 10.0 | 320 × 20.0 | 245.7 | 2410.3 | 313.04 | 30.68 | 30.5 | 36.6 |
| | | | 413.0 | 12.0 | 25.0 | 262.2 | 2572.2 | 334.04 | 32.00 | 31.9 | 41.6 |
| | | | | 16.0 | 32.0 | 287.7 | 2822.3 | 366.44 | 33.49 | 34.7 | 48.6 |
| | | | | 20.0 | 40.0 | 315.6 | 3096.0 | 402.04 | 35.09 | 37.6 | 56.6 |
| | | ISMC 400 | 49.4 | — | 320 × 10.0 | 208.3 | 2043.4 | 265.31 | 27.79 | 21.9 | 26.6 |
| | | | 484.6 | — | 12.0 | 213.3 | 2092.5 | 271.71 | 28.60 | | 28.6 |
| | | | | — | 16.0 | 223.3 | 2190.6 | 284.51 | 30.11 | | 32.6 |
| | | ISMC 350 | 42.1 | — | 320 × 10.0 | 201.0 | 1971.8 | 256.04 | 28.68 | 23.3 | 26.6 |
| | | | 413.0 | — | 12.0 | 206.0 | 2020.9 | 262.44 | 29.49 | | 28.6 |
| | | | | — | 16.0 | 216.1 | 2119.9 | 275.24 | 31.01 | | 32.6 |

(Continued)

TABLE 31 :

# SINGLE JOIST WITH CHANNEL AND PLATES ON BOTH FLANGES

## (FOR USING AS GIRDERS)

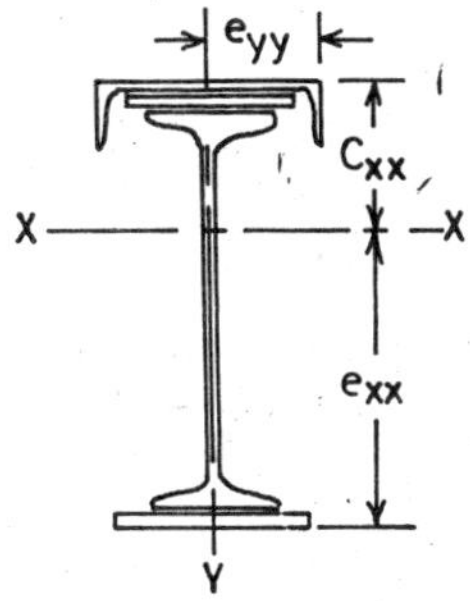


| Extreme Fibre Distances |  | Gross Moment of Inertia |  |  | Radius of Gyration | Moduli of Section |  | Maximum Allowable Moment | Maximum Allowable Shear |
|---|---|---|---|---|---|---|---|---|---|
| exx | eyy | $I_{xx}$ | $I_{yy}$ |  | $r_{yy}$ | $Z_{xx}$ |  |  |  |
|  |  |  | Whole Section | Top Flange Only |  | Zc | Zt | M | S |
| cm | cm | cm$^4$ | cm$^4$ | cm$^4$ | cm | cm$^3$ | cm$^3$ | kg.m×10$^3$ | kg × 10$^3$ |
| 34.68 | 20.00 | 235892.2 | 25925.8 | 19138.6 | 9.07 | 8084.1 | 6801.9 | 107.1 | 68.0 |
| 34.10 |  | 260866.4 | 27837.3 | 19684.9 | 9.08 | 8564.4 | 7649.9 | 120.5 |  |
| 33.82 |  | 299883.3 | 30841.0 | 20777.3 | 9.10 | 9418.8 | 8866.7 | 139.7 |  |
| 33.52 |  | 343302.5 | 34177.8 | 21869.7 | 9.11 | 10297.7 | 10241.0 | 161.3 |  |
| 33.19 | 17.50 | 222893.7 | 19422.4 | 12635.4 | 8.06 | 7278.4 | 6716.5 | 105.8 |  |
| 32.51 |  | 245424.1 | 21048.2 | 12896.0 | 8.11 | 7670.7 | 7548.1 | 118.9 |  |
| 32.08 |  | 280290.7 | 23480.5 | 13417.0 | 8.16 | 8358.6 | 8738.1 | 137.6 |  |
| 31.64 |  | 318880.7 | 26185.8 | 13938.0 | 8.22 | 9066.2 | 10079.2 | 158.7 |  |
| 34.24 | 20.00 | 170351.8 | 20464.5 | 16407.8 | 9.03 | 6167.7 | 4975.2 | 78.4 |  |
| 33.59 |  | 177711.4 | 21010.6 | 16408.0 | 9.03 | 6241.4 | 5291.1 | 83.3 |  |
| 32.39 |  | 191631.5 | 22102.9 | 16408.2 | 9.04 | 6372.2 | 5916.9 | 93.2 |  |
| 31.31 |  | 204609.7 | 23195.1 | 16408.4 | 9.05 | 6486.1 | 6534.2 | 102.9 |  |
| 33.26 | 17.50 | 163968.8 | 15389.7 | 11333.2 | 7.98 | 5743.0 | 4930.1 | 77.6 |  |
| 32.60 |  | 170907.2 | 15935.8 | 11333.3 | 8.01 | 5811.0 | 5242.7 | 82.6 |  |
| 31.39 |  | 184002.1 | 17028.1 | 11333.5 | 8.08 | 5931.9 | 5861.7 | 92.3 |  |
| 30.31 |  | 196179.3 | 18120.3 | 11333.7 | 8.13 | 6037.1 | 6471.5 | 101.9 |  |
| 33.35 | 15.00 | 150938.0 | 10315.7 | 7687.8 | 6.74 | 5313.3 | 4525.5 | 71.3 |  |
| 32.83 |  | 156412.7 | 10576.1 | 7687.9 | 6.75 | 5369.7 | 4764.2 | 75.0 |  |
| 31.87 |  | 166872.3 | 11096.9 | 7688.1 | 6.77 | 5472.2 | 5236.8 | 82.5 |  |
| 30.99 |  | 176746.1 | 11617.8 | 7688.2 | 6.79 | 5563.7 | 5702.9 | 89.8 |  |
| 34.56 | 20.00 | 250375.1 | 27977.3 | 20164.4 | 9.22 | 7546.7 | 7243.6 | 114.1 | 63.5 |
| 34.04 |  | 275280.7 | 29888.8 | 20710.7 | 9.22 | 9018.8 | 8088.1 | 127.4 |  |
| 33.80 |  | 314274.1 | 30892.5 | 21803.0 | 9.22 | 9863.7 | 9298.5 | 146.5 |  |
| 33.54 |  | 357691.1 | 36169.5 | 22895.4 | 9.22 | 10734.4 | 10665.2 | 168.0 |  |
| 33.13 | 17.50 | 237298.3 | 21473.9 | 13661.2 | 8.28 | 7735.2 | 7162.1 | 112.8 |  |
| 32.51 |  | 259809.6 | 23099.7 | 13921.7 | 8.32 | 8120.1 | 7990.7 | 125.9 |  |
| 32.12 |  | 294693.4 | 25532.0 | 14442.7 | 8.35 | 8799.5 | 9174.7 | 144.5 |  |
| 31.72 |  | 333342.5 | 28237.3 | 14963.7 | 8.38 | 9499.9 | 10508.6 | 165.5 |  |
| 34.07 | 20.00 | 184878.1 | 22516.0 | 17433.7 | 9.21 | 6652.0 | 5426.9 | 85.5 |  |
| 33.46 |  | 192173.4 | 23062.1 | 17433.8 | 9.21 | 6719.9 | 5743.0 | 90.5 |  |
| 32.35 |  | 206025.4 | 24154.4 | 17434.0 | 9.21 | 6841.9 | 6369.1 | 100.3 |  |
| 33.13 | 17.50 | 178422.6 | 17441.2 | 12359.0 | 8.25 | 6222.0 | 5384.9 | 84.8 |  |
| 32.52 |  | 185319.0 | 17987.3 | 12359.1 | 8.28 | 6284.8 | 5698.0 | 89.7 |  |
| 31.40 |  | 198388.2 | 19079.6 | 12359.3 | 8.33 | 6397.9 | 6317.8 | 99.5 |  |

(Continued)

TABLE 31 :

# SINGLE JOIST WITH CHANNEL AND PLATES ON BOTH FLANGES

## (FOR USING AS GIRDERS)

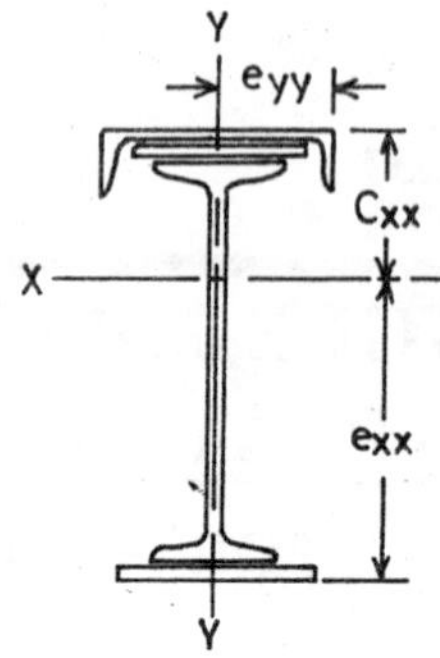


| Joist Designation | Joist w kg/N | Top Flange Channel Designation | Channel w kg/N | Top Flange Plate Width × Thickness mm × mm | Bottom Flange Plate Width × Thickness mm × mm | Weight per Metre (W) kg | Weight per Metre (W) N | Sectional Area a cm² | Centre of Gravity $C_{xx}$ cm | Mean Thickness of Flanges Top mm | Mean Thickness of Flanges Bottom mm |
|---|---|---|---|---|---|---|---|---|---|---|---|
| ISWB 600 | 145.1/1423.4 | ISMC 400 | 49.4/484.6 | 320 × 10.0 | 320 × 20.0 | 269.9 | 2647.7 | 343.79 | 29.40 | 31.4 | 38.4 |
| | | | | 12.0 | 25.0 | 287.5 | 2820.4 | 366.19 | 30.58 | 33.0 | 43.4 |
| | | | | 16.0 | 32.0 | 315.1 | 3091.1 | 401.39 | 31.88 | 36.2 | 50.4 |
| | | | | 20.0 | 40.0 | 345.2 | 3386.4 | 439.79 | 33.31 | 39.4 | 58.4 |
| | | ISMC 350 | 42.1/413.0 | 250 × 10.0 | 320 × 20.0 | 257.1 | 2522.2 | 327.52 | 30.73 | 32.1 | 38.4 |
| | | | | 12.0 | 25.0 | 273.6 | 2684.0 | 348.52 | 32.00 | 33.5 | 43.4 |
| | | | | 16.0 | 32.0 | 299.0 | 2933.2 | 380.92 | 33.45 | 36.4 | 50.4 |
| | | | | 20.0 | 40.0 | 327.0 | 3207.9 | 416.52 | 35.01 | 39.2 | 58.4 |
| | | ISMC 400 | 49.4/484.6 | — | 320 × 10.0 | 219.6 | 2154.3 | 279.79 | 27.95 | 23.4 | 28.4 |
| | | | | — | 12.0 | 224.7 | 2204.3 | 286.19 | 28.71 | | 30.4 |
| | | | | — | 16.0 | 234.7 | 2302.4 | 298.99 | 20.15 | | 34.4 |
| | | ISMC 350 | 42.1/413.0 | — | 320 × 10.0 | 212.4 | 2083.6 | 270.52 | 28.79 | 25.0 | 28.4 |
| | | | | — | 12.0 | 217.4 | 2132.7 | 276.92 | 29.56 | | 30.4 |
| | | | | — | 16.0 | 227.4 | 2230.8 | 289.72 | 31.00 | | 34.4 |
| ISMC 550 | 103.7/1017.3 | ISMC 350 | 42.1/413.0 | 250 × 10.0 | 320 × 20.0 | 215.7 | 2116.0 | 274.77 | 28.15 | 25.7 | 31.5 |
| | | | | 12.0 | 25.0 | 232.2 | 2277.9 | 295.77 | 29.52 | 27.1 | 36.5 |
| | | | | 16.0 | 32.0 | 257.6 | 2527.1 | 328.17 | 31.05 | 30.0 | 43.5 |
| | | | | 20.0 | 40.0 | 285.6 | 2801.7 | 363.77 | 32.66 | 32.9 | 51.5 |
| | | ISMC 350 | 42.1/413.0 | — | 320 x 10.0 | 170.9 | 1676.5 | 217.77 | 26.05 | 18.6 | 21.5 |
| | | | | — | 12.0 | 176.0 | 1726.6 | 224.17 | 26.93 | | 23.5 |
| | | | | — | 16.0 | 186.0 | 1824.7 | 236.97 | 28.57 | | 27.5 |
| | | ISMC 300 | 35.8/351.2 | — | 250 × 10.0 | 159.2 | 1561.8 | 202.75 | 25.88 | 19.8 | 24.7 |
| | | | | — | 12.0 | 163.1 | 1600.0 | 207.75 | 26.63 | | 26.7 |
| | | | | — | 16.0 | 170.9 | 1676.5 | 217.75 | 28.03 | | 30.7 |
| | | ISMC 250 | 30.4/298.2 | — | 250 × 10.0 | 153.7 | 1507.8 | 195.78 | 26.67 | 21.8 | 24.7 |
| | | | | — | 12.0 | 157.6 | 1546.1 | 200.78 | 27.42 | | 26.7 |
| | | | | — | 16.0 | 165.5 | 1623.6 | 210.78 | 28.83 | | 30.7 |

(Continued)

**TABLE 31 :**

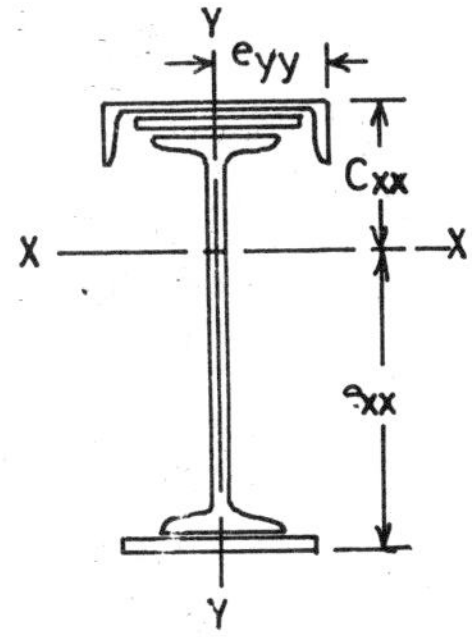


# SINGLE JOIST WITH CHANNEL AND PLATES ON BOTH FLANGES

## (FOR USING AS GIRDERS)

| Extreme Fibre Distances $e_{xx}$ | $e_{yy}$ | Gross Moment of Inertia $I_{xx}$ | $I_{yy}$ Whole Section | $I_{yy}$ Top Flange Only | Radius of Gyration $r_{yy}$ | Moduli of Section $Z_{xx}$: $Z_c$ | $Z_t$ | Maximum Allowable Moment M | Maximum Allowable Shear S |
|---|---|---|---|---|---|---|---|---|---|
| cm | cm | $cm^4$ | $cm^4$ | $cm^4$ | cm | $cm^3$ | $cm^3$ | $kg.m\times10^3$ | $kg\times10^3$ |
| 34.46 | 20.00 | 259894.4 | 28573.1 | 20462.3 | 9.12 | 8839.0 | 7542.6 | 118.8 | 66.9 |
| 33.98 | | 284747.6 | 30484.6 | 21008.5 | 9.12 | 9310.2 | 8381.0 | 132.0 | |
| 33.78 | | 323707.2 | 33488.3 | 22100.9 | 9.13 | 10152.9 | 9583.7 | 150.9 | |
| 33.55 | | 367122.2 | 36765.1 | 23193.3 | 9.14 | 11022.5 | 10941.4 | 172.3 | |
| 33.08 | 17.50 | 246744.1 | 22069.7 | 13959.1 | 8.21 | 8030.0 | 7458.5 | 117.5 | |
| 32.51 | | 269237.7 | 23695.5 | 14219.6 | 8.25 | 8414.6 | 8280.8 | 130.4 | |
| 32.16 | | 304137.8 | 26127.8 | 14740.6 | 8.28 | 9092.7 | 9456.6 | 148.9 | |
| 31.80 | | 342843.2 | 28833.1 | 15261.6 | 8.32 | 9792.7 | 10781.2 | 169.8 | |
| 33.91 | 20.00 | 194435.4 | 23111.8 | 17731.6 | 9.09 | 6956.1 | 5734.1 | 90.3 | |
| 33.35 | | 201671.9 | 23657.9 | 17731.7 | 9.09 | 7023.9 | 6047.5 | 95.2 | |
| 32.31 | | 215461.2 | 24750.2 | 17731.9 | 9.10 | 7146.7 | 6668.2 | 105.0 | |
| 33.02 | 17.50 | 187913.1 | 18037.0 | 12656.9 | 8.17 | 6526.9 | 5691.0 | 89.6 | |
| 32.45 | | 194771.1 | 18583.1 | 12657.0 | 8.19 | 6589.9 | 6001.4 | 94.9 | |
| 31.41 | | 207816.8 | 19675.4 | 12657.2 | 8.24 | 6704.1 | 6615.9 | 104.2 | |
| 30.66 | 17.50 | 175306.3 | 18605.2 | 12226.8 | 8.23 | 6226.9 | 5718.3 | 90.1 | 58.2 |
| 29.98 | | 194503.9 | 20231.0 | 12487.4 | 8.27 | 6587.8 | 6486.7 | 102.2 | |
| 29.56 | | 224235.2 | 22663.3 | 13008.4 | 8.31 | 7222.0 | 7585.5 | 119.5 | |
| 29.15 | | 257183.8 | 25368.6 | 13529.3 | 8.35 | 7874.2 | 8823.3 | 139.0 | |
| 30.76 | 17.50 | 125214.8 | 14572.5 | 10924.6 | 8.18 | 4806.7 | 4070.7 | 64.1 | |
| 30.08 | | 131135.8 | 15118.6 | 10924.7 | 8.21 | 4869.3 | 4359.7 | 68.7 | |
| 28.84 | | 142237.4 | 16210.9 | 10924.9 | 8.27 | 4979.2 | 4931.4 | 77.7 | |
| 30.88 | 15.00 | 114276.0 | 9498.5 | 7279.2 | 6.84 | 4415.2 | 3700.9 | 58.3 | |
| 30.33 | | 118958.7 | 9758.7 | 7279.3 | 6.85 | 4467.4 | 3921.9 | 61.8 | |
| 29.33 | | 127852.8 | 10279.7 | 7279.5 | 6.87 | 4561.3 | 4359.1 | 68.7 | |
| 30.04 | 12.50 | 110209.4 | 6952.7 | 4733.5 | 5.96 | 4132.7 | 3668.5 | 57.8 | |
| 29.49 | | 114639.0 | 7213.1 | 4733.6 | 5.99 | 4181.1 | 3087.2 | 61.2 | |
| 28.48 | | 123036.8 | 7733.9 | 4733.8 | 6.06 | 4268.1 | 4319.7 | 68.0 | |

(Continued)

TABLE 31 :

# SINGLE JOIST WITH CHANNEL AND PLATES ON BOTH FLANGES

## (FOR USING AS GIRDERS)

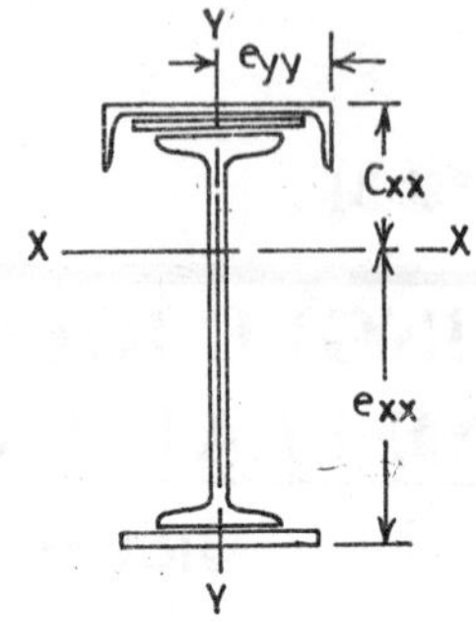


| Composed of: Joist Designation | Joist w (kg/N) | Top Flange Channel Designation | Channel w (kg/N) | Top Flange Plate Width × Thickness (mm × mm) | Bottom Flange Plate Width × Thickness (mm × mm) | Weight per Metre (w) kg | Weight per Metre (w) N | Sectional Area a cm² | Centre of Gravity $C_{xx}$ cm | Mean Thickness of Flanges Top mm | Mean Thickness of Flanges Bottom mm |
|---|---|---|---|---|---|---|---|---|---|---|---|
| ISWB 550 | 112.5 | ISMC 400 | 49.4 | 320 × 10.0 | 320 x 20.0 | 237.3 | 2327.9 | 302.27 | 26.82 | 27.6 | 33.8 |
| | 1103.6 | | 484.6 | 12.0 | 25.0 | 254.9 | 2500.6 | 324.67 | 28.06 | 29.2 | 38.8 |
| | | | | 16.0 | 32.0 | 282.5 | 2771.3 | 359.87 | 29.40 | 32.4 | 45.8 |
| | | | | 20.0 | 40.0 | 312.6 | 3066.6 | 398.27 | 30.85 | 35.6 | 53.8 |
| | | ISMC 350 | 42.1 | 250 × 10.0 | 320 × 20.0 | 224.5 | 2202.3 | 286.00 | 28.20 | 27.8 | 33.8 |
| | | | 413.0 | 12.0 | 25.0 | 241.0 | 2364.2 | 307.00 | 29.52 | 29.2 | 38.8 |
| | | | | 16.0 | 32.0 | 266.4 | 2613.4 | 339.40 | 31.01 | 32.1 | 45.8 |
| | | | | 20.0 | 40.0 | 294.4 | 2888.1 | 375.00 | 32.59 | 35.0 | 53.8 |
| | | ISMC 400 | 49.4 | — | 320 × 10.0 | 187.0 | 1834.5 | 238.27 | 25.27 | 19.6 | 23.8 |
| | | | 484.6 | — | 12.0 | 192.1 | 1884.5 | 244.67 | 26.10 | | 25.8 |
| | | | | — | 16.0 | 202.1 | 1982.6 | 257.47 | 27.65 | | 29.8 |
| | | ISMC 350 | 42.1 | — | 320 × 10.0 | 179.8 | 1763.8 | 229.00 | 26.16 | 20.7 | 23.8 |
| | | | 413.0 | — | 12.0 | 184.8 | 1812.9 | 235.40 | 27.00 | | 25.8 |
| | | | | — | 16.0 | 194.8 | 1911.0 | 248.20 | 28.55 | | 29.8 |
| ISMC 500 | 86.9 | ISMC 350 | 42.1 | 250 × 10.0 | 320 × 20.0 | 198.9 | 1951.2 | 253.40 | 25.70 | 24.1 | 29.7 |
| | 852.5 | | 413.0 | 12.0 | 25.0 | 215.4 | 2113.1 | 274.40 | 27.06 | 25.5 | 34.7 |
| | | | | 16.0 | 32.0 | 240.8 | 2362.2 | 306.80 | 28.56 | 28.4 | 41.7 |
| | | | | 20.0 | 40.0 | 268.8 | 2636.9 | 342.40 | 30.13 | 31.2 | 49.7 |
| | | ISMC 350 | 42.1 | — | 320 × 10.0 | 154.2 | 1512.7 | 196.40 | 23.58 | 17.0 | 19.7 |
| | | | 413.0 | — | 12.0 | 159.2 | 1561.8 | 202.80 | 24.47 | | 21.7 |
| | | | | — | 16.0 | 169.2 | 1659.9 | 215.60 | 26.12 | | 25.7 |
| | | ISMC 300 | 35.8 | — | 250 × 10.0 | 142.4 | 1396.9 | 181.38 | 23.39 | 17.9 | 23.4 |
| | | | 351.2 | — | 12.0 | 146.3 | 1435.2 | 186.38 | 24.15 | | 24.4 |
| | | | | — | 16.0 | 154.2 | 1512.7 | 196.38 | 25.58 | | 28.4 |
| | | ISMC 250 | 30.4 | — | 250 × 10.0 | 136.9 | 1343.0 | 174.41 | 24.17 | 19.5 | 22.4 |
| | | | 298.2 | — | 12.0 | 140.8 | 1381.2 | 179.41 | 24.94 | | 24.4 |
| | | | | — | 16.0 | 148.7 | 1458.7 | 189.41 | 26.38 | | 28.4 |

(Continued)

## TABLE 31 :

# SINGLE JOIST WITH CHANNEL AND PLATES ON BOTH FLANGES

### (FOR USING AS GIRDERS)

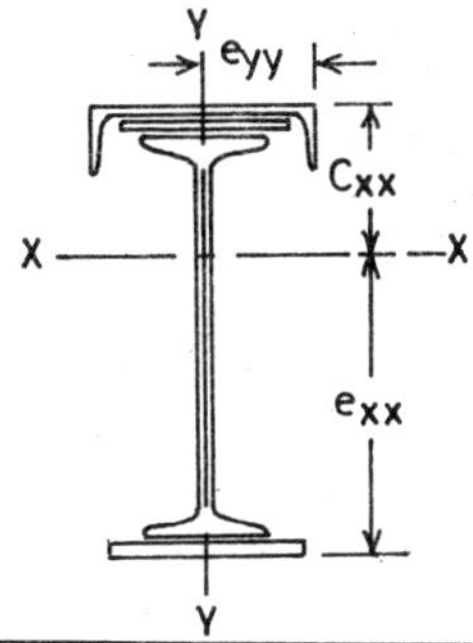


| Extreme Fibre Distances | | Gross Moment of Inertia | | | Radius of Gyration | Moduli of Section | | Maximum Allowable Moment | Maximum Allowable Shear |
|---|---|---|---|---|---|---|---|---|---|
| $e_{xx}$ | $e_{yy}$ | $I_{xx}$ | $I_{yy}$ | | $r_{yy}$ | $Z_{xx}$ | | | |
| | | | Whole Section | Top Flange Only | | $Z_c$ | $Z_t$ | M | S |
| cm | cm | $cm^4$ | $cm^4$ | $cm^4$ | cm | $cm^3$ | $cm^3$ | kg.m×$10^3$ | kg × $10^3$ |
| 32.04 | 20.00 | 196231.3 | 27015.4 | 19683.5 | 9.45 | 7316.2 | 6124.8 | 96.5 | 54.6 |
| 31.50 | | 217525.8 | 28926.9 | 20229.8 | 9.44 | 7752.1 | 6905.6 | 108.8 | |
| 31.26 | | 250843.9 | 31930.6 | 21322.1 | 9.42 | 8532.7 | 8023.9 | 126.4 | |
| 31.01 | | 288010.6 | 35207.4 | 22414.5 | 9.40 | 9336.9 | 9286.6 | 146.3 | |
| 30.61 | 17.50 | 185333.2 | 20512.0 | 13180.3 | 8.47 | 6572.4 | 6054.4 | 95.4 | |
| 29.99 | | 204516.4 | 22137.8 | 13440.8 | 8.49 | 6927.0 | 6820.5 | 107.4 | |
| 29.60 | | 234261.8 | 24570.1 | 13961.7 | 8.51 | 7554.1 | 7914.6 | 124.7 | |
| 29.22 | | 267256.6 | 27275.4 | 14482.7 | 8.53 | 8200.2 | 9146.8 | 144.1 | |
| 31.59 | 20.00 | 140570.2 | 21554.1 | 16952.8 | 9.51 | 5562.9 | 4449.7 | 70.1 | |
| 30.96 | | 146829.6 | 22100.2 | 16952.9 | 9.50 | 5626.0 | 4742.3 | 74.7 | |
| 29.81 | | 158641.3 | 23192.5 | 16953.0 | 9.49 | 5738.0 | 5321.3 | 83.8 | |
| 30.65 | 17.50 | 135281.9 | 16479.3 | 11878.1 | 8.48 | 5171.2 | 4413.9 | 69.5 | |
| 30.01 | | 141168.7 | 17025.4 | 11878.2 | 8.50 | 5229.1 | 4703.5 | 74.1 | |
| 28.86 | | 152250.6 | 18117.7 | 11878.3 | 8.54 | 5331.9 | 5276.4 | 83.1 | |
| 28.11 | 17.50 | 136749.0 | 18141.2 | 11994.9 | 8.46 | 5320.9 | 4864.8 | 76.6 | 48.2 |
| 27.45 | | 152873.0 | 19767.0 | 12255.4 | 8.49 | 5649.5 | 5569.0 | 87.7 | |
| 27.05 | | 177877.9 | 22199.3 | 12776.3 | 8.51 | 6228.8 | 6575.2 | 103.6 | |
| 26.68 | | 205641.6 | 24904.6 | 13297.3 | 8.53 | 6825.0 | 7707.9 | 121.4 | |
| 28.23 | 17.50 | 94789.4 | 14108.5 | 10692.7 | 8.48 | 4020.0 | 3357.7 | 52.9 | |
| 27.54 | | 99764.0 | 14654.6 | 10692.8 | 8.50 | 4076.4 | 3623.0 | 57.1 | |
| 26.29 | | 109026.6 | 15746.9 | 10692.9 | 8.55 | 4174.0 | 4147.1 | 65.3 | |
| 28.37 | 15.00 | 85756.4 | 9034.5 | 7047.3 | 7.06 | 3666.9 | 3022.4 | 47.6 | |
| 27.81 | | 89701.3 | 9294.9 | 7047.4 | 7.06 | 3714.3 | 3225.6 | 50.8 | |
| 26.78 | | 97147.3 | 9815.7 | 7047.5 | 7.07 | 3798.3 | 3627.2 | 57.1 | |
| 27.54 | 12.50 | 82476.9 | 6488.7 | 4501.6 | 6.10 | 3411.7 | 2995.3 | 47.2 | |
| 26.97 | | 86189.0 | 6749.1 | 4501.6 | 6.13 | 3455.2 | 3196.3 | 50.3 | |
| 25.93 | | 93179.0 | 7269.9 | 4501.8 | 6.20 | 3532.3 | 3593.4 | 56.6 | |

(Continued)

**TABLE 31 :**

# SINGLE JOIST WITH CHANNEL AND PLATES ON BOTH FLANGES

**(FOR USING AS GIRDERS)**

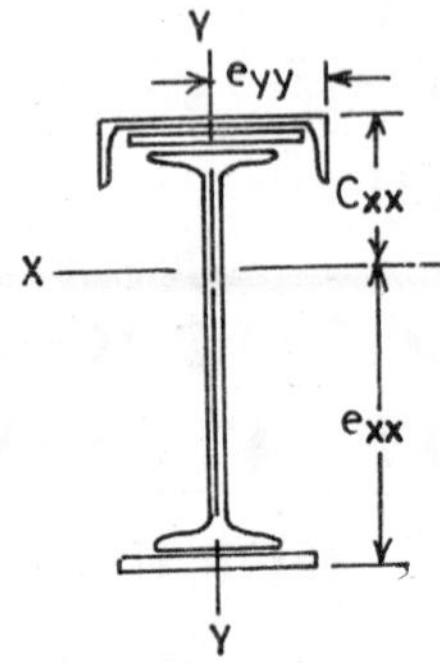


| Joist Designation | Joist w (kg / N) | Top Flange Channel Designation | Channel w (kg / N) | Top Flange Plate Width × Thickness (mm × mm) | Bottom Flange Plate Width × Thickness (mm × mm) | Weight per Metre (w) kg | Weight per Metre (w) N | Sectional Area a (cm²) | Centre of Gravity $C_{xx}$ (cm) | Mean Thickness of Flanges Top (mm) | Mean Thickness of Flanges Bottom (mm) |
|---|---|---|---|---|---|---|---|---|---|---|---|
| ISWB 500 | 95.2 / 933.9 | ISMC 400 | 49.4 / 484.6 | 320 × 10.0 | 320 × 20.0 | 219.9 | 2157.2 | 280.15 | 24.40 | 25.8 | 31.5 |
| | | | | 12.0 | 25.0 | 237.5 | 2329.9 | 302.55 | 25.63 | 27.4 | 36.5 |
| | | | | 16.0 | 32.0 | 265.1 | 2600.6 | 337.75 | 26.95 | 30.6 | 43.5 |
| | | | | 20.0 | 40.0 | 295.3 | 2896.9 | 376.15 | 28.37 | 33.8 | 51.5 |
| | | ISMC 350 | 42.1 / 413.0 | 250 × 10.0 | 320 × 20.0 | 207.1 | 2031.7 | 263.88 | 25.74 | 25.7 | 31.5 |
| | | | | 12.0 | 25.0 | 223.6 | 2193.5 | 284.88 | 27.06 | 27.2 | 36.5 |
| | | | | 16.0 | 32.0 | 249.1 | 2443.7 | 317.28 | 28.52 | 30.0 | 43.5 |
| | | | | 20.0 | 40.0 | 277.0 | 2717.4 | 352.88 | 30.06 | 32.9 | 51.5 |
| | | ISMC 400 | 49.4 / 484.6 | — | 320 × 10.0 | 169.7 | 1664.8 | 216.15 | 22.81 | 17.8 | 21.5 |
| | | | | — | 12.0 | 174.7 | 1713.8 | 222.55 | 23.65 | | 23.5 |
| | | | | — | 16.0 | 184.7 | 1811.9 | 235.35 | 25.21 | | 27.5 |
| | | ISMC 350 | 42.1 / 413.0 | — | 320 × 10.0 | 162.4 | 1593.1 | 206.88 | 23.69 | 21.5 | 21.5 |
| | | | | — | 12.0 | 167.4 | 1642.2 | 213.28 | 24.54 | 18.6 | 23.5 |
| | | | | — | 16.0 | 177.5 | 1741.3 | 226.08 | 26.11 | 27.5 | 27.5 |
| ISMB 450 | 72.4 / 710.2 | ISMC 300 | 35.8 / 351.2 | — | 250 × 10.0 | 127.9 | 1254.7 | 162.91 | 20.93 | 16.3 | 20.4 |
| | | | | — | 12.0 | 131.8 | 1293.0 | 167.91 | 21.71 | | 22.4 |
| | | | | — | 16.0 | 139.7 | 1370.5 | 177.91 | 23.14 | | 26.4 |
| | | ISMC 250 | 30.4 / 298.2 | — | 250 × 10.0 | 122.4 | 1200.7 | 155.94 | 21.71 | 17.5 | 20.4 |
| | | | | — | 12.0 | 126.3 | 1239.0 | 160.94 | 22.49 | | 22.4 |
| | | | | — | 16.0 | 134.2 | 1316.5 | 170.94 | 23.93 | | 26.4 |
| | | ISMC 225 | 25.9 / 254.1 | — | 200 × 10.0 | 114.0 | 1118.3 | 145.28 | 21.57 | 18.0 | 23.0 |
| | | | | — | 12.0 | 117.2 | 1149.7 | 149.28 | 22.25 | | 25.0 |
| | | | | — | 16.0 | 123.5 | 1211.5 | 157.28 | 23.51 | | 29.0 |

(Continued)

## TABLE 31 :

# SINGLE JOIST WITH CHANNEL AND PLATES ON BOTH FLANGES

### (FOR USING AS GIRDERS)

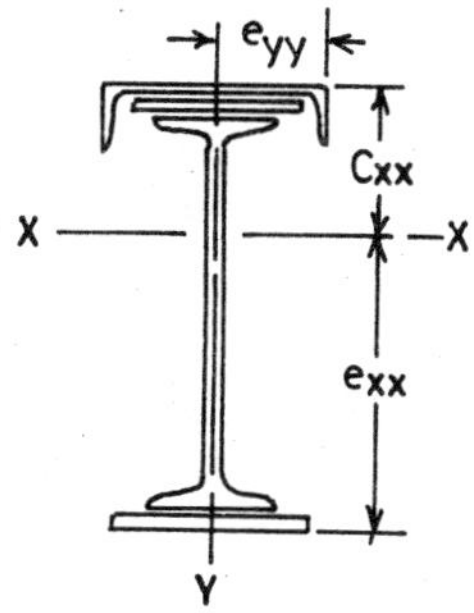


| Extreme Fibre Distances | | Gross Moment of Inertia | | | Radius of Gyration | Moduli of Section | | Maximum Allowable Moment | Maximum Allowable Shear |
|---|---|---|---|---|---|---|---|---|---|
| $e_{xx}$ | $e_{yy}$ | $I_{xx}$ | $I_{yy}$ Whole Section | $I_{yy}$ Top Flange Only | $r_{yy}$ | $Z_{xx}$: $Z_c$ | $Z_t$ | M | S |
| cm | cm | $cm^4$ | $cm^4$ | $cm^4$ | cm | $cm^3$ | $cm^3$ | kg.m×$10^3$ | kg × $10^3$ |
| 29.46 | 20.00 | 152781.2 | 26262.6 | 19307.2 | 9.68 | 6262.3 | 5185.5 | 81.7 | 46.8 |
| 28.93 | | 170717.9 | 28174.1 | 19853.4 | 9.65 | 6661.7 | 5900.4 | 92.9 | |
| 28.71 | | 198797.6 | 31177.8 | 20945.7 | 9.61 | 7377.1 | 6923.9 | 109.1 | |
| 28.49 | | 230194.5 | 34454.6 | 22038.1 | 9.57 | 8114.6 | 8079.2 | 127.2 | |
| 28.07 | 17.50 | 143834.0 | 19759.2 | 12803.9 | 8.65 | 5587.0 | 5124.9 | 80.7 | |
| 27.45 | | 159945.7 | 21385.0 | 13064.4 | 8.66 | 5911.3 | 5826.3 | 91.8 | |
| 27.09 | | 184963.8 | 23817.3 | 13585.3 | 8.66 | 6485.6 | 6827.6 | 107.5 | |
| 26.75 | | 212768.9 | 26522.6 | 14106.2 | 8.67 | 7077.7 | 7954.5 | 125.3 | |
| 29.05 | 20.00 | 106172.6 | 20801.3 | 16576.5 | 9.81 | 4654.5 | 3654.9 | 57.6 | |
| 28.41 | | 111454.1 | 21347.4 | 16576.5 | 9.79 | 4712.8 | 3922.9 | 61.8 | |
| 27.25 | | 121362.3 | 22439.7 | 16576.6 | 9.76 | 4815.0 | 4452.9 | 70.1 | |
| 28.12 | 17.50 | 101911.5 | 15726.5 | 11501.7 | 8.72 | 4301.4 | 3624.5 | 57.1 | |
| 27.47 | | 106854.4 | 16272.6 | 11501.8 | 8.73 | 4354.4 | 3889.8 | 61.3 | |
| 26.30 | | 116100.2 | 17364.9 | 11501.9 | 8.76 | 4447.3 | 4413.8 | 69.5 | |
| 25.83 | 15.00 | 62983.5 | 8498.7 | 6779.4 | 7.22 | 3008.6 | 2438.8 | 38.4 | 40.0 |
| 25.25 | | 66244.2 | 8759.1 | 6779.5 | 7.22 | 3051.8 | 2623.1 | 41.3 | |
| 24.22 | | 72359.1 | 9279.9 | 6779.6 | 7.22 | 3127.4 | 2987.2 | 47.0 | |
| 25.00 | 12.50 | 60394.7 | 5952.9 | 4233.7 | 6.18 | 2781.6 | 2416.0 | 38.1 | |
| 24.42 | | 63446.4 | 6213.3 | 4233.8 | 6.21 | 2820.9 | 2598.3 | 40.9 | |
| 23.38 | | 69152.5 | 6734.1 | 4233.8 | 6.28 | 2889.5 | 2958.0 | 46.6 | |
| 25.07 | 11.25 | 55138.5 | 4195.3 | 3111.5 | 5.37 | 2556.1 | 2199.5 | 34.6 | |
| 24.59 | | 57604.5 | 4328.6 | 3111.5 | 5.38 | 2589.5 | 2342.2 | 36.9 | |
| 23.73 | | 62272.6 | 4595.3 | 3111.6 | 5.41 | 2649.1 | 2623.8 | 41.3 | |

(Continued)

**TABLE 31 :**

# SINGLE JOIST WITH CHANNEL AND PLATES ON BOTH FLANGES

## (FOR USING AS GIRDERS)

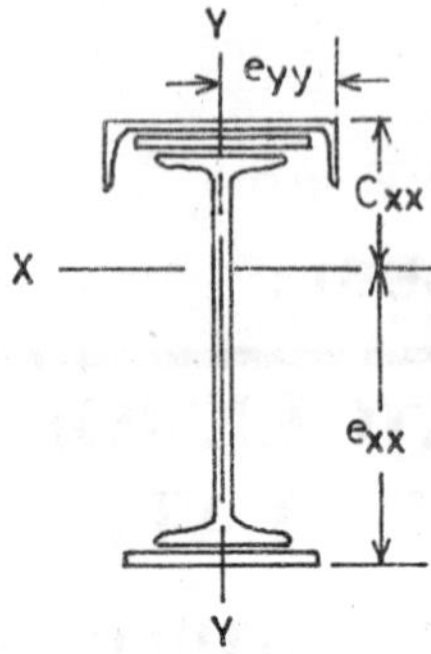


| Joist Designation | Joist w (kg / N) | Top Flange Channel Designation | Channel w (kg / N) | Top Flange Plate Width × Thickness (mm × mm) | Bottom Flange Plate Width × Thickness (mm × mm) | Weight per Metre (w) kg | Weight per Metre (w) N | Sectional Area a (cm²) | Centre of Gravity $C_{xx}$ (cm) | Mean Thickness of Flanges Top (mm) | Mean Thickness of Flanges Bottom (mm) |
|---|---|---|---|---|---|---|---|---|---|---|---|
| ISWB 450 | 79.5 / 778.9 | ISMC 350 | 42.1 / 413.0 | 250 × 10.0 | 320 × 20.0 | 191.4 | 1877.6 | 243.81 | 23.31 | 24.0 | 29.6 |
| | | | | 12.0 | 25.0 | 207.9 | 2039.5 | 264.81 | 24.60 | 25.5 | 34.6 |
| | | | | 16.0 | 32.0 | 233.3 | 2288.7 | 297.21 | 26.02 | 28.3 | 41.6 |
| | | | | 20.0 | 40.0 | 261.3 | 2563.4 | 332.81 | 27.51 | 31.2 | 49.6 |
| | | ISMC 350 | 42.1 / 413.0 | — | 320 × 10.0 | 146.6 | 1438.1 | 186.81 | 21.26 | 16.9 | 19.6 |
| | | | | — | 12.0 | 151.7 | 1488.2 | 193.21 | 22.10 | | 21.6 |
| | | | | — | 16.0 | 161.7 | 1586.3 | 206.01 | 23.66 | | 25.6 |
| | | ISMC 300 | 35.8 / 351.2 | — | 250 × 10.0 | 134.9 | 1323.4 | 171.79 | 21.05 | 17.9 | 22.3 |
| | | | | — | 12.0 | 138.8 | 1361.6 | 176.79 | 21.78 | | 24.3 |
| | | | | — | 16.0 | 146.6 | 1438.1 | 186.79 | 23.14 | | 28.3 |
| ISMC 400 | 61.6 / 604.3 | ISMC 300 | 35.8 / 351.2 | — | 250 × 10.0 | 117.0 | 1147.4 | 149.10 | 18.56 | 15.1 | 19.0 |
| | | | | — | 12.0 | 121.0 | 1187.0 | 154.10 | 19.32 | | 21.0 |
| | | | | — | 16.0 | 128.8 | 1263.5 | 164.10 | 20.71 | | 25.0 |
| | | ISMC 250 | 30.4 / 298.2 | — | 250 × 10.0 | 111.6 | 1094.8 | 142.13 | 19.31 | 16.1 | 19.0 |
| | | | | — | 12.0 | 115.5 | 1133.1 | 147.13 | 20.07 | | 21.0 |
| | | | | — | 16.0 | 123.3 | 1209.6 | 157.13 | 21.47 | | 25.0 |
| | | ISMC 225 | 25.9 / 254.1 | — | 200 × 10.0 | 103.2 | 1012.4 | 131.47 | 19.15 | 16.4 | 21.2 |
| | | | | — | 12.0 | 106.3 | 1042.8 | 135.47 | 19.82 | | 23.2 |
| | | | | — | 16.0 | 112.6 | 1104.6 | 143.47 | 21.06 | | 27.2 |
| | | ISMC 200 | 22.1 / 216.8 | — | 200 × 10.0 | 99.4 | 975.1 | 126.67 | 19.74 | 17.3 | 21.2 |
| | | | | — | 12.0 | 102.6 | 1006.5 | 130.67 | 20.41 | | 23.2 |
| | | | | — | 16.0 | 108.9 | 1068.3 | 138.67 | 21.66 | | 27.2 |
| ISWB 400 | 66.7 / 654.3 | ISMC 350 | 42.1 / 413.0 | 250 × 10.0 | 320 × 20.0 | 178.7 | 1753.0 | 227.67 | 20.90 | 22.7 | 28.1 |
| | | | | 12.0 | 25.0 | 195.2 | 1914.9 | 248.67 | 22.14 | 24.1 | 33.1 |
| | | | | 16.0 | 32.0 | 220.6 | 2164.1 | 281.07 | 23.51 | 27.0 | 40.1 |
| | | | | 20.0 | 40.0 | 248.6 | 2438.8 | 316.67 | 24.94 | 29.8 | 48.1 |
| | | ISMC 350 | 42.1 / 413.0 | — | 320 × 10.0 | 134.0 | 1314.5 | 170.67 | 18.88 | 15.5 | 18.1 |
| | | | | — | 12.0 | 139.0 | 1363.6 | 177.07 | 19.71 | | 20.1 |
| | | | | — | 16.0 | 149.0 | 1461.7 | 189.87 | 21.23 | | 24.1 |
| | | ISMC 300 | 35.8 / 351.2 | — | 250 × 10.0 | 122.2 | 1198.8 | 155.65 | 18.66 | 16.3 | 20.4 |
| | | | | — | 12.0 | 126.1 | 1237.0 | 160.65 | 19.38 | | 22.4 |
| | | | | — | 16.0 | 134.0 | 1314.5 | 170.65 | 20.71 | | 26.4 |

(Continued)

## TABLE 31 :

# SINGLE JOIST WITH CHANNEL AND PLATES ON BOTH FLANGES

### (FOR USING AS GIRDERS)

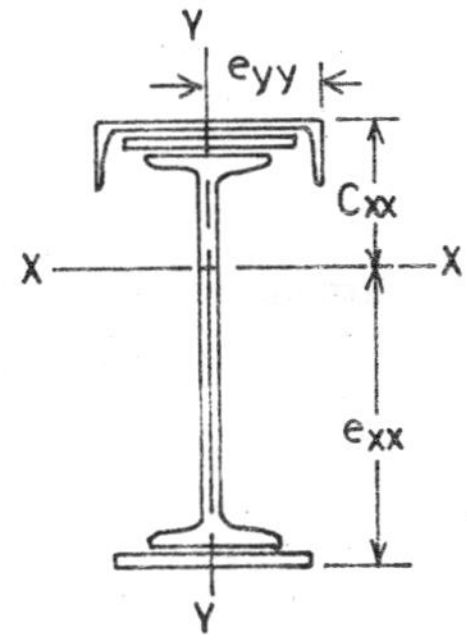


| Extreme Fibre Distances | | Gross Moment of Inertia | | | Radius of Gyration | Moduli of Section | | Maximum Allowable Moment | Maximum Allowable Shear |
|---|---|---|---|---|---|---|---|---|---|
| $e_{xx}$ | $e_{yy}$ | $I_{xx}$ | $I_{yy}$ | | $r_{yy}$ | $Z_{xx}$ | | | |
| | | | Whole Section | Top Flange Only | | $Z_c$ | $Z_t$ | M | S |
| cm | cm | cm$^4$ | cm$^4$ | cm$^4$ | cm | cm$^3$ | cm$^3$ | kg.m×10$^3$ | kg × 10$^3$ |
| 25.50 | 17.50 | 109500.7 | 18478.1 | 12163.4 | 8.71 | 4698.2 | 4293.6 | 67.6 | 39.1 |
| 24.91 | | 122801.8 | 20103.9 | 12423.9 | 8.71 | 4992.8 | 4929.0 | 77.6 | |
| 24.59 | | 143501.0 | 22536.2 | 12944.8 | 8.71 | 5514.9 | 5835.9 | 91.9 | |
| 24.30 | | 166568.3 | 25241.5 | 13465.7 | 8.71 | 6053.8 | 6856.0 | 108.0 | |
| 25.55 | 17.50 | 75002.0 | 14445.4 | 10861.2 | 8.79 | 3528.7 | 2934.9 | 46.2 | |
| 24.91 | | 79074.8 | 14991.5 | 10861.3 | 8.81 | 3577.3 | 3175.0 | 50.0 | |
| 23.75 | | 86641.2 | 16083.8 | 10861.4 | 8.84 | 3661.2 | 3648.8 | 57.5 | |
| 25.71 | 15.00 | 67695.9 | 9371.4 | 7215.8 | 7.39 | 3215.3 | 2633.5 | 41.5 | |
| 25.18 | | 70931.4 | 9631.8 | 7215.9 | 7.38 | 3256.1 | 2817.5 | 44.4 | |
| 24.22 | | 77026.0 | 10152.6 | 7215.9 | 7.37 | 3328.3 | 3180.6 | 50.1 | |
| 23.20 | 15.00 | 46011.0 | 8086.8 | 6573.5 | 7.36 | 2478.4 | 1983.7 | 31.2 | 33.6 |
| 22.64 | | 48636.3 | 8347.2 | 6573.6 | 7.36 | 2517.3 | 2148.3 | 33.8 | |
| 21.65 | | 53534.8 | 8868.0 | 6573.6 | 7.35 | 2584.7 | 2473.0 | 39.0 | |
| 22.40 | 12.50 | 44012.4 | 5541.0 | 4027.8 | 6.24 | 2279.6 | 1964.6 | 30.9 | |
| 21.84 | | 46458.3 | 5801.4 | 4027.8 | 6.28 | 2314.6 | 2127.4 | 33.5 | |
| 20.84 | | 51006.2 | 6322.2 | 4027.9 | 6.34 | 2375.2 | 2448.0 | 38.6 | |
| 22.49 | 11.25 | 39864.9 | 3783.4 | 2905.6 | 5.36 | 2081.3 | 1772.9 | 27.9 | |
| 22.02 | | 41845.3 | 3916.7 | 2905.6 | 5.38 | 2111.2 | 1900.4 | 29.9 | |
| 21.18 | | 25574.7 | 4183.4 | 2905.7 | 5.40 | 2164.1 | 2151.7 | 33.9 | |
| 21.87 | 10.00 | 38502.0 | 2908.1 | 2030.3 | 4.79 | 1950.4 | 1760.5 | 27.7 | |
| 21.40 | | 40373.6 | 3041.4 | 2030.3 | 4.82 | 1977.9 | 1886.8 | 29.7 | |
| 20.55 | | 43890.0 | 3308.1 | 2030.4 | 4.88 | 2026.4 | 2135.6 | 33.6 | |
| 22.91 | 17.50 | 82554.2 | 18159.4 | 12004.0 | 8.93 | 3950.5 | 3602.9 | 56.7 | 32.5 |
| 22.37 | | 93305.3 | 19785.2 | 12264.5 | 8.92 | 4214.7 | 4170.7 | 65.7 | |
| 22.10 | | 110096.2 | 22217.5 | 12785.4 | 8.89 | 4683.6 | 4981.0 | 78.5 | |
| 21.87 | | 128882.1 | 24922.8 | 13306.3 | 8.87 | 5168.7 | 5891.8 | 92.8 | |
| 22.93 | 17.50 | 54778.9 | 14126.7 | 10701.9 | 9.10 | 2901.7 | 2388.8 | 37.6 | |
| 22.30 | | 58051.2 | 14672.8 | 10701.9 | 9.10 | 2945.2 | 2603.3 | 41.0 | |
| 21.18 | | 64094.3 | 15765.1 | 10702.0 | 9.11 | 3019.4 | 3025.8 | 47.7 | |
| 23.10 | 15.00 | 49009.6 | 9052.7 | 7056.5 | 7.63 | 2626.8 | 2121.4 | 33.4 | |
| 22.58 | | 51617.6 | 9313.1 | 7056.5 | 7.61 | 2663.5 | 2285.9 | 36.0 | |
| 21.65 | | 56503.2 | 9833.9 | 7056.6 | 7.59 | 2727.7 | 2610.4 | 41.1 | |

(Continued)

**TABLE 31 :**

# SINGLE JOIST WITH CHANNEL AND PLATES ON BOTH FLANGES

## (FOR USING AS GIRDERS)

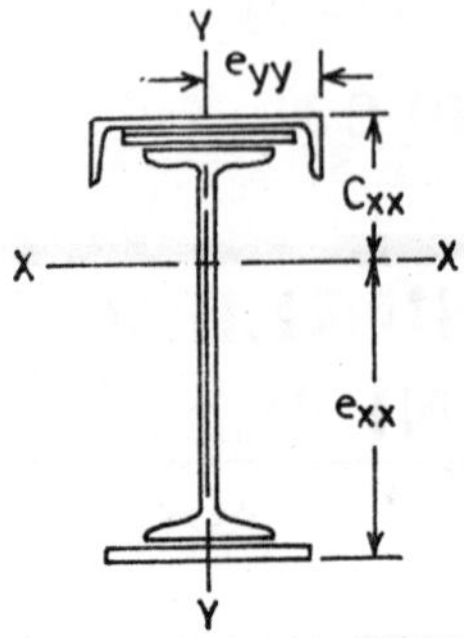


| Joist: Designation | Joist: w (kg / N) | Top Flange: Channel Designation | Top Flange: Channel w (kg / N) | Top Flange: Plate Width (mm) | Top Flange: Plate Thickness (mm) | Bottom Flange: Plate Width (mm) | Bottom Flange: Plate Thickness (mm) | Weight per Metre (w) kg | Weight per Metre (w) N | Sectional Area a (cm²) | Centre of Gravity $C_{xx}$ (cm) | Mean Thickness of Flanges: Top (mm) | Mean Thickness of Flanges: Bottom (mm) |
|---|---|---|---|---|---|---|---|---|---|---|---|---|---|
| ISMB 350 | 52.4 | ISMC 300 | 35.8 | | — | 250 × | 10.0 | 107.8 | 1057.5 | 137.35 | 16.25 | 14.2 | 18.0 |
| | 514.0 | | 351.2 | | — | | 12.0 | 111.7 | 1095.8 | 142.35 | 16.98 | | 20.0 |
| | | | | | — | | 16.0 | 119.6 | 1173.3 | 152.35 | 18.30 | | 24.0 |
| | | ISMC 250 | 30.4 | | — | 250 × | 10.0 | 102.3 | 1003.6 | 130.38 | 16.94 | 15.0 | 18.0 |
| | | | 298.2 | | — | | 12.0 | 106.3 | 1042.8 | 135.38 | 17.68 | | 20.0 |
| | | | | | — | | 16.0 | 114.1 | 1119.3 | 145.38 | 19.01 | | 24.0 |
| | | ISMC 225 | 25.9 | | — | 200 × | 10.0 | 94.0 | 922.1 | 119.72 | 16.78 | 15.2 | 19.9 |
| | | | 254.1 | | — | | 12.0 | 97.1 | 952.6 | 123.72 | 17.42 | | 21.9 |
| | | | | | — | | 16.0 | 103.4 | 1014.4 | 131.72 | 18.62 | | 25.9 |
| | | ISMC 200 | 22.1 | | — | 200 × | 10.0 | 90.2 | 884.9 | 114.92 | 17.33 | 16.0 | 19.9 |
| | | | 216.8 | | — | | 12.0 | 93.4 | 916.3 | 118.92 | 17.98 | | 21.9 |
| | | | | | — | | 16.0 | 99.6 | 977.1 | 126.92 | 19.18 | | 25.9 |
| ISWB 350 | 56.9 | ISMC 350 | 42.1 | 250 × | 10.0 | 320 × | 20.0 | 168.9 | 1656.9 | 215.16 | 18.51 | 21.8 | 27.1 |
| | 558.2 | | 413.0 | | 12.0 | | 25.0 | 185.4 | 1818.8 | 236.16 | 19.68 | 23.2 | 32.1 |
| | | | | | 16.0 | | 32.0 | 210.8 | 2067.9 | 268.56 | 20.98 | 26.0 | 39.1 |
| | | | | | 20.0 | | 40.0 | 238.8 | 2342.6 | 304.16 | 22.32 | 28.9 | 47.1 |
| | | ISMC 350 | 42.1 | | — | 320 × | 10.0 | 124.2 | 1218.4 | 158.16 | 16.57 | 14.6 | 17.1 |
| | | | 413.0 | | — | | 12.0 | 129.2 | 1267.4 | 164.56 | 17.36 | | 19.1 |
| | | | | | — | | 16.0 | 139.2 | 1365.6 | 177.36 | 18.79 | | 23.1 |
| | | ISMC 300 | 35.8 | | — | 250 × | 10.0 | 112.4 | 1102.6 | 143.14 | 16.33 | 15.2 | 19.1 |
| | | | 351.2 | | — | | 12.0 | 116.3 | 1140.9 | 148.14 | 17.07 | | 21.1 |
| | | | | | — | | 16.0 | 124.1 | 1217.4 | 158.14 | 18.30 | | 25.1 |

(Continued)

**TABLE 31 :**

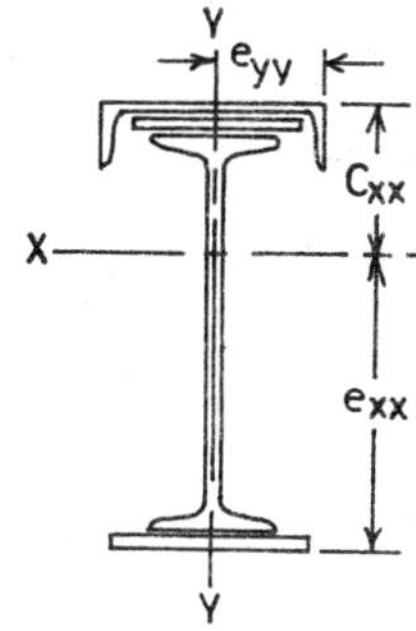


# SINGLE JOIST WITH CHANNEL AND PLATES ON BOTH FLANGES

## (FOR USING AS GIRDERS)

| Extreme Fibre Distances | | Gross Moment of Inertia | | | Radius of Gyration | Moduli of Section | | Maximum Allowable Moment | Maximum Allowable Shear |
|---|---|---|---|---|---|---|---|---|---|
| $e_{xx}$ | $e_{yy}$ | $I_{xx}$ | $I_{yy}$ | | $r_{yy}$ | $Z_{xx}$ | | | |
| | | | Whole Section | Top Flange Only | | Zc | Zt | M | S |
| cm | cm | $cm^4$ | $cm^4$ | $cm^4$ | cm | $cm^3$ | $cm^3$ | $kg.m \times 10^3$ | $kg \times 10^3$ |
| 20.51 | 15.00 | 33028.1 | 8202.4 | 6631.4 | 7.73 | 2032.1 | 1610.6 | 25.4 | 26.8 |
| 19.98 | | 35076.8 | 8462.8 | 6631.4 | 7.71 | 2066.2 | 1755.3 | 27.6 | |
| 19.06 | | 38883.2 | 8983.6 | 6631.5 | 7.68 | 2124.6 | 2040.2 | 32.1 | |
| 19.77 | 12.50 | 31530.5 | 5656.6 | 4085.6 | 6.59 | 1861.0 | 1595.5 | 25.1 | |
| 19.23 | | 33431.2 | 5917.0 | 4085.6 | 6.61 | 1891.3 | 1738.2 | 27.4 | |
| 18.30 | | 36948.2 | 6437.8 | 4085.7 | 6.65 | 1943.3 | 2019.4 | 31.8 | |
| 19.86 | 11.25 | 28360.0 | 3899.0 | 2963.4 | 5.71 | 1690.2 | 1428.0 | 22.5 | |
| 19.42 | | 29902.1 | 4032.3 | 2963.4 | 5.71 | 1716.1 | 1540.1 | 24.3 | |
| 18.62 | | 32793.3 | 4299.0 | 2963.5 | 5.71 | 1761.5 | 1760.8 | 27.7 | |
| 19.28 | 10.00 | 27350.1 | 3023.7 | 2088.1 | 5.13 | 1578.2 | 1418.6 | 22.3 | |
| 18.83 | | 28802.0 | 3157.0 | 2088.1 | 5.15 | 1601.7 | 1529.7 | 24.1 | |
| 18.03 | | 31516.1 | 3423.7 | 2088.2 | 5.19 | 1643.1 | 1748.1 | 27.5 | |
| 20.30 | 17.50 | 61114.9 | 17947.3 | 11898.0 | 9.13 | 3301.0 | 3011.2 | 47.4 | 26.5 |
| 19.83 | | 69579.5 | 19573.1 | 12158.5 | 9.10 | 3534.9 | 3509.5 | 55.3 | |
| 19.63 | | 82872.0 | 22005.4 | 12679.3 | 9.05 | 3950.7 | 4220.9 | 66.5 | |
| 19.49 | | 97828.0 | 24710.7 | 13200.2 | 9.01 | 4382.5 | 5020.0 | 79.1 | |
| 20.24 | 17.50 | 39357.4 | 13914.6 | 10595.9 | 9.38 | 2375.6 | 1944.3 | 30.6 | |
| 19.65 | | 41902.9 | 14460.7 | 10595.9 | 9.37 | 2413.9 | 2132.3 | 33.6 | |
| 18.62 | | 46583.1 | 15553.0 | 10596.0 | 9.36 | 2479.0 | 2502.0 | 39.4 | |
| 20.43 | 15.00 | 34941.9 | 8840.6 | 6950.5 | 7.86 | 2139.2 | 1710.7 | 26.9 | |
| 19.93 | | 36977.4 | 9101.0 | 6950.5 | 7.84 | 2171.7 | 1855.1 | 29.2 | |
| 19.06 | | 40774.6 | 9621.8 | 6950.6 | 7.80 | 2228.1 | 2139.3 | 33.7 | |

**NOTE :** (1) The properties given in this Table are based on the gross area of the section.

(2) The mean thickness of flanges is computed according to Note 2 in Table II of IS: 800-1956.

(3) The maximum allowable moment is computed on the basis of allowable stress specified in 9.2.1. of IS 800-1956 and gross modulus of section (Zt) given in this Table.

(4) The maximum allowable shear is computed on the basis of the allowable shear stress specified in 9.3.2. and the effective sectional area defined in 20.6.2.2. of IS: 800-1956.

TABLE 32 :

# SINGLE JOIST WITH ADDITIONAL PLATES ON BOTH FLANGES

## (FOR USING AS COLUMNS)

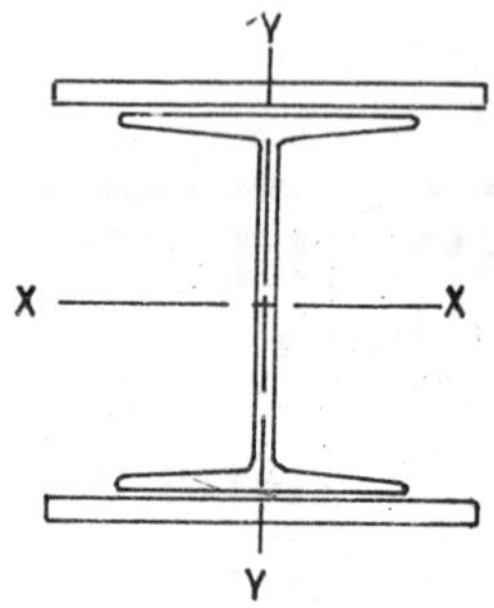


| Composed of: One Steel Joist: Designation | w (kg) | w (N) | Plates Each Flange to Form: Width (mm) | Thickness (mm) | Weight per Metre (w) (kg) | Weight per Metre (w) (N) | Sectional Area a ($cm^2$) | Moduli of Section $Z_{xx}$ ($cm^3$) | $Z_{yy}$ ($cm^3$) | Radii of Gyration $r_{xx}$ (cm) | $r_{yy}$ (cm) |
|---|---|---|---|---|---|---|---|---|---|---|---|
| ISHB 150 | 27.1 | 265.9 | 250 | 12.0 | 74.2 | 727.9 | 94.48 | 620.6 | 284.5 | 7.56 | 6.14 |
| | | | | 16.0 | 89.9 | 881.9 | 114.48 | 767.5 | 367.9 | 7.81 | 6.34 |
| | | | | 20.0 | 105.6 | 1035.9 | 134.48 | 917.3 | 451.2 | 8.05 | 6.48 |
| | | | | 25.0 | 125.2 | 1228.2 | 159.48 | 1109.1 | 555.4 | 8.34 | 6.60 |
| | | | | 32.0 | 152.7 | 1498.0 | 194.48 | 1387.1 | 701.2 | 8.74 | 6.71 |
| | | | | 40.0 | 184.1 | 1806.0 | 234.48 | 1719.3 | 867.9 | 9.18 | 6.80 |
| ISHB 150 | 30.6 | 300.2 | 250 | 12.0 | 77.7 | 762.2 | 98.98 | 630.3 | 286.8 | 7.44 | 6.02 |
| | | | | 16.0 | 93.4 | 916.3 | 118.98 | 776.7 | 370.2 | 7.71 | 6.24 |
| | | | | 20.0 | 109.1 | 1070.3 | 138.98 | 926.1 | 453.5 | 7.96 | 6.39 |
| | | | | 25.0 | 128.7 | 1262.5 | 163.98 | 1117.5 | 557.7 | 8.26 | 6.52 |
| | | | | 32.0 | 156.2 | 1532.3 | 198.98 | 1395.0 | 703.5 | 8.66 | 6.65 |
| | | | | 40.0 | 187.6 | 1840.4 | 238.98 | 1726.7 | 870.2 | 9.12 | 6.75 |
| ISHB 150 | 34.6 | 339.4 | 250 | 12.0 | 81.7 | 801.5 | 104.08 | 641.3 | 289.6 | 7.32 | 5.90 |
| | | | | 16.0 | 97.4 | 955.5 | 124.08 | 787.2 | 372.9 | 7.60 | 6.13 |
| | | | | 20.0 | 113.1 | 1109.5 | 144.08 | 936.2 | 456.3 | 7.86 | 6.29 |
| | | | | 25.0 | 132.7 | 1301.8 | 169.08 | 1127.1 | 560.4 | 8.16 | 6.44 |
| | | | | 32.0 | 160.2 | 1571.6 | 204.08 | 1403.9 | 706.3 | 8.58 | 6.58 |
| | | | | 40.0 | 191.6 | 1879.6 | 240.08 | 1735.0 | 872.9 | 9.04 | 6.69 |
| ISHB 200 | 37.3 | 365.9 | 250 | 12.0 | 84.4 | 828.0 | 107.54 | 924.8 | 327.4 | 9.81 | 6.17 |
| | | | | 16.0 | 100.1 | 982.0 | 127.54 | 1117.0 | 410.7 | 10.08 | 6.34 |
| | | | | 20.0 | 115.8 | 1136.0 | 147.54 | 1311.8 | 494.0 | 10.33 | 6.47 |
| | | | | 25.0 | 135.4 | 1328.3 | 172.54 | 1559.5 | 598.2 | 10.63 | 6.58 |
| | | | | 32.0 | 162.9 | 1598.0 | 207.54 | 1914.7 | 744.0 | 11.04 | 6.69 |
| | | | | 40.0 | 194.3 | 1906.1 | 247.54 | 2333.9 | 910.7 | 11.49 | 6.78 |
| ISHB 200 | 40.0 | 392.4 | 250 | 12.0 | 87.1 | 854.4 | 110.94 | 934.9 | 329.6 | 9.72 | 6.09 |
| | | | | 16.0 | 102.8 | 1008.5 | 130.94 | 1126.7 | 412.9 | 9.99 | 6.28 |
| | | | | 20.0 | 118.5 | 1162.5 | 150.94 | 1321.3 | 496.2 | 10.25 | 6.41 |
| | | | | 25.0 | 138.1 | 1354.8 | 175.94 | 1568.6 | 600.4 | 10.56 | 6.53 |
| | | | | 32.0 | 165.6 | 1624.5 | 210.94 | 1923.3 | 746.2 | 10.97 | 6.65 |
| | | | | 40.0 | 197.0 | 1932.6 | 250.94 | 2342.0 | 912.9 | 11.43 | 6.74 |

(Continued)

## TABLE 32 :

# SINGLE JOIST WITH ADDITIONAL PLATES ON BOTH FLANGES

### (FOR USING AS COLUMNS)

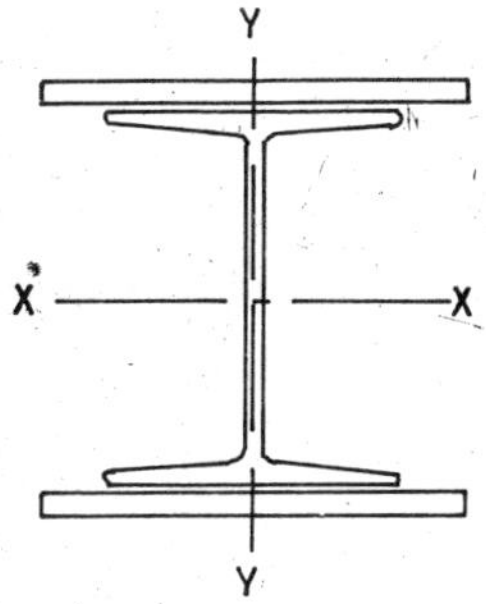


| Compsed of: One Steel Joist | | | Plates Each Flange to Form | | Weight per Metre | | Sectional Area | Moduli of Section | | Radii of Gyration | |
|---|---|---|---|---|---|---|---|---|---|---|---|
| Designation | w | | Width | Thickness | (w) | | a | $Z_{xx}$ | $Z_{yy}$ | $r_{xx}$ | $r_{yy}$ |
| | kg | N | mm | mm | kg | N | cm² | cm³ | cm³ | cm | cm |
| ISHB 225 | 43.1 | 422.8 | 320 | 12.0 | 103.4 | 1014.4 | 131.74 | 1291.0 | 494.2 | 11.05 | 7.75 |
| | | | | 16.0 | 123.5 | 1211.5 | 157.34 | 1569.7 | 630.7 | 11.32 | 8.01 |
| | | | | 20.0 | 143.6 | 1408.7 | 182.94 | 1851.3 | 767.3 | 11.58 | 8.14 |
| | | | | 25.0 | 168.1 | 1649.1 | 214.94 | 2208.2 | 937.9 | 11.89 | 8.36 |
| | | | | 32.0 | 203.9 | 2000.3 | 259.74 | 2717.7 | 1176.9 | 12.30 | 8.51 |
| | | | | 40.0 | 244.1 | 2394.6 | 310.94 | 3315.7 | 1449.9 | 12.75 | 8.64 |
| ISHB 225 | 46.8 | 459.1 | 320 | 12.0 | 107.1 | 1050.7 | 136.46 | 1307.0 | 496.9 | 10.92 | 7.63 |
| | | | | 16.0 | 127.2 | 1247.8 | 162.06 | 1585.2 | 633.4 | 11.21 | 7.91 |
| | | | | 20.0 | 147.3 | 1445.0 | 187.66 | 1866.4 | 770.0 | 11.48 | 8.10 |
| | | | | 25.0 | 172.4 | 1691.2 | 219.66 | 2222.7 | 940.6 | 11.80 | 8.28 |
| | | | | 32.0 | 207.6 | 2036.6 | 264.46 | 2731.5 | 1179.6 | 12.22 | 8.45 |
| | | | | 40.0 | 247.8 | 2430.9 | 315.66 | 3328.8 | 1452.6 | 12.68 | 8.58 |
| ISHB 250 | 51.0 | 500.3 | 320 | 12.0 | 111.3 | 1091.9 | 141.76 | 1527.4 | 532.2 | 12.15 | 7.75 |
| | | | | 16.0 | 131.4 | 1289.0 | 167.36 | 1834.9 | 668.7 | 12.43 | 8.00 |
| | | | | 20.0 | 151.5 | 1486.2 | 192.96 | 2145.3 | 806.2 | 12.70 | 8.17 |
| | | | | 25.0 | 176.6 | 1732.4 | 224.96 | 2538.0 | 975.9 | 13.01 | 8.39 |
| | | | | 32.0 | 211.8 | 2077.8 | 269.76 | 3097.3 | 1214.8 | 13.43 | 8.49 |
| | | | | 40.0 | 252.8 | 2480.0 | 320.96 | 3751.6 | 1487.9 | 13.89 | 8.61 |
| ISHB 250 | 54.7 | 536.6 | 320 | 12.0 | 115.0 | 1128.2 | 146.51 | 1545.5 | 535.3 | 12.02 | 7.65 |
| | | | | 16.0 | 135.1 | 1325.3 | 172.11 | 1852.4 | 671.9 | 12.32 | 7.90 |
| | | | | 20.0 | 155.2 | 1522.5 | 197.71 | 2162.4 | 808.4 | 12.59 | 8.09 |
| | | | | 25.0 | 180.3 | 1768.7 | 229.71 | 2554.5 | 979.1 | 12.92 | 8.26 |
| | | | | 32.0 | 215.5 | 2114.1 | 274.51 | 3113.1 | 1218.0 | 13.34 | 8.43 |
| | | | | 40.0 | 255.7 | 2508.4 | 325.71 | 3766.6 | 1491.1 | 13.81 | 8.56 |
| ISHB 250 | 51.0 | 500.3 | 400 | 12.0 | 126.4 | 1240.0 | 160.96 | 1768.1 | 738.1 | 12.27 | 9.63 |
| | | | | 16.0 | 151.5 | 1486.2 | 192.96 | 2156.4 | 951.4 | 12.55 | 9.93 |
| | | | | 20.0 | 176.6 | 1732.4 | 224.96 | 2548.3 | 1164.4 | 12.82 | 10.18 |
| | | | | 25.0 | 208.0 | 2040.5 | 264.96 | 3043.5 | 1431.4 | 13.13 | 10.39 |
| | | | | 32.0 | 252.0 | 2472.1 | 320.96 | 3748.4 | 1804.7 | 13.54 | 10.60 |
| | | | | 40.0 | 302.2 | 2964.6 | 384.96 | 4572.3 | 2231.0 | 14.00 | 10.77 |

(Continued)

TABLE 32 :

# SINGLE JOIST WITH ADDITIONAL PLATES ON BOTH FLANGES

## (FOR USING AS COLUMNS)

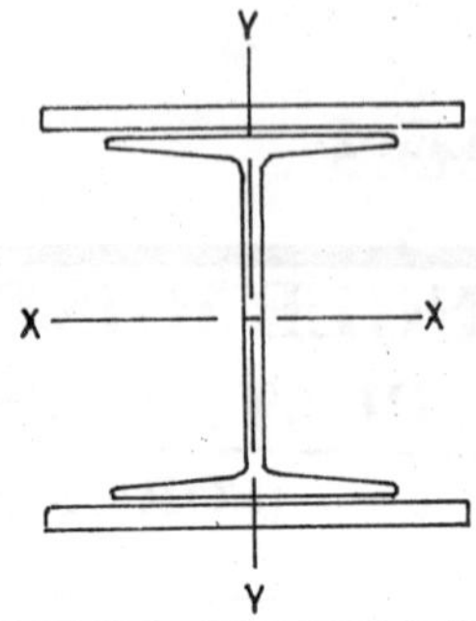


| Composed of: One Steel Joist | | | Plates Each Flange to Form | | Weight per Metre | | Sectional Area | Moduli of Section | | Radii of Gyration | |
|---|---|---|---|---|---|---|---|---|---|---|---|
| Designation | w | | Width | Thickness | (w) | | a | $Z_{xx}$ | $Z_{yy}$ | $r_{xx}$ | $r_{yy}$ |
| | kg | N | mm | mm | kg | N | $cm^2$ | $cm^3$ | $cm^3$ | cm | cm |
| ISHB 250 | 54.7 | 536.6 | 400 | 12.0 | 130.1 | 1276.3 | 165.71 | 1786.1 | 740.6 | 12.15 | 9.45 |
| | | | | 16.0 | 155.2 | 1522.5 | 197.71 | 2174.0 | 953.9 | 12.45 | 9.82 |
| | | | | 20.0 | 180.3 | 1768.7 | 229.71 | 2565.3 | 1167.3 | 12.73 | 10.08 |
| | | | | 25.0 | 211.7 | 2076.8 | 269.71 | 3060.0 | 1433.9 | 13.05 | 10.31 |
| | | | | 32.0 | 255.7 | 2508.4 | 325.71 | 3764.2 | 1807.3 | 13.47 | 10.53 |
| | | | | 40.0 | 305.9 | 3000.9 | 389.71 | 4587.3 | 2233.9 | 13.94 | 10.71 |
| ISHB 300 | 58.8 | 576.8 | 320 | 12.0 | 119.0 | 1167.4 | 151.65 | 1928.7 | 546.7 | 14.35 | 7.59 |
| | | | | 16.0 | 139.1 | 1364.6 | 177.25 | 2297.0 | 683.2 | 14.67 | 7.85 |
| | | | | 20.0 | 159.2 | 1561.8 | 202.85 | 2668.0 | 819.8 | 14.95 | 8.04 |
| | | | | 25.0 | 184.4 | 1809.0 | 234.85 | 3135.9 | 990.4 | 15.29 | 8.21 |
| | | | | 32.0 | 219.5 | 2153.3 | 279.65 | 3799.7 | 1229.4 | 15.73 | 8.39 |
| | | | | 40.0 | 259.7 | 2547.7 | 330.85 | 4572.1 | 1302.4 | 16.20 | 8.52 |
| ISHB 300 | 63.0 | 618.0 | 320 | 12.0 | 123.3 | 1209.6 | 157.05 | 1953.7 | 550.0 | 14.20 | 7.49 |
| | | | | 16.0 | 143.4 | 1406.8 | 182.65 | 2321.4 | 686.6 | 14.53 | 7.76 |
| | | | | 20.0 | 163.5 | 1603.9 | 208.25 | 2691.8 | 823.1 | 14.82 | 7.95 |
| | | | | 25.0 | 188.6 | 1850.2 | 240.25 | 3159.0 | 993.8 | 15.17 | 8.14 |
| | | | | 32.0 | 223.8 | 2195.5 | 285.05 | 3822.0 | 1232.7 | 15.62 | 8.32 |
| | | | | 40.0 | 264.0 | 2589.8 | 336.25 | 4593.4 | 1505.8 | 16.11 | 8.46 |
| ISHB 300 | 58.8 | 576.8 | 400 | 12.0 | 134.1 | 1315.5 | 170.85 | 2217.2 | 749.7 | 14.50 | 9.37 |
| | | | | 16.0 | 159.2 | 1561.8 | 202.85 | 2682.3 | 963.0 | 14.82 | 9.74 |
| | | | | 20.0 | 184.4 | 1809.0 | 234.85 | 3150.5 | 1176.3 | 15.10 | 10.01 |
| | | | | 25.0 | 215.8 | 2117.0 | 274.85 | 3740.7 | 1443.0 | 15.43 | 10.25 |
| | | | | 32.0 | 259.7 | 2547.7 | 330.85 | 4577.3 | 1816.3 | 15.87 | 10.48 |
| | | | | 40.0 | 310.0 | 3041.1 | 394.85 | 5550.1 | 2243.0 | 16.34 | 10.66 |
| ISHB 300 | 63.0 | 618.0 | 400 | 12.0 | 138.4 | 1357.7 | 176.25 | 2242.2 | 752.3 | 14.36 | 9.24 |
| | | | | 16.0 | 163.5 | 1603.9 | 208.25 | 2706.7 | 965.7 | 14.69 | 9.63 |
| | | | | 20.0 | 188.6 | 1850.2 | 240.25 | 3174.3 | 1179.0 | 14.99 | 9.91 |
| | | | | 25.0 | 220.0 | 2158.2 | 280.25 | 3763.8 | 1445.7 | 15.33 | 10.16 |
| | | | | 32.0 | 264.0 | 2589.8 | 336.25 | 4599.6 | 1819.0 | 15.78 | 10.40 |
| | | | | 40.0 | 314.2 | 3082.3 | 400.25 | 5571.4 | 2245.7 | 16.26 | 10.59 |

(Continued)

**TABLE 32 :**

# SINGLE JOIST WITH ADDITIONAL PLATES ON BOTH FLANGES

## (FOR USING AS COLUMNS)

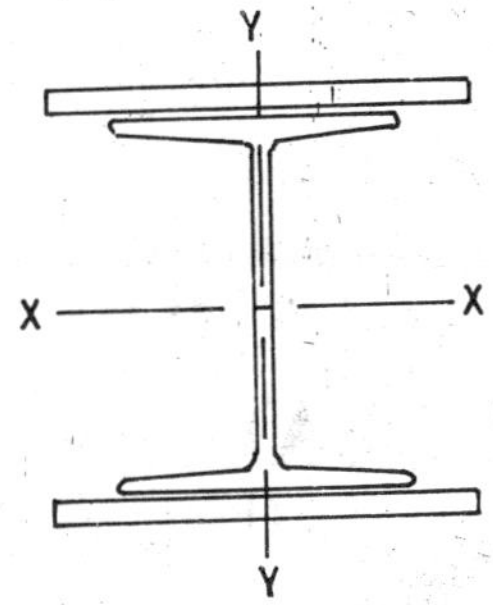


| Composed of: One Steel Joist — Designation | One Steel Joist — w | | Plates Each Flange to Form — Width | Plates Each Flange to Form — Thickness | Weight per Metre (w) | | Sectional Area a | Moduli of Section $Z_{xx}$ | Moduli of Section $Z_{yy}$ | Radii of Gyration $r_{xx}$ | Radii of Gyration $r_{yy}$ |
|---|---|---|---|---|---|---|---|---|---|---|---|
| | kg | N | mm | mm | kg | N | cm² | cm³ | cm³ | cm | cm |
| ISHB 350 | 67.4 | 661.2 | 320 | 12.0 | 127.7 | 1252.7 | 162.71 | 2370.6 | 562.8 | 16.51 | 7.44 |
| | | | | 16.0 | 147.8 | 1449.9 | 188.31 | 2799.7 | 699.3 | 16.85 | 7.71 |
| | | | | 20.0 | 167.9 | 1647.1 | 213.91 | 3231.3 | 835.9 | 17.16 | 7.91 |
| | | | | 25.0 | 193.0 | 1893.3 | 245.91 | 3774.7 | 1006.5 | 17.52 | 8.09 |
| | | | | 32.0 | 228.2 | 2238.6 | 290.71 | 4543.4 | 1245.5 | 17.99 | 8.28 |
| | | | | 40.0 | 268.4 | 2633.0 | 341.91 | 5434.7 | 1518.5 | 18.49 | 8.43 |
| ISHB 350 | 72.4 | 710.2 | 320 | 12.0 | 132.7 | 1301.8 | 169.01 | 2404.9 | 566.5 | 16.31 | 7.32 |
| | | | | 16.0 | 152.8 | 1499.0 | 194.61 | 2833.4 | 703.0 | 16.68 | 7.60 |
| | | | | 20.0 | 172.9 | 1696.1 | 220.21 | 3264.3 | 839.6 | 17.00 | 7.81 |
| | | | | 25.0 | 198.0 | 1942.4 | 252.21 | 3906.8 | 1010.2 | 17.37 | 8.01 |
| | | | | 32.0 | 233.2 | 2287.7 | 297.01 | 4574.4 | 1249.2 | 17.86 | 8.20 |
| | | | | 40.0 | 273.3 | 2681.1 | 348.21 | 5464.6 | 1522.2 | 18.37 | 8.36 |
| ISHB 350 | 67.4 | 661.2 | 400 | 12.0 | 142.8 | 1400.9 | 181.91 | 2707.0 | 762.6 | 16.68 | 9.16 |
| | | | | 16.0 | 167.9 | 1647.1 | 213.91 | 3248.8 | 975.9 | 17.03 | 9.55 |
| | | | | 20.0 | 193.0 | 1893.3 | 245.91 | 3793.5 | 1189.2 | 17.34 | 9.83 |
| | | | | 25.0 | 224.4 | 2201.4 | 285.91 | 4478.8 | 1455.9 | 17.70 | 10.09 |
| | | | | 32.0 | 268.4 | 2633.0 | 341.91 | 5447.8 | 1829.2 | 18.16 | 10.34 |
| | | | | 40.0 | 318.6 | 3125.5 | 405.91 | 6570.5 | 2255.9 | 18.66 | 10.54 |
| ISHB 350 | 72.4 | 710.2 | 400 | 12.0 | 147.7 | 1448.9 | 188.21 | 2741.4 | 765.5 | 16.50 | 9.02 |
| | | | | 16.0 | 172.9 | 1696.1 | 220.21 | 3282.5 | 978.9 | 16.87 | 9.43 |
| | | | | 20.0 | 198.0 | 1942.4 | 252.21 | 3826.5 | 1192.2 | 17.20 | 9.72 |
| | | | | 25.0 | 229.4 | 2250.4 | 292.21 | 4511.0 | 1458.9 | 17.57 | 9.99 |
| | | | | 32.0 | 273.3 | 2681.1 | 348.21 | 5478.9 | 1832.2 | 28.05 | 10.26 |
| | | | | 40.0 | 323.6 | 3174.5 | 412.21 | 6600.4 | 2258.9 | 28.55 | 10.47 |
| ISHB 400 | 77.4 | 759.3 | 320 | 12.0 | 137.7 | 1350.8 | 175.46 | 2862.4 | 580.1 | 18.60 | 7.27 |
| | | | | 16.0 | 157.8 | 1548.0 | 201.06 | 3352.2 | 716.7 | 18.98 | 7.55 |
| | | | | 20.0 | 177.9 | 1745.2 | 226.66 | 3844.3 | 853.2 | 19.32 | 7.76 |
| | | | | 25.0 | 203.0 | 1991.4 | 258.66 | 4463.0 | 1023.9 | 19.70 | 7.96 |
| | | | | 32.0 | 238.2 | 2336.7 | 303.46 | 5336.6 | 1262.8 | 20.20 | 8.16 |
| | | | | 40.0 | 278.4 | 2731.1 | 354.66 | 6347.0 | 1535.9 | 20.72 | 8.32 |

(Continued)

(Continued)

## TABLE 32 :

# SINGLE JOIST WITH ADDITIONAL PLATES ON BOTH FLANGES

### (FOR USING AS COLUMNS)

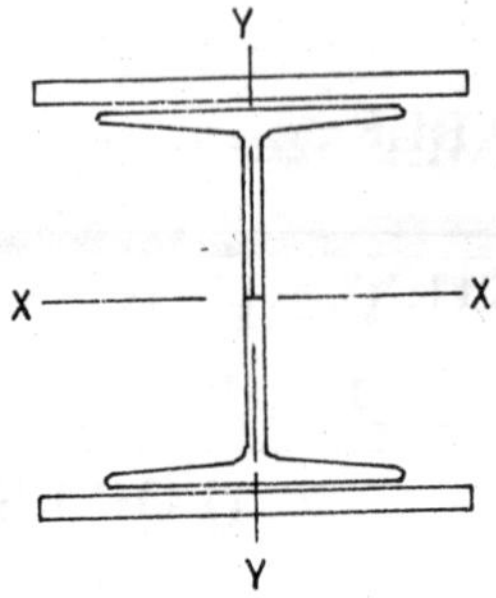


| Composed of: One Steel Joist | | | Composed of: Plates Each Flange to Form | | Weight per Metre | | Sectional Area | Moduli of Section | | Radii of Gyration | |
|---|---|---|---|---|---|---|---|---|---|---|---|
| Designation | w | | Width | Thickness | (w) | | a | $Z_{xx}$ | $Z_{yy}$ | $r_{xx}$ | $r_{yy}$ |
| | kg | N | mm | mm | kg | N | cm² | cm³ | cm³ | cm | cm |
| ISHB 400 | 82.2 | 806.4 | 320 | 12.0 | 142.4 | 1396.9 | 181.46 | 2897.3 | 583.5 | 18.40 | 7.17 |
| | | | | 16.0 | 162.5 | 1594.1 | 207.06 | 3386.5 | 720.1 | 18.80 | 7.46 |
| | | | | 20.0 | 182.6 | 1791.3 | 232.66 | 3877.9 | 856.6 | 19.15 | 7.68 |
| | | | | 25.0 | 207.8 | 2038.5 | 264.66 | 4495.9 | 1027.3 | 19.55 | 7.88 |
| | | | | 32.0 | 242.9 | 2382.8 | 309.46 | 5368.5 | 1266.2 | 20.06 | 8.09 |
| | | | | 40.0 | 283.1 | 2777.2 | 360.66 | 6377.9 | 1539.3 | 20.60 | 8.26 |
| ISHB 400 | 77.4 | 759.3 | 400 | 12.0 | 152.8 | 1499.0 | 194.66 | 3246.9 | 776.4 | 18.80 | 8.93 |
| | | | | 16.0 | 177.9 | 1745.2 | 226.66 | 3865.2 | 989.7 | 19.19 | 9.35 |
| | | | | 20.0 | 203.0 | 1991.4 | 258.66 | 4486.2 | 1203.1 | 19.53 | 9.64 |
| | | | | 25.0 | 234.4 | 2299.5 | 298.66 | 5266.7 | 1469.7 | 19.92 | 9.92 |
| | | | | 32.0 | 278.4 | 2731.1 | 354.66 | 6368.2 | 1843.1 | 20.41 | 10.19 |
| | | | | 40.0 | 328.6 | 3223.6 | 418.66 | 7641.3 | 2269.7 | 20.93 | 10.41 |
| ISHB 400 | 82.2 | 806.4 | 400 | 12.0 | 157.5 | 1545.1 | 200.66 | 3281.8 | 779.2 | 18.62 | 8.81 |
| | | | | 16.0 | 182.6 | 1791.3 | 232.66 | 3899.5 | 992.5 | 19.03 | 9.24 |
| | | | | 20.0 | 207.8 | 2038.5 | 264.66 | 4519.9 | 1205.8 | 19.38 | 9.55 |
| | | | | 25.0 | 239.2 | 2346.6 | 304.66 | 5299.6 | 1472.5 | 19.78 | 9.83 |
| | | | | 32.0 | 283.1 | 2777.2 | 360.66 | 6400.1 | 1845.8 | 20.29 | 10.12 |
| | | | | 40.0 | 333.4 | 3270.7 | 424.66 | 7672.1 | 2272.5 | 20.82 | 10.35 |
| ISHB 450 | 87.2 | 855.4 | 320 | 12.0 | 147.5 | 1447.0 | 187.94 | 3384.0 | 596.2 | 20.66 | 7.12 |
| | | | | 16.0 | 167.6 | 1644.2 | 213.54 | 3934.6 | 732.7 | 21.07 | 7.41 |
| | | | | 20.0 | 187.7 | 1841.3 | 239.14 | 4487.4 | 869.2 | 21.44 | 7.63 |
| | | | | 25.0 | 212.8 | 2087.6 | 271.14 | 5181.8 | 1039.9 | 21.86 | 7.83 |
| | | | | 32.0 | 248.0 | 2432.9 | 315.94 | 6160.9 | 1278.8 | 22.39 | 8.05 |
| | | | | 40.0 | 288.2 | 2827.2 | 367.14 | 7291.2 | 1551.9 | 22.94 | 8.22 |
| ISHB 450 | 92.5 | 907.4 | 320 | 12.0 | 152.8 | 1499.0 | 194.69 | 3432.1 | 599.9 | 20.44 | 7.02 |
| | | | | 16.0 | 172.9 | 1696.1 | 220.29 | 3981.9 | 736.4 | 20.87 | 7.31 |
| | | | | 20.0 | 193.0 | 1893.3 | 245.89 | 4533.9 | 873.0 | 21.25 | 7.54 |
| | | | | 25.0 | 218.1 | 2139.6 | 277.89 | 5227.3 | 1043.6 | 21.69 | 7.75 |
| | | | | 32.0 | 253.3 | 2484.9 | 322.69 | 6205.2 | 1282.6 | 22.23 | 7.97 |
| | | | | 40.0 | 293.5 | 2879.2 | 373.89 | 7334.2 | 1555.6 | 22.80 | 8.16 |

(Continued)

TABLE 32 :

# SINGLE JOIST WITH ADDITIONAL PLATES ON BOTH FLANGES

## (FOR USING AS COLUMNS)

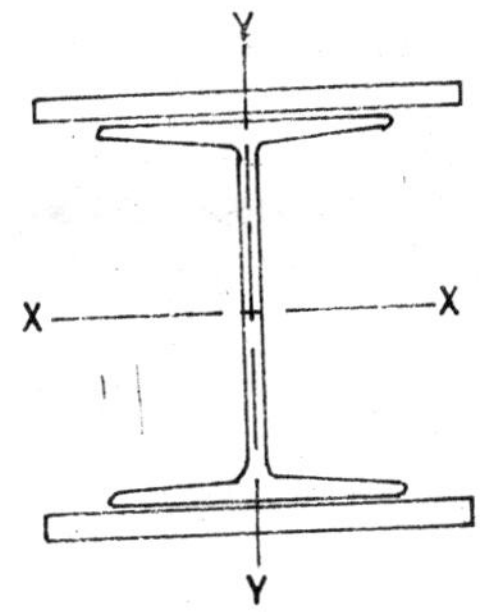


| Composed of | | | | | | | | | | | | |
|---|---|---|---|---|---|---|---|---|---|---|---|---|
| One Steel Joist | | | Plates Each Flange to Form | | Weight per Metre | | Sectional Area | Moduli of Section | | Radii of Gyration | | |
| Designation | w | | Width | Thickness | (w) | | a | $Z_{xx}$ | $Z_{yy}$ | $r_{xx}$ | $r_{yy}$ |
| | kg | N | mm | mm | kg | N | $cm^2$ | $cm^3$ | $cm^3$ | cm | cm |
| ISHB 450 | 87.2 | 855.4 | 400 | 12.0 | 162.6 | 1595.1 | 207.14 | 3816.4 | 789.3 | 20.90 | 8.73 |
| | | | | 16.0 | 187.7 | 1841.3 | 239.14 | 4511.5 | 1002.6 | 21.32 | 9.16 |
| | | | | 20.0 | 212.8 | 2087.6 | 271.14 | 5209.1 | 1215.9 | 21.70 | 9.47 |
| | | | | 25.0 | 244.2 | 2395.6 | 311.14 | 6085.1 | 1482.6 | 22.11 | 9.76 |
| | | | | 32.0 | 288.2 | 2827.2 | 367.14 | 7319.7 | 1855.9 | 22.64 | 10.05 |
| | | | | 40.0 | 338.4 | 3319.7 | 431.14 | 8744.1 | 2282.6 | 23.18 | 10.29 |
| ISHB 450 | 92.5 | 907.4 | 400 | 12.0 | 167.9 | 1647.1 | 213.89 | 3864.5 | 792.2 | 20.69 | 8.61 |
| | | | | 16.0 | 193.0 | 1893.3 | 245.89 | 4558.8 | 1005.6 | 21.14 | 9.04 |
| | | | | 20.0 | 218.1 | 2139.6 | 277.89 | 5255.6 | 1218.9 | 21.53 | 9.37 |
| | | | | 25.0 | 249.5 | 2447.6 | 317.89 | 6130.7 | 1485.6 | 21.96 | 9.67 |
| | | | | 32.0 | 293.5 | 2879.2 | 373.89 | 7364.0 | 1858.9 | 22.50 | 9.97 |
| | | | | 40.0 | 343.7 | 3371.7 | 437.89 | 8787.0 | 2285.6 | 23.96 | 10.22 |

Note : Properties given in this Table are based on the gross area of the section.

TABLE 34 :

# DOUBLE JOISTS LACED OR BATTENED

## (FOR USING AS COLUMNS)

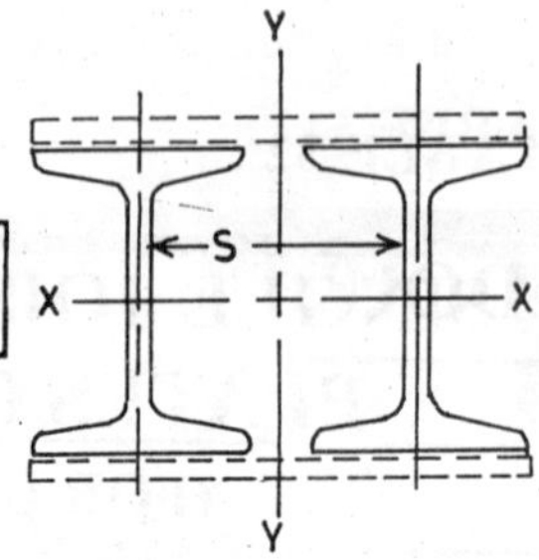


| Designation | | | ISHB 150 | | | ISHB 150 | | | ISHB 150 | |
|---|---|---|---|---|---|---|---|---|---|---|
| w, kg | | | 27.1 | | | 30.6 | | | 34.6 | |
| N | | | 265.8 | | | 300.2 | | | 339.4 | |
| Weight per Metre, kg | | | 54.2 | | | 61.2 | | | 69.2 | |
| N | | | 531.7 | | | 600.4 | | | 678.8 | |
| Sectional Area, cm² | | | 68.96 | | | 77.96 | | | 88.16 | |
| Moment of Inertia, cm⁴ | | | 2911.2 | | | 3080.0 | | | 3271.2 | |
| Modulus of Section, $Z_{xx}$, cm³ | | | 388.2 | | | 410.6 | | | 436.2 | |
| Radius of Gyration, $r_{xx}$, cm | | | 6.50 | | | 6.29 | | | 6.09 | |
| Spacing Between C to C of Beam | Moment of Inertia | Modulus of Section | Radius of Gyration | Moment of Inertia | Modulus of Section | Radius of Gyration | Moment of Inertia | Modulus of Section | Radius of Gyration | |
| $S$ cm | $I_{yy}$ cm⁴ | $Z_{yy}$ cm³ | $r_{yy}$ cm | $I_{yy}$ cm⁴ | $Z_{yy}$ cm³ | $r_{yy}$ cm | $I_{yy}$ cm⁴ | $Z_{yy}$ cm³ | $r_{yy}$ cm | |
| 15.0 | 4742.3 | 316.2 | 8.29 | — | — | — | — | — | — | |
| 17.5 | 6143.1 | 378.0 | 9.44 | 6889.4 | 420.1 | 9.40 | 7739.5 | 467.1 | 9.37 | |
| 20.0 | 7759.3 | 443.4 | 10.61 | 8716.6 | 493.9 | 10.57 | 9805.8 | 550.3 | 10.55 | |
| 22.5 | 9591.1 | 511.5 | 11.79 | 10787.4 | 570.8 | 11.76 | 12147.5 | 637.0 | 11.74 | |
| 25.0 | 11638.3 | 581.9 | 12.99 | 13101.8 | 650.2 | 12.96 | 14764.8 | 726.6 | 12.94 | |
| 27.5 | 13901.1 | 654.2 | 14.20 | 15659.9 | 731.8 | 14.17 | 17657.5 | 818.6 | 14.15 | |
| 30.0 | 16379.3 | 728.0 | 15.41 | 18461.6 | 815.1 | 15.39 | 20825.8 | 912.6 | 15.37 | |
| 35.0 | 21982.3 | 879.3 | 17.85 | 24795.8 | 985.9 | 17.83 | 27988.8 | 1105.4 | 17.82 | |
| 40.0 | 28447.3 | 1034.4 | 20.31 | 32104.6 | 1161.1 | 20.29 | 36253.8 | 1303.2 | 20.28 | |

(Continued)

## TABLE 34 :

# DOUBLE JOISTS LACED OR BATTENED

### (FOR USING AS COLUMNS)

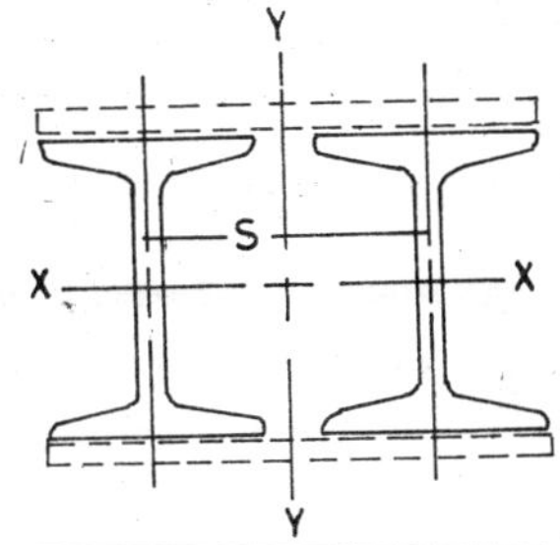


| Designation | ISHB 200 | ISHB 200 | ISHB 225 |
|---|---|---|---|
| w. kg | 37.3 | 40.0 | 43.1 |
| N | 365.9 | 392.4 | 422.8 |
| Weight per Metre, kg | 74.6 | 80.0 | 86.2 |
| N | 731.8 | 784.8 | 845.6 |
| Sectional Area, $cm^2$ | 95.08 | 101.88 | 109.88 |
| Moment of Inertia, $I_{xx}$ $cm^4$ | 7216.8 | 7443.6 | 10559.0 |
| Modulus of Section $Z_{xx}$ $cm^3$ | 721.6 | 744.4 | 938.6 |
| Radius of Gyration, $r_{xx}$ cm | 8.71 | 8.55 | 9.80 |

| Spacing Between C to C of Beam $S$ cm | Moment of Inertia $I_{yy}$ $cm^4$ | Modulus of Section $Z_{yy}$ $cm^3$ | Radius of Gyration $r_{yy}$ cm | Moment of Inertia $I_{yy}$ $cm^4$ | Modulus of Section $Z_{yy}$ $cm^3$ | Radius of Gyration $r_{yy}$ cm | Moment of Inertia $I_{yy}$ $cm^4$ | Modulus of Section $Z_{yy}$ $cm^3$ | Radius of Gyration $r_{yy}$ cm |
|---|---|---|---|---|---|---|---|---|---|
| 20.0 | 11442.3 | 572.1 | 10.97 | — | — | — | — | — | — |
| 22.5 | 13967.8 | 657.3 | 12.12 | 14883.3 | 697.6 | 12.09 | 16614.4 | 738.4 | 12.30 |
| 25.0 | 16790.5 | 746.2 | 13.29 | 17907.9 | 792.9 | 13.26 | 19876.4 | 836.9 | 13.45 |
| 27.5 | 19910.3 | 838.3 | 14.47 | 21250.8 | 891.6 | 14.44 | 23481.9 | 939.3 | 14.62 |
| 30.0 | 23327.3 | 933.1 | 15.66 | 24912.1 | 993.1 | 15.64 | 27430.7 | 1045.0 | 15.80 |
| 35.0 | 31052.5 | 1129.2 | 18.07 | 33189.9 | 1203.2 | 18.05 | 36358.4 | 1264.6 | 18.19 |
| 40.0 | 39966.3 | 1332.2 | 20.50 | 42741.1 | 1420.7 | 20.48 | 46659.7 | 1493.1 | 20.61 |
| 45.0 | 50068.5 | 1540.6 | 22.95 | 53565.9 | 1643.9 | 22.93 | 58334.4 | 1728.4 | 23.04 |
| 50.0 | 61359.3 | 1753.1 | 25.40 | 65664.1 | 1871.6 | 25.39 | 71382.7 | 1969.2 | 25.49 |
| 55.0 | — | — | — | — | — | — | — | — | — |
| 60.0 | — | — | — | — | — | — | — | — | — |

(Continued)

## TABLE 34 :

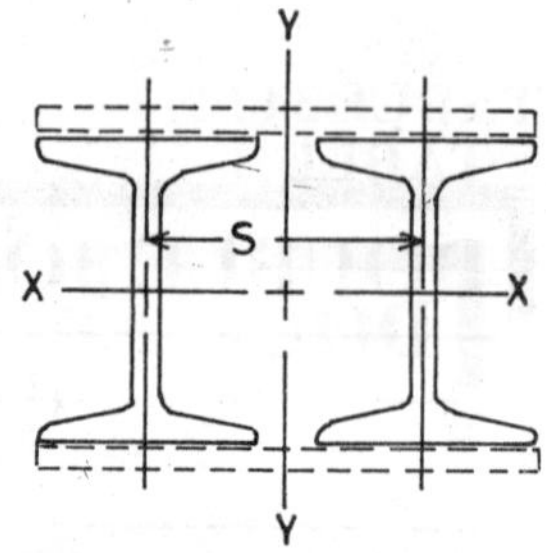


# DOUBLE JOISTS LACED OR BATTENED

### (FOR USING AS COLUMNS)

| ISHB 225 | ISHB 250 | ISHB 250 | ISHB 300 |
|---|---|---|---|
| 46.8 | 51.0 | 54.7 | 58.8 |
| 459.1 | 500.3 | 536.6 | 576.8 |
| 93.6 | 102.0 | 109.4 | 117.6 |
| 918.2 | 1000.6 | 1073.2 | 1153.6 |
| 119.32 | 129.92 | 139.42 | 149.70 |
| 10957.6 | 15473.0 | 15967.8 | 25090.4 |
| 974.0 | 1237.8 | 1277.4 | 1672.6 |
| 9.58 | 10.91 | 10.70 | 12.95 |

| Moment of Inertia $I_{yy}$ cm$^4$ | Modulus of Section $Z_{yy}$ cm$^3$ | Radius of Gyration $r_{yy}$ cm | Moment of Inertia $I_{yy}$ cm$^4$ | Modulus of Section $Z_{yy}$ cm$^3$ | Radius of Gyration $r_{yy}$ cm | Moment of Inertia $I_{yy}$ cm$^4$ | Modulus of Section $Z_{yy}$ cm$^3$ | Radius of Gyration $r_{yy}$ cm | Moment of Inertia $I_{yy}$ cm$^4$ | Modulus of Section $Z_{yy}$ cm$^3$ | Radius of Gyration $r_{yy}$ cm |
|---|---|---|---|---|---|---|---|---|---|---|---|
| — | — | — | — | — | — | — | — | — | — | — | — |
| — | — | — | — | — | — | — | — | — | — | — | — |
| 21436.9 | 898.6 | 13.40 | 24222.5 | 968.9 | 13.65 | — | — | — | 27777.8 | 1111.1 | 13.62 |
| 25352.1 | 1009.8 | 14.58 | 28485.5 | 1085.2 | 14.81 | 30382.4 | 1153.3 | 14.76 | 32689.8 | 1245.3 | 14.78 |
| 29640.1 | 1124.6 | 15.76 | 33154.5 | 1205.6 | 15.97 | 35392.9 | 1282.6 | 15.93 | 38069.6 | 1384.4 | 15.95 |
| 39334.9 | 1363.2 | 18.16 | 43710.5 | 1457.0 | 18.34 | 46720.7 | 1552.4 | 18.31 | 50232.8 | 1674.4 | 18.32 |
| 50521.1 | 1611.3 | 20.58 | 55890.5 | 1719.7 | 20.74 | 59791.4 | 1834.4 | 20.71 | 64267.1 | 1977.5 | 20.72 |
| 63198.9 | 1866.8 | 23.01 | 69694.5 | 1991.3 | 23.16 | 74604.7 | 2125.8 | 23.13 | 80172.8 | 2290.7 | 23.14 |
| 77368.1 | 2128.1 | 25.46 | 85122.5 | 2269.9 | 25.60 | 91160.9 | 2424.8 | 25.57 | 97949.6 | 2612.0 | 25.58 |
| — | — | — | — | — | — | — | — | — | 117597.8 | 2939.9 | 28.03 |
| — | — | — | — | — | — | — | — | — | 139117.1 | 3273.3 | 30.48 |

(Continued)

TABLE 34 :

# DOUBLE JOISTS LACED OR BATTENED

## (FOR USING AS COLUMNS)

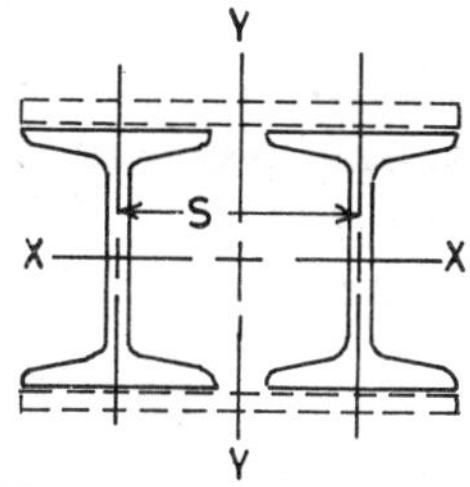


| Designation | ISHB 300 | ISHB 350 | ISHB 350 |
|---|---|---|---|
| w, kg | 63.0 | 67.4 | 72.4 |
| N | 618.0 | 661.2 | 710.2 |
| Weight per Metre, kg | 126.0 | 134.8 | 144.8 |
| N | 1236.1 | 1322.4 | 1420.5 |
| Sectional Area, $cm^2$ | 160.50 | 171.82 | 184.42 |
| Moment of Inertia, $I_{xx}$ $cm^4$ | 25900.4 | 38319.4 | 39605.6 |
| Modulus of Section, $Z_{xx}$ $cm^3$ | 1726.6 | 2189.6 | 2263.2 |
| Radius of Gyration, $r_{xx}$, cm | 12.70 | 14.93 | 14.65 |

| Spacing Between C to C of Beam | Moment of Inertia | Modulus of Section | Radius of Gyration | Moment of Inertia | Modulus of Section | Radius of Gyration | Moment of Inertia | Modulus of Section | Radius of Gyration |
|---|---|---|---|---|---|---|---|---|---|
| $S$ | $I_{yy}$ | $Z_{yy}$ | $r_{yy}$ | $I_{yy}$ | $Z_{yy}$ | $r_{yy}$ | $I_{yy}$ | $Z_{yy}$ | $r_{yy}$ |
| cm | $cm^4$ | $cm^3$ | cm | $cm^4$ | $cm^3$ | cm | $cm^4$ | $cm^3$ | cm |
| 25.0 | — | — | — | 31749.7 | 1270.0 | 13.59 | — | — | — |
| 27.5 | 34837.9 | 1322.6 | 14.77 | 37387.5 | 1424.3 | 14.75 | 39887.9 | 1514.3 | 14.71 |
| 30.0 | 40605.8 | 1471.8 | 15.91 | 43562.3 | 1584.1 | 15.92 | 46515.5 | 1686.0 | 15.88 |
| 35.0 | 53646.5 | 1782.9 | 18.28 | 57522.7 | 1917.4 | 18.30 | 61499.7 | 2043.9 | 18.26 |
| 40.0 | 68693.3 | 2107.8 | 20.69 | 73630.8 | 2265.6 | 20.70 | 78789.0 | 2417.6 | 20.67 |
| 45.0 | 85746.5 | 2443.6 | 23.11 | 91886.7 | 2625.3 | 23.13 | 98383.7 | 2803.8 | 23.10 |
| 50.0 | 104805.8 | 2788.1 | 25.55 | 112290.3 | 2994.4 | 25.56 | 120283.5 | 3199.9 | 25.54 |
| 55.0 | 125871.5 | 3139.7 | 28.00 | 134841.7 | 3371.0 | 28.01 | 144488.7 | 3604.1 | 27.99 |
| 60.0 | 148943.3 | 3497.1 | 30.46 | 159540.8 | 3753.9 | 30.47 | 170999.0 | 4015.0 | 30.45 |
| 65.0 | — | — | — | — | — | — | — | — | — |
| 70.0 | — | — | — | — | — | — | — | — | — |

(Continued)

TABLE 34 :

# DOUBLE JOISTS LACED OR BATTENED

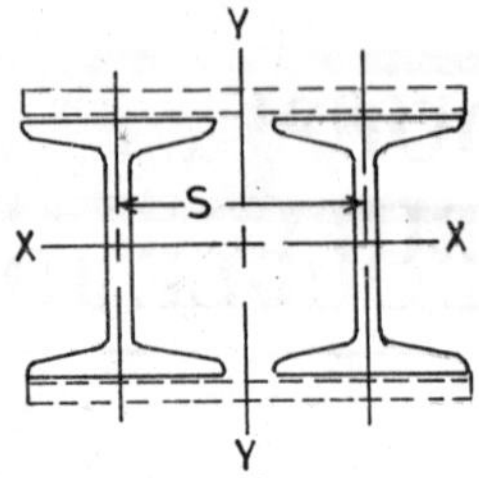


## (FOR USING AS COLUMNS)

| ISHB 400 | ISHB 400 | ISHB 450 | ISHB 450 |
|---|---|---|---|
| 77.4 | 82.2 | 87.2 | 92.5 |
| 759.3 | 806.4 | 855.4 | 907.4 |
| 154.8 | 164.4 | 174.4 | 185.0 |
| 1518.6 | 1612.8 | 1710.9 | 1814.8 |
| 1 97.32 | 209.32 | 222.28 | 235.78 |
| 56167.0 | 57647.0 | 78421.6 | 80699.8 |
| 2808.4 | 2888.4 | 3485.4 | 3586.6 |
| 16.87 | 16.61 | 18.78 | 18.50 |

| Moment of Inertia $I_{yy}$ $cm^4$ | Modulus of Section $Z_{yy}$ $cm^3$ | Radius of Gyration $r_{yy}$ cm | Moment of Inertia $I_{yy}$ $cm^4$ | Modulus of Section $Z_{yy}$ $cm^3$ | Radius of Gyration $r_{yy}$ cm | Moment of Inertia $I_{yy}$ $cm^4$ | Modulus of Section $Z_{yy}$ $cm^3$ | Radius of Gyration $r_{yy}$ cm | Moment of Inertia $I_{yy}$ $cm^4$ | Modulus of Section $Z_{yy}$ $cm^3$ | Radius of Gyration $r_{yy}$ cm |
|---|---|---|---|---|---|---|---|---|---|---|---|
| 36287.9 | 1451.5 | 13.56 | – | – | – | 40701.7 | 1628.1 | 13.53 | – | – | – |
| 42762.4 | 1629.0 | 14.72 | 45140.5 | 171.7 | 14.69 | 47995.3 | 1828.4 | 14.69 | 50667.2 | 1924.7 | 14.66 |
| 49853.6 | 1812.9 | 15.89 | 52662.9 | 1909.8 | 15.86 | 55983.5 | 2035.8 | 15.87 | 59140.5 | 2144.7 | 15.84 |
| 65885.9 | 2196.2 | 18.27 | 69670.2 | 2316.5 | 18.24 | 74043.7 | 2468.1 | 18.25 | 78297.6 | 2603.4 | 18.22 |
| 84384.6 | 2596.5 | 20.68 | 89293.9 | 2741.2 | 20.65 | 94882.5 | 2919.5 | 20.66 | 100402.0 | 3082.2 | 20.64 |
| 105349.9 | 3010.0 | 23.11 | 111534.2 | 3179.9 | 23.08 | 118499.7 | 3385.7 | 23.09 | 125453.6 | 3576.7 | 23.07 |
| 128781.6 | 3434.2 | 25.55 | 136390.9 | 3629.8 | 25.53 | 144895.5 | 3863.9 | 25.53 | 153452.5 | 4083.9 | 25.51 |
| 154679.9 | 3867.0 | 28.00 | 163864.2 | 4088.9 | 27.98 | 174069.7 | 4351.7 | 27.99 | 184398.6 | 4601.3 | 27.97 |
| 183044.6 | 4306.9 | 30.46 | 193953.9 | 4555.6 | 30.44 | 206022.5 | 4847.6 | 30.44 | 218292.0 | 5127.2 | 30.47 |
| 213875.9 | 4752.8 | 32.92 | 226660.2 | 5028.5 | 32.91 | 240753.7 | 5350.1 | 32.91 | 255132.6 | 5660.2 | 32.89 |
| 247173.6 | 5203.7 | 35.39 | 261982.9 | 5506.7 | 35.38 | 278263.5 | 5658.2 | 35.38 | 294920.5 | 6199.1 | 35.37 |

**Note :** The properties given in this table are based on the gross area of the section.

**TABLE 35 :**

# DOUBLE CHANNELS WITH FLANGES BUTTING AND WELDED TOE TO TOE

## (FOR USING AS COLUMNS)

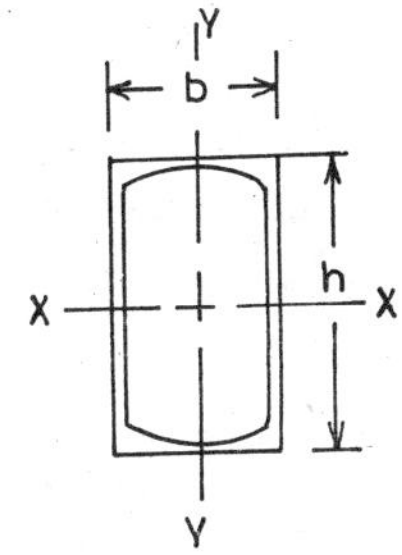


| Nominal Size | Composed of Two Channels Each of Same Size | | | Weight per Metre W | | Sectional Area | Moments of Inertia | | Moduli of Section | | Radii of Gyration | |
|---|---|---|---|---|---|---|---|---|---|---|---|---|
| $h \times b$ | Designation | w | | | | $a$ | $I_{xx}$ | $I_{yy}$ | $Z_{xx}$ | $Z_{yy}$ | $r_{xx}$ | $r_{yy}$ |
| mm mm | | kg | N | kg | N | cm$^2$ | cm$^4$ | cm$^4$ | cm$^2$ | cm$^3$ | cm | cm |
| 100 × 90 | ISJC 100 | 5.8 | 56.9 | 11.6 | 113.8 | 14.82 | 247.6 | 172.2 | 49.6 | 38.3 | 4.09 | 3.41 |
| 125 × 100 | ISJC 125 | 7.9 | 77.5 | 15.8 | 155.0 | 20.14 | 540.0 | 278.8 | 86.4 | 55.8 | 5.18 | 3.72 |
| 150 × 110 | ISJC 150 | 9.9 | 97.1 | 19.8 | 194.2 | 25.30 | 942.2 | 448.9 | 125.6 | 81.6 | 6.10 | 4.21 |
| 175 × 120 | ISJC 175 | 11.2 | 109.9 | 22.4 | 219.7 | 28.48 | 1439.8 | 615.4 | 164.6 | 102.6 | 7.11 | 4.65 |
| 200 × 140 | ISJC 200 | 13.9 | 136.4 | 27.8 | 272.7 | 35.54 | 2322.4 | 1067.6 | 232.2 | 152.5 | 8.08 | 5.48 |
| 75 × 80 | ISLC 75 | 5.7 | 55.9 | 11.4 | 111.8 | 14.52 | 132.2 | 125.0 | 35.2 | 31.2 | 3.02 | 2.93 |
| 100 ×100 | ISLC 100 | 7.9 | 77.5 | 15.8 | 155.0 | 20.04 | 329.4 | 278.5 | 65.8 | 55.7 | 4.06 | 3.73 |
| 125 × 130 | ISLC 125 | 10.7 | 105.0 | 21.4 | 209.9 | 27.34 | 713.6 | 658.2 | 114.2 | 101.3 | 5.11 | 4.91 |
| 150 × 150 | ISLC 150 | 14.4 | 141.3 | 28.8 | 282.5 | 36.72 | 1394.4 | 1169.0 | 186.0 | 155.9 | 6.16 | 5.61 |
| 175 × 150 | ISLC 175 | 17.6 | 172.7 | 35.2 | 345.3 | 44.80 | 2296.8 | 1418.3 | 262.6 | 189.1 | 7.16 | 5.63 |
| 200 × 150 | ISLC 200 | 20.6 | 202.1 | 41.2 | 404.2 | 52.44 | 3451.0 | 1684.6 | 245.2 | 224.6 | 8.11 | 5.67 |
| 225 × 150 | ISLC 225 | 24.0 | 235.4 | 48.0 | 470.9 | 61.06 | 5095.8 | 3030.6 | 453.0 | 336.7 | 9.14 | 7.05 |
| 250 × 200 | ISLC 250 | 28.0 | 274.9 | 56.0 | 549.8 | 71.30 | 7375.0 | 4396.4 | 590.0 | 439.6 | 10.17 | 7.85 |
| 300 × 200 | ISLC 300 | 33.1 | 324.7 | 66.2 | 649.4 | 84.22 | 12095.8 | 5366.4 | 806.4 | 536.6 | 11.98 | 7.98 |
| 350 × 200 | ISLC 350 | 38.8 | 380.6 | 77.6 | 761.3 | 98.94 | 18625.2 | 6489.0 | 1064.2 | 648.9 | 13.72 | 8.10 |
| 400 × 200 | ISLC 400 | 45.7 | 448.3 | 91.4 | 896.6 | 116.50 | 27979.0 | 7720.9 | 1399.0 | 772.1 | 15.50 | 8.14 |
| 75 × 80 | ISMC 75 | 6.8 | 66.7 | 13.6 | 133.4 | 17.34 | 152.0 | 150.7 | 40.6 | 37.7 | 2.96 | 2.95 |
| 100 × 100 | ISMC 100 | 9.2 | 90.3 | 18.4 | 180.5 | 23.40 | 373.4 | 333.6 | 74.6 | 66.7 | 4.00 | 3.78 |
| 125 × 130 | ISMC 125 | 12.7 | 124.6 | 25.4 | 249.2 | 32.38 | 838.8 | 793.1 | 133.2 | 122.0 | 5.07 | 4.95 |
| 150 × 150 | ISMC 150 | 16.4 | 160.9 | 32.8 | 321.8 | 41.76 | 1558.8 | 1368.8 | 207.8 | 182.5 | 6.11 | 5.73 |
| 175 × 150 | ISMC 175 | 19.1 | 187.4 | 38.2 | 374.7 | 48.76 | 2446.6 | 1611.7 | 279.6 | 214.9 | 7.08 | 5.75 |
| 200 × 150 | ISMC 200 | 22.1 | 216.8 | 44.2 | 433.6 | 56.42 | 3638.6 | 1883.6 | 363.8 | 251.2 | 8.03 | 5.78 |
| 225 × 160 | ISMC 225 | 25.9 | 254.1 | 51.8 | 508.2 | 66.02 | 5389.2 | 2519.4 | 479.0 | 314.9 | 9.03 | 6.18 |
| 250 × 160 | ISMC 250 | 30.4 | 298.2 | 60.8 | 596.4 | 77.34 | 7633.6 | 2951.0 | 610.6 | 368.9 | 9.94 | 6.18 |
| 380 × 180 | ISMC 300 | 35.8 | 351.2 | 71.6 | 702.4 | 91.28 | 12725.2 | 4646.1 | 848.4 | 516.2 | 11.81 | 7.13 |
| 350 × 200 | ISMC 350 | 42.1 | 413.0 | 84.2 | 826.0 | 107.32 | 20016.0 | 6994.9 | 1143.8 | 699.5 | 13.66 | 8.07 |
| 400 × 200 | ISMC 400 | 49.4 | 484.6 | 98.8 | 969.2 | 125.86 | 30165.6 | 8241.1 | 1508.2 | 824.1 | 15.48 | 8.09 |

TABLE 36 :

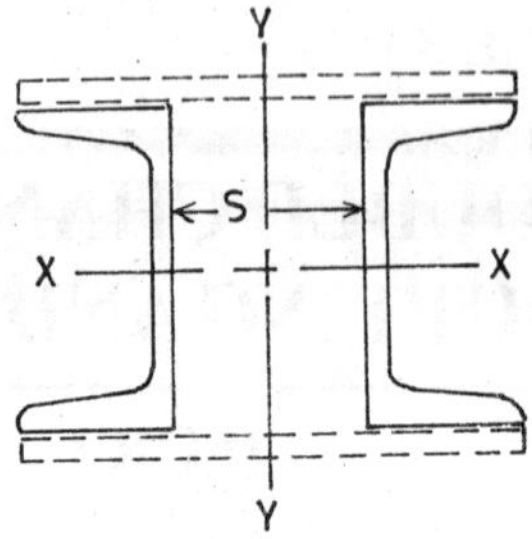


# DOUBLE CHANNELS LACED OR BATTENED

## (FOR USING AS COLUMNS)

| Designation | ISLC 175 | ISLC 200 | ISLC 225 |
|---|---|---|---|
| Weight, kg | 35.2 | 41.2 | 48.0 |
| N | 345.3 | 404.2 | 470.9 |
| Area, cm² | 44.80 | 52.44 | 61.06 |
| Moment of Inertia $I_{xx}$ cm⁴ | 2296.8 | 3451,0 | 5095.8 |
| Modulus of Section $Z_{xx}$ cm³ | 262.6 | 345.2 | 453.0 |
| Radius of Gyration $r_{xx}$ cm | 7.16 | 8.11 | 9.14 |

| Spacing Between Webs $S$ mm | Moment of Inertia $I_{yy}$ cm⁴ | Modulus of Section $Z_{yy}$ cm³ | Radius of Gyration $r_{yy}$ cm | Moment of Inertia $I_{yy}$ cm⁴ | Modulus of Section $Z_{yy}$ cm³ | Radius of Gyration $r_{yy}$ cm | Moment of Inertia $I_{yy}$ cm⁴ | Modulus of Section $Z_{yy}$ cm³ | Radius of Gyration $r_{yy}$ cm |
|---|---|---|---|---|---|---|---|---|---|
| 0.0 | 511.0 | 68.1 | 3.38 | 583.4 | 77.8 | 3.34 | 788.5 | 87.6 | 3.59 |
| 5.0 | 567.6 | 73.2 | 3.56 | 648.3 | 83.6 | 3.52 | 867.4 | 93.8 | 3.77 |
| 10.0 | 629.1 | 78.7 | 3.75 | 719.7 | 90.0 | 3.70 | 954.0 | 100.4 | 3.95 |
| 15.0 | 697.5 | 84.5 | 3.95 | 797.7 | 96.7 | 3.90 | 1048.2 | 107.5 | 4.14 |
| 20.0 | 770.9 | 90.7 | 4.15 | 882.3 | 103.8 | 4.10 | 1150.0 | 115.0 | 4.34 |
| 25.0 | 849.8 | 97.1 | 4.36 | 973.4 | 111.2 | 4.31 | 1259.4 | 122.9 | 4.54 |
| 30.0 | 934.4 | 103.8 | 4.57 | 1071.1 | 119.0 | 4.52 | 1376.5 | 131.1 | 4.75 |
| 35.0 | 1024.6 | 110.8 | 4.78 | 1175.3 | 127.1 | 4.73 | 1501.2 | 139.6 | 4.96 |
| 40.0 | 1120.3 | 117.9 | 5.00 | 1286.1 | 135.4 | 3.95 | 1633.6 | 148.5 | 5.17 |
| 45.0 | 1221.7 | 125.3 | 5.229 | 1403.4 | 143.9 | 5.17 | 1773.6 | 157.6 | 5.39 |
| 50.0 | 1328.6 | 132.9 | 5.45 | 1527.3 | 152.7 | 5.40 | 1921.2 | 167.1 | 5.61 |
| 60.0 | 1559.4 | 148.5 | 5.90 | 1794.8 | 170.9 | 5.85 | 2239.3 | 186.6 | 6.06 |
| 70.0 | 1812.5 | 164.8 | 6.36 | 2088.4 | 189.9 | 6.31 | 2587.9 | 207.0 | 6.51 |
| 80.0 | 2088.0 | 181.6 | 6.83 | 2408.3 | 209.4 | 6.78 | 2967.1 | 228.2 | 6.97 |
| 90.0 | 2385.9 | 198.8 | 7.30 | 2754.4 | 229.5 | 7.25 | 3376.8 | 250.1 | 7.44 |
| 100.0 | 2706.2 | 216.5 | 7.77 | 3126.7 | 250.1 | 7.72 | 3817.1 | 272.6 | 7.91 |
| 120.0 | 3414.1 | 252.9 | 8.73 | 3950.0 | 292.6 | 8.68 | 4789.2 | 319.7 | 8.86 |
| 140.0 | 4211.5 | 290.5 | 9.70 | 4878.2 | 336.4 | 9.64 | 5883.4 | 367.7 | 9.82 |
| 160.0 | 5098.6 | 328.9 | 10.67 | 5911.3 | 381.4 | 10.62 | 7099.7 | 417.6 | 10.78 |
| 180.0 | 6075.2 | 368.3 | 11.64 | 7049.3 | 427.2 | 11.59 | 8438.1 | 468.8 | 11.76 |
| 200.0 | 7141.4 | 408.1 | 12.63 | 8292.1 | 473.8 | 12.57 | 9898.7 | 521.0 | 12.73 |
| 220.0 | 8297.3 | 448.5 | 13.61 | 9639.8 | 521.1 | 13.56 | 11481.3 | 574.1 | 13.71 |
| 240.0 | 9542.7 | 489.4 | 14.59 | 11092.4 | 568.8 | 14.54 | 13186.1 | 627.9 | 14.70 |
| 260.0 | 10877.8 | 530.6 | 15.58 | 12649.8 | 617.1 | 15.53 | 15013.0 | 682.4 | 15.68 |
| 280.0 | 12302.4 | 572.9 | 16.57 | 14312.2 | 665.7 | 16.52 | 16962.1 | 737.5 | 16.87 |
| 300.0 | 13816.1 | 614.1 | 17.56 | 16079.4 | 714.6 | 17.51 | 19033.2 | 793.1 | 17.66 |
| 320.0 | 15420.5 | 656.2 | 18.55 | 17951.5 | 763.9 | 18.50 | 21226.5 | 849.1 | 18.64 |
| 340.0 | 17113.9 | 698.5 | 19.54 | 19928.5 | 813.4 | 19.49 | 23541.9 | 905.5 | 19.64 |
| 360.0 | 18897.0 | 741.1 | 20.54 | 22.10.4 | 863.2 | 20.49 | 25979.4 | 962.2 | 20.62 |
| 380.0 | 20769.6 | 783.8 | 21.53 | 24197.1 | 913.1 | 21.48 | 28539.1 | 1019.3 | 21.62 |
| 400.0 | 22731.8 | 826.6 | 22.53 | 26488.8 | 963.2 | 22.48 | 31220.8 | 1076.6 | 22.61 |
| 450.0 | – | – | – | – | – | – | 38459.5 | 1220.9 | 25.10 |
| 500.0 | – | – | – | – | – | – | 46461.4 | 1366.5 | 27.58 |

(Continued)

**TABLE 36 :**

# DOUBLE CHANNELS LACED OR BATTENED

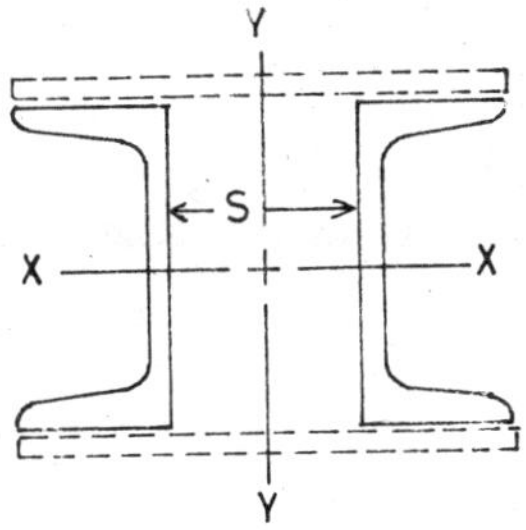


## (FOR USING AS COLUMNS)

| Designation | ISLC 250 | ISLC 300 | ISLC 350 |
|---|---|---|---|
| Weight kg | 56.0 | 66.2 | 77.6 |
| N | 549.4 | 649.4 | 761.3 |
| Area, cm² | 71.30 | 84.22 | 98.94 |
| Moment of Inertia $I_{xx}$ cm⁴ | 7375.0 | 12095.8 | 18625.2 |
| Modulus of Section $Z_{xx}$ cm³ | 590.0 | 806.4 | 1064.2 |
| Radius of Gyration $r_{xx}$ cm | 10.17 | 11.98 | 13.72 |

| Spacing Between Webs $S$ mm | Moment of Inertia $I_{yy}$ cm⁴ | Modulus of Section $Z_{yy}$ cm³ | Radius of Gyration $r_{yy}$ cm | Moment of Inertia $I_{yy}$ cm⁴ | Modulus of Section $Z_{yy}$ cm³ | Radius of Gyration $r_{yy}$ cm | Moment of Inertia $I_{yy}$ cm⁴ | Modulus of Section $Z_{yy}$ cm³ | Radius of Gyration $r_{yy}$ cm |
|---|---|---|---|---|---|---|---|---|---|
| 0.0 | 1116.6 | 111.7 | 3.96 | 1239.6 | 124.0 | 3.84 | 1363.9 | 136.4 | 3.71 |
| 5.0 | 1217.3 | 118.8 | 4.13 | 1352.3 | 131.9 | 4.01 | 1489.3 | 145.3 | 3.88 |
| 10.0 | 1326.9 | 126.4 | 4.31 | 1475.5 | 140.5 | 4.19 | 1627.0 | 155.0 | 4.06 |
| 15.0 | 1445.4 | 134.5 | 4.50 | 1609.2 | 149.7 | 4.37 | 1777.2 | 165.3 | 4.24 |
| 20.0 | 1572.9 | 143.0 | 4.70 | 1753.4 | 159.4 | 4.56 | 1939.7 | 176.3 | 4.43 |
| 25.0 | 1709.3 | 151.9 | 4.90 | 1908.1 | 169.6 | 4.76 | 2114.6 | 188.0 | 4.62 |
| 30.0 | 1854.5 | 161.3 | 5.10 | 2073.4 | 180.3 | 4.96 | 2301.8 | 200.2 | 4.82 |
| 35.0 | 2008.7 | 171.0 | 5.31 | 2249.2 | 191.4 | 5.17 | 2501.4 | 212.9 | 5.03 |
| 40.0 | 2171.8 | 181.0 | 5.52 | 2435.6 | 203.0 | 5.38 | 2713.4 | 226.1 | 5.24 |
| 45.0 | 2343.8 | 191.3 | 5.73 | 2632.4 | 214.9 | 5.59 | 2937.7 | 239.8 | 5.45 |
| 50.0 | 2524.8 | 202.0 | 5.95 | 2839.8 | 227.2 | 5.81 | 3174.5 | 254.0 | 5.66 |
| 60.0 | 2913.3 | 224.1 | 6.39 | 3286.2 | 252.8 | 6.25 | 3685.0 | 283.5 | 6.10 |
| 70.0 | 3337.6 | 247.2 | 6.84 | 3774.7 | 279.6 | 6.69 | 4245.0 | 314.4 | 6.55 |
| 80.0 | 3797.5 | 271.2 | 7.30 | 4305.2 | 307.5 | 7.15 | 4854.5 | 346.7 | 7.00 |
| 90.0 | 4293.0 | 296.1 | 7.76 | 4877.9 | 336.4 | 7.61 | 5513.4 | 380.2 | 7.46 |
| 100.0 | 4824.2 | 321.6 | 8.23 | 5492.8 | 366.2 | 8.08 | 6221.8 | 414.8 | 7.93 |
| 120.0 | 5993.5 | 374.6 | 9.17 | 6848.7 | 428.0 | 9.02 | 7787.0 | 486.7 | 8.87 |
| 140.0 | 7305.4 | 429.7 | 10.12 | 8373.1 | 492.5 | 9.97 | 9550.1 | 561.8 | 9.82 |
| 160.0 | 8759.9 | 486.7 | 11.08 | 10065.9 | 559.2 | 9.93 | 11511.1 | 639.5 | 10.79 |
| 180.0 | 10357.1 | 545.1 | 12.05 | 11927.2 | 627.7 | 11.90 | 13670.0 | 719.5 | 11.75 |
| 200.0 | 12096.8 | 604.8 | 13.03 | 13956.9 | 697.8 | 12.87 | 16026.8 | 801.3 | 12.73 |
| 220.0 | 13979.1 | 665.7 | 14.00 | 16155.0 | 769.3 | 13.85 | 18581.4 | 884.8 | 13.70 |
| 240.0 | 16004.0 | 727.5 | 14.98 | 18521.6 | 841.9 | 14.83 | 21333.9 | 969.7 | 14.68 |
| 260.0 | 18171.5 | 790.1 | 15.96 | 21056.6 | 915.5 | 15.81 | 24284.3 | 1055.8 | 15.67 |
| 280.0 | 20481.7 | 853.4 | 16.95 | 23760.1 | 990.0 | 16.80 | 27432.6 | 1143.0 | 16.65 |
| 300.0 | 22934.4 | 917.4 | 17.93 | 26632.0 | 1065.3 | 17.78 | 30778.7 | 1231.1 | 16.64 |
| 320.0 | 25529.7 | 981.9 | 18.92 | 29672.3 | 1141.2 | 18.77 | 34322.7 | 1320.1 | 18.63 |
| 340.0 | 28267.6 | 1046.9 | 19.91 | 32881.1 | 1217.8 | 19.76 | 38064.7 | 1409.8 | 19.61 |
| 360.0 | 31148.1 | 1112.4 | 20.90 | 36258.3 | 1294.9 | 20.75 | 42004.4 | 1500.2 | 20.60 |
| 380.0 | 34171.3 | 1178.3 | 21.89 | 39804.0 | 1372.6 | 21.74 | 46142.1 | 1591.1 | 21.60 |
| 400.0 | 37337.0 | 1244.6 | 22.88 | 43518.1 | 1450.6 | 22.73 | 50477.7 | 1682.6 | 22.59 |
| 450.0 | 45875.2 | 1411.5 | 25.37 | 53540.3 | 1647.4 | 25.21 | 62182.3 | 1913.3 | 25.07 |
| 500.0 | 55304.6 | 1580.1 | 27.85 | 64615.2 | 1846.1 | 27.70 | 75123.6 | 2146.4 | 27.56 |
| 550.0 | — | — | — | 76742.9 | 2046.5 | 30.19 | 89301.7 | 2381.4 | 30.04 |
| 600.0 | — | — | — | 89923.3 | 2248.1 | 32.68 | 104716.6 | 2617.9 | 32.53 |

(Continued)

**TABLE 36 :**

# DOUBLE CHANNELS LACED OR BATTENED

## (FOR USING AS COLUMNS)

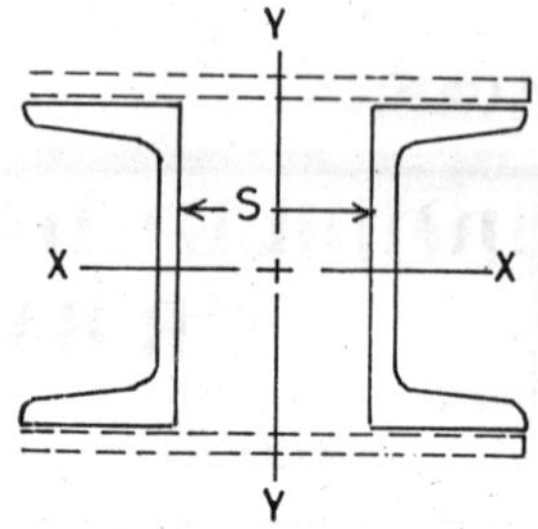


| | ISLC 400 | ISMC 75 | ISMC 100 |
|---|---|---|---|
| Designation | ISLC 400 | ISMC 75 | ISMC 100 |
| Weight, kg | 91.4 | 13.6 | 18.4 |
| N | 896.6. | 133.4 | 160.5 |
| Area, cm² | 116.50 | 17.34 | 23.40 |
| Moment of Inertia $I_{xx}$ cm⁴ | 27979.0 | 152.0 | 373.4 |
| Modulus of Section $Z_{xx}$ cm3 | 1399.0 | 40.6 | 74.6 |
| Radius of Gyration $r_{xx}$ cm | 15.50 | 2.96 | 4.00 |

| Spacing Between Webs $S$ mm | Moment of Inertia $I_{yy}$ cm⁴ | Modulus of Se^ction $Z_{yy}$ cm³ | Radius of Gyration $r_{yy}$ cm | Moment of Inertia $I_{yy}$ cm⁴ | Modulus of Section $Z_{yy}$ cm³ | Radius of Gyration $r_{yy}$ cm | Moment of Inertia $I_{yy}$ cm⁴ | Modulus of Section $Z_{yy}$ cm³ | Radius of Gyration $r_{yy}$ cm |
|---|---|---|---|---|---|---|---|---|---|
| 0.0 | 1569.7 | 157.0 | 3.67 | 55.0 | 13.7 | 1.78 | 106.6 | 21.3 | 2.13 |
| 5.0 | 1714.4 | 167.3 | 3.84 | 67.4 | 15.9 | 1.97 | 125.9 | 24.0 | 2.32 |
| 10.0 | 1873.7 | 178.4 | 4.01 | 82.0 | 18.2 | 2.17 | 146.2 | 27.0 | 2.52 |
| 15.0 | 2047.6 | 190.5 | 4.19 | 98.8 | 20.8 | 2.39 | 173.4 | 30.2 | 2.72 |
| 20.0 | 2236.0 | 203.3 | 4.38 | 117.7 | 23.5 | 2.61 | 201.6 | 33.6 | 2.94 |
| 25.0 | 2439.0 | 216.8 | 4.58 | 138.8 | 26.4 | 2.83 | 232.6 | 37.2 | 3.15 |
| 30.0 | 2656.6 | 231.0 | 4.78 | 162.1 | 29.5 | 3.06 | 266.6 | 41.0 | 3.38 |
| 35.0 | 2888.7 | 245.8 | 4.98 | 187.6 | 32.6 | 3.29 | 303.5 | 45.0 | 3.60 |
| 40.0 | 3135.4 | 261.3 | 5.19 | 215.2 | 3S.9 | 3.52 | 343.4 | 49.1 | 3.83 |
| 45.0 | 3396.7 | 277.3 | 5.40 | 245.0 | 39.2 | 3.76 | 388.1 | 53.3 | 4.06 |
| 50.0 | 3672.5 | 293.8 | 5.61 | 276.9 | 42.6 | 4.00 | 431.8 | 57.6 | 4.30 |
| 60.0 | 4267.8 | 328.3 | 6.05 | 347.3 | 49.6 | 4.48 | 532.0 | 66.5 | 4.77 |
| 70.0 | 4921.4 | 364.5 | 6.50 | 426.4 | S6.9 | 4.96 | 643.8 | 75.7 | 5.25 |
| 80.0 | 5633.2 | 402.4 | 6.95 | 614.1 | 64.3 | 5.4S | 767.4 | 65.3 | 5.73 |
| 90.0 | 6403.2 | 441.6 | 7.41 | 610.5 | 71.8 | 5.93 | 902.6 | 95.0 | 6.21 |
| 100.0 | 7231.6 | 482.1 | 7.88 | 715.6 | 79.5 | 6.42 | 1049.6 | 105.0 | 6.70 |
| 120.0 | 9062.9 | 566.4 | 6.82 | 951.8 | 95.2 | 7.41 | 1378.6 | 125.3 | 7.68 |
| 140.0 | 11127.3 | 654.5 | 9 77 | 1222.6 | 111.1 | 8.40 | 1754.4 | 146.2 | 8.66 |
| 160.0 | 13424.7 | 745.8 | 10.74 | 1528.2 | 127.3 | 9.39 | 2177.0 | 167.5 | 9.65 |
| 180.0 | 15955.1 | 839.7 | 11.70 | 1868.4 | 143.7 | 10.36 | 2646.4 | 189.0 | 10.63 |
| 200.0 | 18718.5 | 935.9 | 12.66 | 2243.3 | 160.2 | 11.37 | 3162.6 | 210.6 | 11.63 |
| 220.0 | 21714.6 | 1034.0 | 13.65 | 2652.8 | 176.9 | 12.37 | 3725.6 | 232.9 | 12.62 |
| 240.0 | 24944.2 | 1133.8 | 14.63 | 3097.1 | 193.6 | 13.36 | 433S.4 | 25S.0 | 13.61 |
| 260.0 | 28406.6 | 1235.1 | 15.62 | 3576.0 | 210.4 | 14.36 | 4992.0 | 277.3 | 14.61 |
| 280.0 | 32102.0 | 1337.6 | 16.60 | 5089.6 | 227.2 | 15.36 | 5695.4 | 299.6 | 15.60 |
| 300.0 | 36030.4 | 1441.2 | 17.59 | 4637.9 | 244.1 | 16.35 | 6445.6 | 322.3 | 16.60 |
| 320.0 | 40191.7 | 1545.8 | 18.57 | 4220.9 | 261.0 | 17.35 | 7242.6 | 344.9 | 17.59 |
| 340.0 | 44586.1 | 1651.3 | 19.56 | 5838.5 | 278.0 | 18.35 | 8086.4 | 367.6 | 18.59 |
| 360.0 | 49213.5 | 1757.6 | 20.55 | 6490.9 | 295.0 | 19.35 | 8977.0 | 390.3 | 19.59 |
| 380.0 | 54073.9 | 1864.6 | 21.54 | 7177.9 | 312.1 | 20.35 | 9914.5 | 413.1 | 20.58 |
| 400.0 | 59167.3 | 1972.2 | 22.54 | 7899.6 | 329.1 | 21.34 | 10698.7 | 435.9 | 21.58 |
| 450.0 | 72920.1 | 2243.7 | 25.02 | — | — | — | — | — | — |
| 500.0 | 88129.2 | 2518.0 | 27.50 | — | — | — | — | — | — |
| 550.0 | 104794.5 | 2794.5 | 29.99 | — | — | — | — | — | — |
| 600.0 | 122916.1 | 3072.9 | 32.48 | — | — | — | — | — | — |

(Continued)

## TABLE 36 :

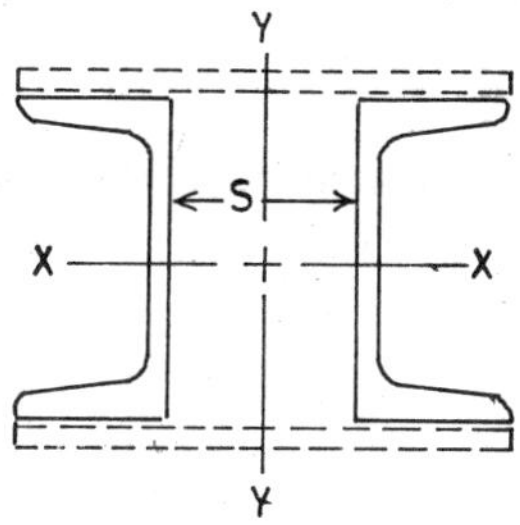


# DOUBLE CHANNELS LACED OR BATTENED

## (FOR USING AS COLUMNS)

| Designation | ISMC 300 | ISMC 350 | ISMC 400 |
|---|---|---|---|
| Weight, kg | 71.6 | 84.2 | 98.8 |
| N | 702.4 | 826.0 | 969.2 |
| Area, cm$^2$ | 91.28 | 107.32 | 125.86 |
| Moment of Inertia $I_{xx}$, cm$^4$ | 12725.2 | 20016.0 | 30165.6 |
| Modulus of Section $Z_{xx}$, cm$^3$ | 848.4 | 1143.8 | 1508.2 |
| Radius of Gyration $r_{xx}$, cm | 11.81 | 13.66 | 15.48 |

| Spacing Between Webs $S$ mm | Moment of Inertia $I_{yy}$ cm$^4$ | Modulus of Section $Z_{yy}$ cm$^3$ | Radius of Gyration $r_{yy}$ cm | Moment of Inertia $I_{yy}$ cm$^4$ | Modulus of Section $Z_{yy}$ cm$^3$ | Radius of Gyration $r_{yy}$ cm | Moment of Inertia $I_{yy}$ cm$^4$ | Modulus of Section $Z_{yy}$ cm$^3$ | Radius of Gyration $r_{yy}$ cm |
|---|---|---|---|---|---|---|---|---|---|
| 0.0 | 1130.0 | 125.6 | 3.52 | 1500.1 | 150.0 | 3.74 | 1746.7 | 174.7 | 3.73 |
| 5.0 | 1243.4 | 134.4 | 3.69 | 1637.8 | 159.8 | 3.91 | 1906.8 | 186.0 | 3.89 |
| 10.0 | 1368.2 | 144.0 | 3.87 | 1788.8 | 170.4 | 4.08 | 2082.7 | 198.4 | 4.07 |
| 15.0 | 1504.5 | 154.3 | 4.06 | 1953.3 | 181.7 | 4.27 | 2274.4 | 211.6 | 4.25 |
| 20.0 | 1652.1 | 165.2 | 4.25 | 2131.2 | 193.7 | 4.46 | 2481.7 | 225.6 | 4.44 |
| 25.0 | 1811.2 | 176.7 | 4.45 | 2322.5 | 206.4 | 4.65 | 2704.8 | 240.4 | 4.64 |
| 30.0 | 1991.6 | 188.7 | 4.66 | 2527.2 | 219.8 | 4.85 | 2943.6 | 256.0 | 4.84 |
| 35.0 | 2163.5 | 201.3 | 4.87 | 2745.3 | 233.6 | 5.06 | 3198.2 | 272.2 | 5.04 |
| 40.0 | 2356.8 | 214.3 | 5.08 | 2976.9 | 248.1 | 5.27 | 3468.5 | 289.0 | 5.25 |
| 45.0 | 2561.5 | 227.7 | 5.30 | 3221.8 | 263.0 | 5.48 | 3754.5 | 306.5 | 5.46 |
| 50.0 | 2777.6 | 241.5 | 5.52 | 3480.2 | 278.4 | 5.69 | 4056.2 | 324.5 | 5.68 |
| 60.0 | 3244.0 | 270.3 | 5.96 | 4037.2 | 310.6 | 6.13 | 4706.9 | 362.1 | 6.12 |
| 70.0 | 3756.1 | 300.5 | 6.41 | 4647.8 | 344.3 | 6.58 | 5420.5 | 401.5 | 6.56 |
| 80.0 | 4313.8 | 331.8 | 6.87 | 5312.1 | 379.4 | 7.04 | 6197.1 | 442.6 | 7.02 |
| 90.0 | 4917.2 | 364.2 | 7.34 | 6030.1 | 415.9 | 7.50 | 7036.6 | 485.3 | 7.48 |
| 100.0 | 5566.2 | 397.6 | 7.81 | 6801.7 | 453.4 | 7.96 | 7939.0 | 529.3 | 7.94 |
| 120.0 | 7001.1 | 466.7 | 8.76 | 8506.0 | 531.6 | 8.90 | 9932.6 | 620.8 | 8.88 |
| 140.0 | 8618.6 | 538.7 | 9.72 | 10424.9 | 613.2 | 9.86 | 12178.0 | 716.4 | 9.84 |
| 160.0 | 10418.6 | 612.9 | 10.66 | 12558.4 | 697.7 | 10.82 | 14675.0 | 815.3 | 10.80 |
| 180.0 | 12401.2 | 689.0 | 11.66 | 14906.6 | 784.6 | 11.79 | 17423.8 | 917.0 | 11.77 |
| 200.0 | 14566.4 | 766.7 | 12.63 | 17469.4 | 873.5 | 12.76 | 20424.3 | 1021.2 | 12.74 |
| 220.0 | 16914.1 | 845.7 | 13.61 | 20246.8 | 964.1 | 13.74 | 23676.5 | 1127.5 | 13.72 |
| 240.0 | 19444.4 | 925.9 | 14.60 | 23238.9 | 1056.3 | 14.72 | 27180.5 | 1235.5 | 14.70 |
| 260.0 | 22157.3 | 1007.1 | 15.58 | 26445.6 | 1149.8 | 15.70 | 30936.1 | 1345.0 | 15.68 |
| 280.0 | 25052.7 | 1089.2 | 16.57 | 29867.0 | 1244.5 | 16.68 | 34943.5 | 1456.0 | 16.66 |
| 300.0 | 28130.6 | 1172.1 | 17.56 | 33503.0 | 1340.1 | 17.67 | 39202.6 | 1568.1 | 17.65 |
| 320.0 | 31391.1 | 1255.6 | 18.54 | 37353.6 | 1436.7 | 18.66 | 43713.4 | 1681.3 | 18.64 |
| 340.0 | 34834.2 | 1339.8 | 19.54 | 41418.9 | 1534.0 | 19.65 | 47476.5 | 1795.4 | 19.63 |
| 360.0 | 38459.9 | 1424.4 | 20.53 | 45698.8 | 1632.1 | 20.64 | 53490.2 | 1910.4 | 20.62 |
| 380.0 | 42268.1 | 1509.6 | 21.52 | 50t93.4 | 1730.8 | 21.63 | 58756.2 | 2026.1 | 21.61 |
| 400.0 | 46258.8 | 1595.1 | 22.51 | 54902.6 | 1830.1 | 22.62 | 64273.9 | 2142.5 | 22.60 |
| 450.0 | 57034.4 | 1810.6 | 25.00 | 67614.6 | 2080.4 | 25.10 | 79169.5 | 2436.0 | 25.08 |
| 500.0 | 68951.0 | 2028.0 | 27.48 | 81668.2 | 2333.4 | 27.59 | 95638.2 | 2732.5 | 27.57 |
| 550.0 | 82008.6 | 2246.8 | 29.97 | 97063.2 | 2588.4 | 30.07 | 113680.3 | 3031.5 | 30.05 |
| 600.0 | 96207.2 | 2466.9 | 32.47 | 113799.8 | 2845.0 | 32.56 | 133295.6 | 3332.4 | 32.54 |

Note : The Properties given in this table are based on gross area of the section.

(Continued)

## TABLE 36 :

# DOUBLE CHANNELS LACED OR BATTENED

## (FOR USING AS COLUMNS)

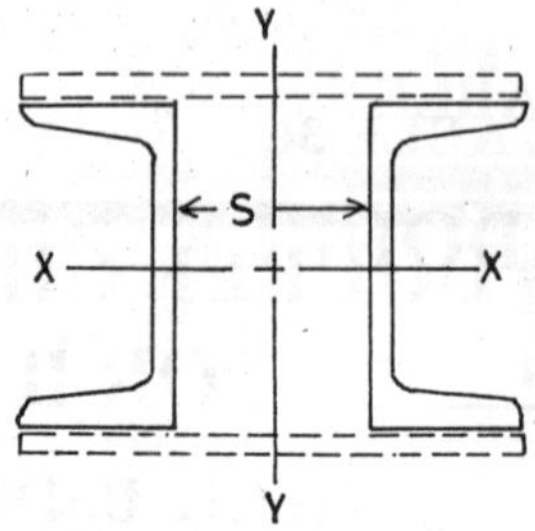


| Designation | | | ISMC 200 | | | ISMC 225 | | | ISMC 250 |
|---|---|---|---|---|---|---|---|---|---|
| Weight, kg | | | 44.2 | | | 51.8 | | | 60.8 |
| N | | | 433.6 | | | 508.1 | | | 596.4 |
| Area, cm² | | | 56.42 | | | 66.02 | | | 77.34 |
| Moment of Inertia $I_{xx}$ cm⁴ | | | 3638.6 | | | 5389.2 | | | 7633.6 |
| Modulus of Section $Z_{xx}$ cm³ | | | 363.B | | | 479.0 | | | 610.6 |
| Radius of Gyration $r_{xx}$ cm | | | 8.03 | | | 9.03 | | | 9.94 |
| Spacing Between Webs $S$ mm | Moment of Inertia $I_{yy}$ $cm^4$ | Modulus of Section $Z_{yy}$ $cm^3$ | Radius of Gyration $r_{yy}$ cm | Moment of Inertia $I_{yy}$ $cm^4$ | Modulus of Section $Z_{yy}$ $cm^3$ | Radius of Gyration $r_{yy}$ cm | Moment of Inertia $I_{yy}$ $cm^4$ | Modulus of Section $Z_{yy}$ $cm^3$ | Radius of Gyration $r_{yy}$ cm |
| 0.0 | 546.5 | 72.9 | 3.11 | 723.6 | 90.5 | 3.31 | 847.3 | 105.9 | 3.31 |
| 5.0 | 611.2 | 78.9 | 3.29 | 803.7 | 97.4 | 3.49 | 941.1 | 114.1 | 3.49 |
| 10.0 | 683.0 | 85.4 | 3.48 | 892.0 | 104.9 | 3.68 | 1044.5 | 122.9 | 3.68 |
| 15.0 | 761.9 | 92.3 | 3.67 | 988.6 | 113.0 | 3.87 | 1157.7 | 132.3 | 3.87 |
| 20.0 | 847.8 | 99.7 | 3.88 | 1093.4 | 121.5 | 4.07 | 1280.4 | 142.3 | 4.07 |
| 25.0 | 940.7 | 107.5 | 4.08 | 1206.4 | 130.4 | 4.27 | 1412.9 | 152.7 | 4.27 |
| 30.0 | 1040.7 | 115.6 | 4.29 | 1327.7 | 139.8 | 4.48 | 1555.0 | 163.7 | 4.48 |
| 35.0 | 1147.8 | 124.1 | 4.51 | 1457.3 | 149.5 | 4.70 | 1706.8 | 175.1 | 4.70 |
| 40.0 | 1261.9 | 132.8 | 4.73 | 1595.1 | 159.5 | 4.92 | 1868.2 | 186.8 | 4.91 |
| 45.0 | 1383.0 | 141.9 | 4.95 | 1741.2 | 169.9 | 5.14 | 2039.3 | 199.0 | 5.14 |
| 50.0 | 1511.3 | 151.1 | 5.18 | 1895.5 | 180.5 | 5.36 | 2220.1 | 211.4 | 5.36 |
| 60.0 | 1788.8 | 170.4 | 5.63 | 2228.9 | 202.6 | 5.81 | 2610.7 | 237.3 | 5.81 |
| 70.0 | 2094.6 | 190.4 | 6.09 | 2595.3 | 225.7 | 6.27 | 3039.9 | 264.3 | 6.27 |
| 80.0 | 2428.6 | 211.2 | 6.56 | 2994.7 | 249.6 | 6.74 | 3S07.8 | 292.3 | 6.73 |
| 90.0 | 2790.9 | 232.6 | 7.03 | 3427.2 | 274.2 | T.20 | 4014.4 | 321.2 | 7.20 |
| 100.0 | 3181.3 | 254.5 | 7.51 | 3892.6 | 299.4 | 7.68 | 4559.6 | 3S0.7 | 7.68 |
| 120.0 | 4046.8 | 299.8 | 8.47 | 4922.5 | 351.6 | 8.63 | 5766.2 | 411.9 | 8.63 |
| 140.0 | 5025.1 | 346.6 | 9.44 | 6084.5 | 405.6 | 9.60 | 7127.3 | 475.2 | 9.60 |
| 160.0 | 6116.3 | 394.6 | 10.41 | 7378.5 | 461.2 | 10.S7 | 8843.2 | 540.2 | 10.57 |
| 180.0 | 7320.3 | 443.7 | 11.39 | 8804.5 | 517.9 | 11.55 | 10313.7 | 606.7 | 11.55 |
| 200.0 | 8637.1 | 493.5 | 12.3J | 10362.6 | 575.7 | 12.53 | 12139.0 | 674.4 | 12.53 |
| 220.0 | 10066.8 | 544.2 | 13.36 | 12052.7 | 634.4 | 13.51 | 14118.9 | 743.1 | 13.51 |
| 240.0 | 11609.3 | 595.3 | 14.34 | 13874.8 | 693.7 | 14.50 | 16253.5 | 812.7 | 14.50 |
| 260.0 | 13264.7 | 647.1 | 15.33 | 15829.0 | 753.8 | 15.48 | 18542.7 | 883.0 | 15.48 |
| 280.0 | 15032.9 | 699.2 | 16.32 | 17915.3 | 814.3 | 16.47 | 20986.7 | 953.9 | 16.47 |
| 300.0 | 16913.9 | 751.7 | 17.31 | 20133.5 | 875.4 | 17.46 | 23585.3 | 1025.4 | 17.46 |
| 320.0 | 18907.8 | 804.6 | 18.31 | 22483.8 | 836.8 | 18.45 | 26338.6 | 1097.4 | 18.45 |
| 340.0 | 21014.5 | 857.7 | 19.30 | 24966.2 | 998.6 | 19.45 | 29246.6 | 1169.9 | 19.45 |
| 360.0 | 23234.1 | 911.1 | 20.29 | 27580.6 | 1060.8 | 20.44 | 32309.2 | 1242.7 | 20.44 |
| 380.0 | 25566.5 | 964.8 | 21.29 | 30327.0 | 1123.2 | 21.43 | 35526.6 | 1315.8 | 21.43 |
| 400.0 | 28011.7 | 1018.6 | 22.28 | 33205.5 | 1185.9 | 22.43 | 38898.6 | 1389.2 | 22.43 |
| 450.0 | — | — | — | 40979.3 | 1343.6 | 24.91 | 48005.4 | 1573.9 | 24.91 |
| 500.0 | — | — | — | 49578.4 | 1502.4 | 27.40 | 58078.9 | 1760.0 | 27.40 |

(Continued)

TABLE 36 :

# DOUBLE CHANNELS LACED OR BATTENED

## (FOR USING AS COLUMNS)

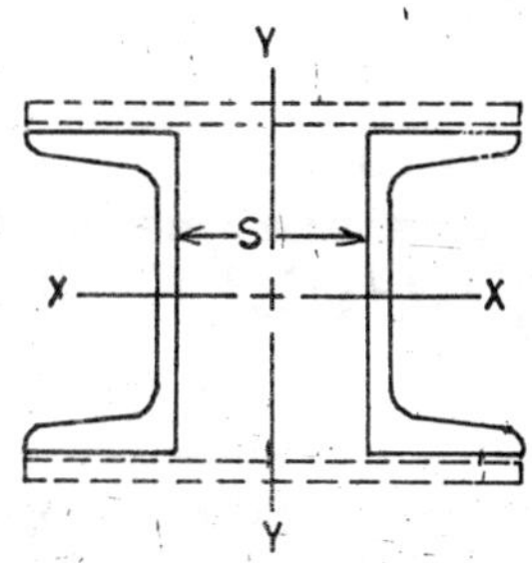


| Designation | ISMC 125 | ISMC 150 | ISMC 175 |
|---|---|---|---|
| Weight, kg | 25.4 | 32.8 | 38.2 |
| N | 249.2 | 321.8 | 374.7 |
| Area, $cm^2$ | 32.38 | 41.76 | 48.76 |
| Moment of Inertia $I_{xx}$ $cm^4$ | 832.8 | 1558.8 | 2446.6 |
| Modulus of Section $Z_{xx}$ $cm^3$ | 133.2 | 207.8 | 279.6 |
| Radius of Gyration $r_{xx}$ cm | 5.07 | 6.11 | 7.08 |

| Spacing Between Webs | Moment of Inertia | Modulus of Section | Radius of Gyration | Moment of Inertia | Modulus of Section | Radius of Gyration | Moment of Inertia | Modulus of Section | Radius of Gyration |
|---|---|---|---|---|---|---|---|---|---|
| $S$ | $I_{yy}$ | $Z_{yy}$ | $r_{yy}$ | $I_{yy}$ | $Z_{yy}$ | $r_{yy}$ | $I_{yy}$ | $Z_{yy}$ | $r_{yy}$ |
| mm | $cm^4$ | $cm^3$ | cm | $cm^4$ | $cm^3$ | cm | $cm^4$ | $cm^3$ | cm |
| 0.0 | 241.7 | 37.2 | 2.73 | 410.4 | 54.7 | 3.13 | 478.0 | 63.7 | 3.13 |
| 5.0 | 275.1 | 40.8 | 2.91 | 459.4 | 59.3 | 3.32 | 534.7 | 69.0 | 3.31 |
| 10.0 | 312.6 | 44.7 | 3.11 | 513.6 | 64.2 | 3.51 | 597.5 | 74.7 | 3.50 |
| 15.0 | 354.1 | 48.8 | 3.31 | 573.0 | 69.4 | 3.70 | 666.3 | 80.8 | 3.70 |
| 20.0 | 355.7 | 53.3 | 3.51 | 637.6 | 75.0 | 3.91 | 741.3 | 87.2 | 3.90 |
| 25.0 | 449.3 | 58.0 | 3.72 | 707.4 | 80.8 | 4.12 | 822.4 | 94.0 | 4.11 |
| 30.0 | 503.0 | 62.9 | 3.94 | 782.5 | 86.9 | 4.33 | 905.5 | 101.1 | 4.32 |
| 35.0 | 560.7 | 68.0 | 4.16 | 862.8 | 93.3 | 4.55 | 1002.8 | 108.4 | 4.53 |
| 40.0 | 622.5 | 73.2 | 4.38 | 948.3 | 99.8 | 4.77 | 1102.1 | 116.0 | 4.75 |
| 45.0 | 688.3 | 78.7 | 4.61 | 1039.0 | 106.6 | 4.99 | 1207.6 | 123.9 | 4.98 |
| 50.0 | 758.1 | 84.2 | 4.84 | 1134.9 | 113.5 | 5.21 | 1319.1 | 131.9 | 5.20 |
| 60.0 | 910.0 | 95.8 | 5.30 | 1342.5 | 127.9 | 5.67 | 1560.5 | 148.6 | 5.66 |
| 70.0 | 1078.0 | 107.8 | 5.77 | 1570.9 | 142.8 | 6.13 | 1826.2 | 166.0 | 6.12 |
| 80.0 | 1262.3 | 120.2 | 6.24 | 1820.2 | 158.3 | 6.60 | 2116.3 | 184.0 | 6.59 |
| 90.0 | 1462.7 | 133.0 | 6.72 | 2050.4 | 174.2 | 7.08 | 2430.8 | 202.6 | 7.06 |
| 100.0 | 1679.3 | 146.0 | 7.20 | 2381.5 | 190.5 | 7.55 | 2769.7 | 221.6 | 7.54 |
| 120.0 | 2161.2 | 172.9 | 8.17 | 3026.3 | 224.2 | 8.51 | 3520.6 | 260.8 | 8.50 |
| 140.0 | 2707.7 | 200.6 | 9.14 | 3754.6 | 258.9 | 9.48 | 436S.0 | 301.3 | 9.47 |
| 160.0 | 3319.1 | 228.9 | 10.12 | 4566.4 | 254.6 | 10.46 | 5315.0 | 342.9 | 10.44 |
| 180.0 | 3995.2 | 257.8 | 11.11 | 5461.7 | 331.0 | 11.44 | 6358.5 | 385.4 | 11.42 |
| 200.0 | 4736.0 | 287.0 | 12.09 | 6440.6 | 368.0 | 12.42 | 74SS.4 | 428.5 | 12.40 |
| 220.0 | 5541.6 | 316.7 | 13.08 | 7502.9 | 405.6 | 13.40 | 8737.9 | 472.8 | 13.39 |
| 240.0 | 6412.0 | 346.6 | 14.07 | 8648.8 | 443.5 | 14.39 | 10074.0 | 516.6 | 14.37 |
| 260.0 | 7374.1 | 378.2 | 15.09 | 9878.2 | 481.9 | 15.38 | 11507.5 | 561.3 | 15.36 |
| 280.0 | 8347.0 | 407.2 | 16.06 | 11191.2 | 520.5 | 16.37 | 13038.6 | 606.9 | 16.35 |
| 300.0 | 9411.7 | 437.8 | 17.05 | 12587.6 | 559.4 | 17.36 | 14667.2 | 651.9 | 17.34 |
| 320.0 | 10541.1 | 468.5 | 18.04 | 14067.6 | 598.6 | 18.35 | 16393.3 | 697.6 | 18.34 |
| 340.0 | 11735.3 | 4SS.4 | 19.04 | 15631.1 | 638.0 | 19.35 | 18216.9 | 743.5 | 19.33 |
| 360.0 | 12554.2 | 530.4 | 20.03 | 17278.1 | 677.6 | 20.34 | 20138.0 | 789.7 | 20.32 |
| 380.0 | 14317.9 | 561.5 | 21.03 | 19008.6 | 717.3 | 21.34 | 22156.7 | 836.1 | 21.32 |
| 400.0 | 15706.4 | 592.7 | 22.02 | 20822.7 | 757.2 | 22.33 | 24272.9 | 822.7 | 22.31 |

(Continued )

TABLE 36 :

# DOUBLE CHANNELS LACED OR BATTENED

## (FOR USING AS COLUMNS)

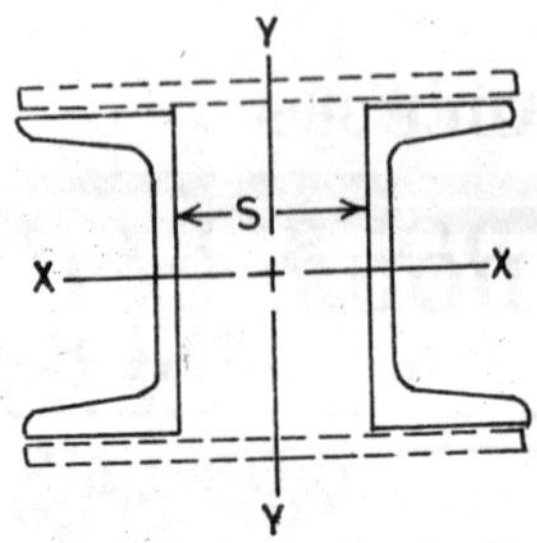


| Designation | ISJC 100 | ISJC 12S | ISJC 150 |
|---|---|---|---|
| Weight, kg | 11.6 | 15.8 | 19.8 |
| N | 113.8 | 155.0 | 194.2 |
| Area, cm² | 14.82 | 20.14 | 25.30 |
| Moment of Inertia $I_{xx}$ cm⁴ | 247.6 | 540.0 | 942.2 |
| Modulus of Section $Z_{xx}$ cm³ | 49.6 | 86.4 | 125.6 |
| Radius of Gyration $r_{xx}$ cm | 4.09 | 5.18 | 6.10 |

| Spacing Between Webs $S$ mm | Moment of Inertia $I_{yy}$ cm⁴ | Modulus of Section $Z_{yy}$ cm³ | Radius of Gyration $r_{yy}$ cm | Moment of Inertia $I_{yy}$ cm⁴ | Modulus of Section $Z_{yy}$ cm³ | Radius of Gyration $r_{yy}$ cm | Moment of Inertia $I_{yy}$ cm⁴ | Modulus of Section $Z_{yy}$ cm³ | Radius of Gyration $r_{yy}$ cm |
|---|---|---|---|---|---|---|---|---|---|
| 0.0 | 58.8 | 13.1 | 1.99 | 105.6 | 21.1 | 2.29 | 145.5 | 26.5 | 2.40 |
| 5.0 | 70.1 | 14.8 | 2.18 | 123.3 | 23.5 | 2.47 | 168.1 | 29.2 | 2.58 |
| 10.0 | 83.3 | 16.7 | 2.37 | 143.6 | 26.1 | 2.67 | 193.8 | 32.3 | 2.77 |
| 15.0 | 98.3 | 18.7 | 2.58 | 166.4 | 28.9 | 2.87 | 222.7 | 35.6 | 2.97 |
| 20.0 | 115.2 | 20.9 | 2.79 | 191.8 | 32.0 | 3.09 | 254.8 | 39.6 | 3.17 |
| 25.0 | 133.9 | 23.3 | 3.01 | 219.6 | 35.1 | 3.30 | 290.0 | 43.0 | 3.39 |
| 30.0 | 154.4 | 25.7 | 3.23 | 250.0 | 38.5 | 3.52 | 328.4 | 46.9 | 3.60 |
| 35.0 | 176.9 | 28.3 | 3.45 | 282.9 | 41.9 | 3.75 | 370.0 | 51.0 | 3.82 |
| 40.0 | 201.1 | 30.9 | 3.68 | 318.2 | 45.5 | 3.98 | 414.7 | 55.3 | 4.05 |
| 45.0 | 227.2 | 33.7 | 3.92 | 356.2 | 49.1 | 4.21 | 462.6 | 59.7 | 4.38 |
| 50.0 | 255.2 | 36.5 | 4.15 | 396.5 | 52.9 | 4.44 | 513.6 | 64.2 | 4.51 |
| 60.0 | 316.7 | 42.2 | 4.62 | 485.0 | 60.6 | 4.91 | 625.2 | 73.6 | 4.97 |
| 70.0 | 385.6 | 48.2 | 5.10 | 583.5 | 68.6 | 5.38 | 749.4 | 83.3 | 5.44 |
| 80.0 | 462.0 | 54.3 | 5.58 | 692.0 | 76.9 | 5.86 | 886.3 | 93.3 | 5.92 |
| 90.0 | 545.7 | 60.6 | 6.07 | 810.7 | 85.3 | 6.34 | 1035.8 | 103.6 | 6.40 |
| 100.0 | 636.8 | 67.0 | 6.56 | 939.4 | 93.9 | 6.83 | 1198.0 | 114.1 | 6.88 |
| 120.0 | 841.3 | 80.1 | 7.53 | 1227.0 | 111.5 | 7.81 | 1560.3 | 135.7 | 7.85 |
| 140.0 | 1075.5 | 93.5 | 8.52 | 1554.8 | 129.6 | 8.79 | 1973.2 | 157.9 | 8.83 |
| 160.0 | 1339.3 | 107.1 | 9.51 | 1923.0 | 147.9 | 9.77 | 2436.7 | 180.5 | 9.81 |
| 180.0 | 1632.7 | 120.9 | 10.50 | 2331.4 | 166.5 | 10.76 | 2950.8 | 203.5 | 10.80 |
| 200.0 | 1955.8 | 134.9 | 11.49 | 2780.2 | 185.3 | 11.75 | 3515.5 | 226.8 | 11.79 |
| 220.0 | 2308.5 | 148.9 | 12.48 | 3269.2 | 204.3 | 12.74 | 4130.8 | 250.3 | 12.78 |
| 240.0 | 2690.9 | 163.1 | 13.47 | 3798.4 | 223.4 | 13.73 | 4796.7 | 274.1 | 13.77 |
| 260.0 | 3102.9 | 177.3 | 14.47 | 4368.0 | 242.7 | 14.73 | 5513.2 | 298.0 | 14.76 |
| 280.0 | 3544.5 | 191.6 | 15.47 | 4977.8 | 262.0 | 15.72 | 6280.3 | 322.1 | 15.76 |
| 300.0 | 4015.8 | 205.9 | 16.46 | 5628.0 | 281.4 | 16.72 | 7098.0 | 346.2 | 16.75 |
| 320.0 | 4516.7 | 220.3 | 17.46 | 6318.4 | 300.9 | 17.71 | 7966.3 | 370.5 | 17.74 |
| 340.0 | 5047.3 | 234.8 | 18.46 | 7049.0 | 320.4 | 18.71 | 8885.1 | 394.9 | 18.74 |
| 360.0 | 5607.5 | 249.2 | 19.45 | 7820.0 | 340.0 | 19.70 | 9854.6 | 419.3 | 19.74 |
| 380.0 | 6197.3 | 263.7 | 20.45 | 8631.2 | 359.6 | 20.70 | 10874.7 | 443.9 | 20.73 |
| 400.0 | 6816.8 | 278.2 | 21.45 | 9482.8 | 379.3 | 21.70 | 11945.4 | 468.4 | 21.73 |

(Continued)

**TABLE 36 :**

# DOUBLE CHANNELS LACED OR BATTENED

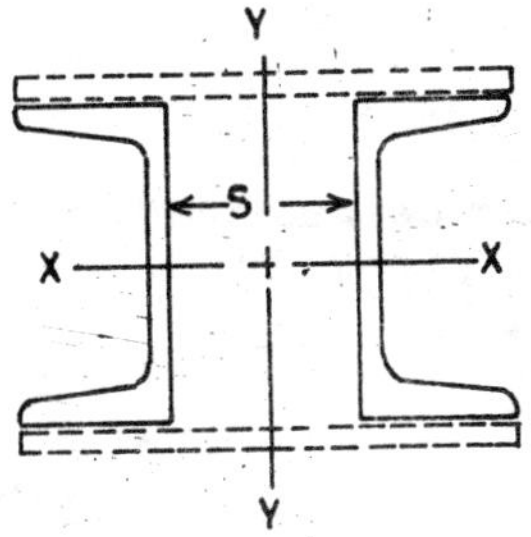


## (FOR USING AS COLUMNS)

| Designation | ISJC 175 | ISJC 200 | ISJC 75 |
|---|---|---|---|
| Weight, kg | 22.4 | 27.8 | 11.4 |
| N | 219.7 | 272.7 | 111.8 |
| Area, cm² | 28.48 | 35.54 | 14.52 |
| Moment of Inertia $I_{xx}$ cm⁴ | 1439.8 | 2322.4 | 132.2 |
| Modulus of Section $Z_{xx}$ cm³ | 164.6 | 232.2 | 35.2 |
| Radius of Gyration $r_{xx}$ cm | 7.11 | 8.08 | 3.02 |

| Spacing Between Webs $S$ mm | Moment of Inertia $I_{yy}$ cm⁴ | Modulus of Section $Z_{yy}$ cm³ | Radius of Gyration $r_{yy}$ cm | Moment of Inertia $I_{yy}$ cm⁴ | Modulus of Section $Z_{yy}$ cm³ | Radius of Gyration $r_{yy}$ cm | Moment of Inertia $I_{yy}$ cm⁴ | Modulus of Section $Z_{yy}$ cm³ | Radius of Gyration $r_{yy}$ cm |
|---|---|---|---|---|---|---|---|---|---|
| 0.0 | 188.2 | 31.4 | 2.57 | 306.3 | 43.8 | 2.94 | 49.5 | 12.4 | 1.85 |
| 5.0 | 214.9 | 34.4 | 2.75 | 343.6 | 47.4 | 3.11 | 60.2 | 14.2 | 2.04 |
| 10.0 | 245.2 | 37.7 | 2.93 | 385.2 | 51.0 | 3.29 | 72.7 | 16.2 | 2.24 |
| 15.0 | 279.0 | 41.3 | 3.13 | 431.3 | 55.7 | 3.48 | 87.0 | 18.3 | 2.45 |
| 20.0 | 316.4 | 45.2 | 3.33 | 481.9 | 60.2 | 3.68 | 103.2 | 20.6 | 2.67 |
| 25.0 | 357.3 | 49.3 | 3.54 | 536.9 | 65.1 | 3.89 | 121.2 | 23.1 | 2.89 |
| 30.0 | 401.8 | 53.6 | 3.76 | 596.3 | 70.2 | 4.10 | 140.9 | 25.6 | 3.12 |
| 35.0 | 449.9 | 58.0 | 3.97 | 660.2 | 75.5 | 4.31 | 162.5 | 28.3 | 3.35 |
| 40.0 | 501.5 | 62.7 | 4.20 | 728.5 | 80.9 | 4.53 | 186.0 | 31.0 | 3.58 |
| 45.0 | 556.7 | 67.5 | 4.42 | 801.3 | 86.6 | 4.75 | 211.2 | 33.8 | 3.81 |
| 50.0 | 615.4 | 72.4 | 4.65 | 878.5 | 92.5 | 4.97 | 238.2 | 36.6 | 4.05 |
| 60.0 | 743.6 | 82.6 | 5.11 | 1046.3 | 104.6 | 5.43 | 297.8 | 42.5 | 4.53 |
| 70.0 | 886.0 | 93.3 | 5.58 | 1231.8 | 117.3 | 5.89 | 364.5 | 48.6 | 5.01 |
| 80.0 | 1042.6 | 104.3 | 6.05 | 1435.1 | 130.5 | 6.35 | 438.6 | 54.8 | 5.50 |
| 90.0 | 1213.5 | 115.6 | 6.53 | 1656.1 | 144.0 | 6.83 | 519.9 | 61.2 | 5.98 |
| 100.0 | 1398.6 | 127.1 | 7.01 | 1895.0 | 157.9 | 7.30 | 608.5 | 67.6 | 6.47 |
| 120.0 | 1811.6 | 151.0 | 7.98 | 2425.9 | 186.6 | 8.26 | 807.4 | 80.7 | 7.46 |
| 140.0 | 2281.5 | 175.5 | 8.95 | 3028.0 | 216.3 | 9.23 | 1035.4 | 94.1 | 8.44 |
| 160.0 | 2808.4 | 200.6 | 9.93 | 3701.1 | 246.7 | 10.20 | 1292.4 | 107.7 | 9.43 |
| 180.0 | 3392.2 | 226.1 | 10.91 | 4445.3 | 277.8 | 11.18 | 1578.4 | 121.4 | 10.43 |
| 200.0 | 4033.0 | 252.1 | 11.90 | 5260.6 | 309.4 | 12.17 | 1893.5 | 135.3 | 11.42 |
| 220.0 | 4730.8 | 278.3 | 12.89 | 6147.0 | 341.5 | 13.15 | 2237.6 | 149.2 | 12.41 |
| 240.0 | 5485.5 | 304.8 | 13.88 | 7104.4 | 373.9 | 14.14 | 2610.8 | 163.2 | 13.41 |
| 260.0 | 6297.2 | 331.4 | 14.87 | 8132.9 | 406.6 | 15.13 | 3013.0 | 177.2 | 14.41 |
| 280.0 | 7165.8 | 358.3 | 15.86 | 9232.6 | 439.6 | 16.12 | 3444.2 | 191.3 | 15.40 |
| 300.0 | 8091.4 | 385.3 | 16.86 | 10403.2 | 472.9 | 17.11 | 3904.5 | 205.5 | 16.40 |
| 320.0 | 9074.0 | 412.5 | 17.85 | 11645.0 | 506.3 | 18.10 | 4393.8 | 219.7 | 17.40 |
| 340.0 | 10113.5 | 439.7 | 18.84 | 12957.9 | 539.9 | 10.09 | 4912.2 | 233.9 | 18.39 |
| 360.0 | 11210.0 | 467.1 | 19.84 | 14341.8 | 573.7 | 20.09 | 5459.6 | 248.2 | 19.39 |
| 380.0 | 12363.4 | 494.5 | 20.84 | 15796.8 | 607.6 | 21.08 | 6036.1 | 262.4 | 20.39 |
| 400.0 | 13573.8 | 522.1 | 21.83 | 17322.9 | 641.6 | 22.08 | 6641.5 | 276.7 | 21.39 |

(Continued)

## TABLE 36 :

# DOUBLE CHANNELS LACED OR BATTENED

## (FOR USING AS COLUMNS)

| Designation | ISIC 100 | ISIC 125 | ISIC 150 |
|---|---|---|---|
| Weight, kg | 15.8 | 21.4 | 28.8 |
| N | 154.4 | 209.9 | 282.4 |
| Area, cm$^2$ | 20.04 | 27.34 | 36.72 |
| Moment of Inertia $I_{xx}$ cm$^4$ | 329.4 | 713.6 | 1394.4 |
| Modulus of Section $Z_{xx}$ cm$^3$ | 65.8 | 114.2 | 186.0 |
| Radius of Gyration $r_{xx}$ cm | 4.06 | 5.11 | 6.16 |

| Spacing Between Webs $S$ mm | Moment of Inertia $I_{yy}$ cm$^4$ | Modulus of Section $Z_{yy}$ cm$^3$ | Radius of Gyration $r_{yy}$ cm | Moment of Inertia $I_{yy}$ cm$^4$ | Modulus of Section $Z_{yy}$ cm$^3$ | Radius of Gyration $r_{yy}$ cm | Moment of Inertia $I_{yy}$ cm$^4$ | Modulus of Section $Z_{yy}$ cm$^3$ | Radius of Gyration $r_{yy}$ cm |
|---|---|---|---|---|---|---|---|---|---|
| 0 | 102.2 | 20.4 | 2.26 | 228.2 | 35.1 | 2.89 | 414.4 | 55.3 | 3.36 |
| 5.0 | 119.7 | 22.8 | 2.44 | 257.8 | 38.2 | 3.07 | 460.4 | 59.4 | 3.54 |
| 10.0 | 139.7 | 25.4 | 2.64 | 290.8 | 41.5 | 3.26 | 511.0 | 63.9 | 3.73 |
| 15.0 | 16.2 | 28.2 | 2.84 | 327.2 | 45.1 | 3.46 | 566.1 | 68.6 | 3.93 |
| 20.0 | 187.2 | 31.2 | 3.06 | 367.1 | 48.9 | 3.66 | 625.9 | 73.6 | 4.13 |
| 25.0 | 214.7 | 34.3 | 3.27 | 410.3 | 52.9 | 3.87 | 690.3 | 78.9 | 4.34 |
| 30.0 | 244.7 | 37.6 | 3.49 | 457.0 | 57.1 | 4.09 | 759.2 | 84.4 | 4.55 |
| 35.0 | 277.2 | 41.1 | 3.72 | 507.1 | 61.5 | 4.31 | 832.7 | 90.0 | 4.76 |
| 40.0 | 312.2 | 44.6 | 3.95 | 560.6 | 66.0 | 4.53 | 910.9 | 95.9 | 4.98 |
| 45.0 | 349.7 | 48.2 | 4.18 | 617.6 | 70.6 | 4.75 | 993.6 | 101.9 | 5.20 |
| 50.0 | 389.8 | 52.0 | 4.41 | 677.9 | 75.3 | 4.98 | 1080.9 | 108.1 | 5.43 |
| 60.0 | 477.3 | 59.7 | 4.88 | 808.9 | 85.1 | 5.44 | 1269.2 | 120.9 | 5.88 |
| 70.0 | 574.9 | 67.6 | 5.36 | 953.5 | 95.4 | 5.91 | 1476.0 | 134.2 | 6.34 |
| 80.0 | 682.6 | 75.8 | 5.84 | 1111.8 | 105.9 | 6.38 | 1701.1 | 147.9 | 6.81 |
| 90.0 | 800.2 | 84.2 | 6.32 | 1283.8 | 116.7 | 6.85 | 1944.5 | 162.0 | 7.28 |
| 100.0 | 927.8 | 92.8 | 6.80 | 1469.4 | 127.8 | 7.33 | 2206.3 | 176.5 | 7.75 |
| 120.0 | 1213.2 | 110.3 | 7.78 | 1881.7 | 150.5 | 8.30 | 2785.0 | 206.3 | 8.71 |
| 140.0 | 1538.7 | 128.2 | 8.76 | 2348.7 | 174.0 | 9.27 | 3437.2 | 237.0 | 9.68 |
| 160.0 | 1904.2 | 146.5 | 9.75 | 2870.3 | 198.0 | 10.25 | 4162.8 | 268.6 | 10.65 |
| 180.0 | 2309.8 | 165.0 | 10.74 | 3446.6 | 222.4 | 11.23 | 4961.8 | 300.7 | 11.62 |
| 200.0 | 2755.5 | 183.7 | 11.73 | 4077.7 | 247.1 | 12.21 | 5834.3 | 333.4 | 12.60 |
| 220.0 | 3241.3 | 202.6 | 12.72 | 4763.3 | 272.2 | 13.20 | 6780.2 | 366.5 | 13.59 |
| 240.0 | 3767.2 | 221.6 | 13.71 | 5503.7 | 297.5 | 14.19 | 7799.5 | 400.0 | 14.57 |
| 260.0 | 4333.0 | 240.7 | 14.70 | 6298.8 | 323.0 | 15.18 | 8892.3 | 433.8 | 15.56 |
| 280.0 | 4939.0 | 259.9 | 15.70 | 7148.5 | 348.7 | 16.17 | 10058.5 | 467.8 | 16.55 |
| 300.0 | 5585.1 | 279.3 | 16.69 | 8052.9 | 374.6 | 17.16 | 11298.2 | 502.1 | 17.54 |
| 320.0 | 6271.3 | 298.6 | 17.69 | 9012.0 | 400.5 | 18.16 | 12611.3 | 536.7 | 18.53 |
| 340.0 | 6997.6 | 318.1 | 18.69 | 10025.7 | 426.6 | 19.15 | 13997.9 | 571.3 | 19.52 |
| 360.0 | 7763.9 | 337.6 | 19.68 | 11094.2 | 452.8 | 20.14 | 15457.8 | 606.2 | 20.52 |
| 380.0 | 8570.3 | 357.1 | 20.68 | 12217.3 | 479.1 | 21.14 | 16991.3 | 641.2 | 21.51 |
| 400.0 | 9456.8 | 376.7 | 21.68 | 13395.1 | 505.5 | 22.14 | 18598.1 | 676.3 | 22.51 |

**TABLE 37 :**

# SAFE LOADS FOR SINGLE ANGLE STRUTS—EQUAL ANGLES

## (SINGLE BOLTED OR SINGLE RIVETED END CONNECTIONS)

| Effective Lengths in Metres / Size A × B × t (mm mm mm) | 0.50 | 1.00 | 1.50 | 2.00 | 2.50 | 3.00 | 3.50 |
|---|---|---|---|---|---|---|---|
| | Safe Loads in kg | | | | | | |
| 50 × 50 × 4.0 | 3637.1 | 2657.8 | 1462.0 | 792.3 | — | — | — |
| 5.0 | 4490.1 | 3281.2 | 1804.9 | 978.1 | — | — | — |
| 6.0 | 5315.3 | 3847.6 | 2094.8 | 1130.3 | — | — | — |
| 55 × 55 × 5.0 | 4989.6 | 3923.0 | 2318.3 | 1305.4 | 798.9 | — | — |
| 6.0 | 5927.0 | 4659.9 | 2753.8 | 1550.6 | 949.0 | — | — |
| 8.0 | 7744.8 | 6089.2 | 3598.4 | 2026.2 | 1240.1 | — | — |
| 10.0 | 9486.9 | 7458.9 | 4407.8 | 2482.0 | 1519.0 | — | — |
| 60 × 60 × 5.0 | 5483.8 | 4573.6 | 2922.7 | 1729.6 | 1060.9 | — | — |
| 6.0 | 6519.2 | 5410.4 | 3430.3 | 2018.5 | 1238.0 | — | — |
| 8.0 | 8539.8 | 7087.4 | 4493.4 | 2644.1 | 1621.8 | — | — |
| 10.0 | 10484.1 | 8701.0 | 5516.5 | 3246.1 | 1991.0 | — | — |
| 65 × 65 × 5.0 | — | 5218.0 | 3585.0 | 2226.9 | 1393.8 | 925.0 | — |
| 6.0 | — | 6212.4 | 4267.6 | 2650.9 | 1659.1 | 1101.1 | — |
| 8.0 | — | 8120.3 | 5533.9 | 3416.0 | 2137.4 | 1415.2 | — |
| 10.0 | — | 9984.0 | 4804.0 | 4200.0 | 2428.0 | 1740.0 | — |
| 70 × 70 × 5.0 | — | 5838.4 | 4292.2 | 2801.4 | 1769.9 | 1195.4 | — |
| 6.0 | — | 6950.9 | 5110.0 | 3335.2 | 2106.1 | 1411.3 | — |
| 8.0 | — | 9097.7 | 6647.4 | 4324.0 | 2724.4 | 1827.2 | — |
| 10.0 | — | 11195.9 | 8180.5 | 5321.3 | 3352.6 | 2248.6 | — |
| 75 × 75 × 6.0 | — | 7655.4 | 5953.8 | 4020.0 | 2643.9 | 1782.2 | 1259.2 |
| 8.0 | — | 10041.7 | 7766.8 | 5221.1 | 3423.1 | 2303.3 | 1629.6 |
| 10.0 | — | 12371.2 | 9568.6 | 6432.4 | 4217.2 | 2837.6 | 2007.7 |
| 80 × 80 × 6.0 | — | 8347.1 | 6804.0 | 4787.1 | 3242.2 | 2212.9 | 1574.7 |
| 8.0 | — | 10953.6 | 8862.5 | 6228.3 | 4210.0 | 2870.6 | 2042.7 |
| 10.0 | — | 13501.4 | 10960.9 | 7677.0 | 5189.2 | 3538.3 | 2517.9 |
| 12.0 | — | 15952.4 | 12896.2 | 8990.5 | 6066.1 | 4131.9 | 2940.4 |

(Continued)

**Note** : Refer notes under Table 38

## TABLE 37 : SAFE LOADS FOR SINGLE ANGLE STRUTS—EQUAL ANGLES

### (SINGLE BOLTED OR SINGLE RIVETED END CONNECTIONS)

| Effective Lengths in Metres / Size A × B × t (mm mm mm) | 0.50 | 1.00 | 1.50 | 2.00 | 2.50 | 3.00 | 3.50 |
|---|---|---|---|---|---|---|---|
| | Safe Loads in kN | | | | | | |
| 50 × 50 × 4.0 | 35.7 | 26.1 | 14.3 | 7.8 | — | — | — |
| 5.0 | 44 | 32.2 | 17.7 | 9.6 | — | — | — |
| 6.0 | 52.1 | 37.7 | 20.5 | 11.1 | — | — | — |
| 55 × 55 × 5.0 | 48.9 | 38.5 | 22.7 | 12.8 | 7.8 | — | — |
| 6.0 | 58.1 | 45.7 | 27 | 15.2 | 9.3 | — | — |
| 8.0 | 76 | 59.7 | 35.3 | 19.9 | 12.2 | — | — |
| 10.0 | 93 | 73.2 | 43.2 | 24.3 | 14.9 | — | — |
| 60 × 60 × 5.0 | 53.8 | 44.9 | 28.7 | 17 | 10.4 | — | — |
| 6.0 | 63.9 | 53.1 | 33.6 | 19.8 | 12.1 | — | — |
| 8.0 | 83.8 | 69.5 | 44.1 | 25.9 | 15.9 | — | — |
| 10.0 | 1028.1 | 85.3 | 54.1 | 31.8 | 19.5 | — | — |
| 65 × 65 × 5.0 | — | 51.2 | 35.2 | 21.8 | 13.7 | 9.1 | — |
| 6.0 | — | 60.9 | 41.9 | 26 | 16.3 | 10.8 | — |
| 8.0 | — | 79.6 | 54.3 | 33.5 | 21 | 13.9 | — |
| 10.0 | — | 97.7 | 47.1 | 41.2 | 23.8 | 17.1 | — |
| 70 × 70 × 5.0 | — | 57.3 | 42 | 27.5 | 17.4 | 11.6 | — |
| 6.0 | — | 68.2 | 50.1 | 32.7 | 20.7 | 13.8 | — |
| 8.0 | — | 89.2 | 66.2 | 42.4 | 26.7 | 17.9 | — |
| 10.0 | — | 109.8 | 80.2 | 52.2 | 32.9 | 22.1 | — |
| 75 × 75 × 6.0 | — | 75.1 | 58.4 | 39.4 | 25.9 | 17.5 | 12.4 |
| 8.0 | — | 98.5 | 76.2 | 51.2 | 33.6 | 22.6 | 16 |
| 10.0 | — | 121.3 | 93.8 | 63.1 | 41.4 | 27.8 | 19.7 |
| 80 × 80 × 6.0 | — | 81.9 | 66.7 | 47 | 31.8 | 21.7 | 15.4 |
| 8.0 | — | 107.4 | 87.2 | 61.1 | 41.3 | 28.2 | 20 |
| 10.0 | — | 132.4 | 107.5 | 75.3 | 50.9 | 34.7 | 24.7 |
| 12.0 | — | 156.4 | 126.5 | 88.2 | 59.5 | 40.5 | 28.8 |

**Note** : Refer notes under Table 38

TABLE 38 : **SAFE LOADS FOR SINGLE ANGLE STRUTS—UNEQUAL ANGLES**

**(SINGLE BOLTED OR SINGLE RIVETED END CONNECTIONS)**

| Effective Lengths in Metres<br>Size<br>A × B × t<br>mm mm mm | 1.00 | 1.50 | 2.00 | 2.50 | 3.00 |
|---|---|---|---|---|---|
| | Safe Loads in kg | | | | |
| 60 × 40 × 5.0 | 2776.0 | 1358.5 | 725.9 | — | — |
| 6.0 | 3295.1 | 1612.5 | 861.6 | — | — |
| 8.0 | 4227.4 | 2044.4 | 1090.8 | — | — |
| 65 × 45 × 5.0 | 3563.1 | 1939.9 | 1046.7 | — | — |
| 6.0 | 4185.0 | 2253.1 | 1212.5 | — | — |
| 8.0 | 5470.6 | 2945.3 | 1585.0 | — | — |
| 70 × 45 × 5.0 | 3739.2 | 2035.8 | 1098.5 | — | — |
| 6.0 | 4443.7 | 2419.3 | 1305.4 | — | — |
| 8.0 | 5745.2 | 3093.1 | 1664.5 | — | — |
| 10.0 | 7044.2 | 3792.5 | 2040.9 | — | — |
| 75 × 50 × 6.0 | 5371.4 | 3194.1 | 1808.6 | 1110.2 | — |
| 8.0 | 6982.5 | 4126.3 | 2323.4 | 1422.0 | — |
| 10.0 | 8575.5 | 5067.6 | 2853.5 | 1746.4 | — |
| 80 × 50 × 6.0 | 5596.5 | 3327.9 | 1884.4 | 1157.8 | — |
| 8.0 | 7280.2 | 4302.2 | 2422.5 | 1482.6 | — |
| 10.0 | 8947.7 | 5287.6 | 2977.4 | 1822.9 | — |
| 90 × 60 × 8.0 | 9559.9 | 6667.4 | 4193.3 | 2623.1 | 1751.0 |
| 10.0 | 11739.0 | 8125.8 | 5080.0 | 3178.9 | 2115.5 |
| 12.0 | 13884.0 | 9610.6 | 6008.3 | 3759.7 | 2502.1 |

(Continued)

**Note :** 1. The safe loads given in this Table are tabulated for ratio of slenderness up to but not exceeding 250.

2. The values on the right side of the zig-zag line are for ratio of slenderness exceeding 180.

3. This Table is based on the requirements specified in 18.9.1.1 of IS : 800-1956

## TABLE 38 : SAFE LOADS FOR SINGLE ANGLE STRUTS—UNEQUAL ANGLES

### (SINGLE BOLTED OR SINGLE RIVETED END CONNECTIONS)

| Effective Lengths in Metres | 1.00 | 1.50 | 2.00 | 2.50 | 3.00 |
|---|---|---|---|---|---|
| Size A × B × t (mm mm mm) | Safe Loads in kN | | | | |
| 60 × 40 × 5.0 | 27.2 | 13.3 | 7.1 | — | — |
| 6.0 | 32.3 | 15.8 | 8.5 | — | — |
| 8.0 | 41.5 | 20.1 | 10.7 | — | — |
| 65 × 45 × 5.0 | 34.9 | 19 | 10.3 | — | — |
| 6.0 | 41 | 22.1 | 11.9 | — | — |
| 8.0 | 53.7 | 28.9 | 15.5 | — | — |
| 70 × 45 × 5.0 | 36.7 | 20 | 10.8 | — | — |
| 6.0 | 43.6 | 23.7 | 12.8 | — | — |
| 8.0 | 56.3 | 30.3 | 16.3 | — | — |
| 10.0 | 69.1 | 37.2 | 20 | — | — |
| 75 × 50 × 6.0 | 52.7 | 31.3 | 17.7 | 10.9 | — |
| 8.0 | 68.5 | 40.5 | 22.8 | 14 | — |
| 10.0 | 84.1 | 49.7 | 28 | 17.1 | — |
| 80 × 50 × 6.0 | 54.9 | 32.6 | 18.5 | 11.4 | — |
| 8.0 | 71.4 | 42.2 | 23.8 | 14.5 | — |
| 10.0 | 87.8 | 51.9 | 29.2 | 17.9 | — |
| 90 × 60 × 8.0 | 93.8 | 65.4 | 41.1 | 25.7 | 17.2 |
| 10.0 | 115.1 | 79.7 | 49.8 | 31.2 | 20.8 |
| 12.0 | 136.2 | 94.3 | 58.9 | 36.9 | 24.5 |

**Note :** 1. The safe loads given in this Table are tabulated for ratio of slenderness up to but not exceeding 250.

2. The values on the right side of the zig-zag line are for ratio of slenderness exceeding 180.

3. This Table is based on the requirements specified in 18.9.1.1 of IS : 800-1956

TABLE 39 :

# SAFE LOADS FOR SINGLE ANGLE STRUTS—EQUAL ANGLES

## (DOUBLE BOLTED OR DOUBLE RIVETED OR WELDED END CONNECTIONS)

| Effective Length in Metres / Size A × B × t (mm mm mm) | 1.0 | 1.5 | 2.0 | 2.5 | 3.0 | 3.5 |
|---|---|---|---|---|---|---|
| | | | Safe Loads in kg | | | |
| 50 × 50 × 4.0 | 3323.2 | 1826.3 | 991.0 | — | — | — |
| 5.0 | 4102.6 | 2254.7 | 1223.4 | — | — | — |
| 6.0 | 4810.4 | 12617.9 | 1414.3 | — | — | — |
| 55 × 55 × 5.0 | 4906.4 | 2898.0 | 1636.3 | 995.5 | — | — |
| 6.0 | 5828.1 | 3442.4 | 1943.7 | 1182.5 | — | — |
| 8.0 | 7615.6 | 4498.2 | 2539.9 | 1545.2 | — | — |
| 10.0 | 9328.6 | 5510.0 | 3111.2 | 1892.8 | — | — |
| 60 × 60 × 5.0 | 5717.2 | 3653.6 | 2160.3 | 1327.1 | — | — |
| 6.0 | 6774.1 | 4288.0 | 2521.2 | 1547.9 | — | — |
| 8.0 | 8860.5 | 5617.0 | 3302.7 | 2027.6 | — | — |
| 10.0 | 10877.9 | 6895.9 | 4054.6 | 2489.3 | — | — |
| 65 × 65 × 5.0 | 6516.9 | 4482.5 | 2785.6 | 1744.4 | 1153.8 | — |
| 6.0 | 7757.7 | 5336.0 | 3316.0 | 2076.5 | 1373.4 | — |
| 8.0 | 10140.6 | 6919.8 | 4274.9 | 2674.2 | 1766.6 | — |
| 10.0 | 12468.0 | 8508.0 | 5256.0 | 3288.0 | 2172.0 | — |
| 70 × 70 × 5.0 | 7292.6 | 5365.2 | 3497.4 | 2213.8 | 1481.3 | — |
| 6.0 | 8682.2 | 6387.6 | 4163.8 | 2635.6 | 1763.5 | — |
| 8.0 | 11362.9 | 8309.5 | 5396.9 | 3411.0 | 2281.0 | — |
| 10.0 | 13983.5 | 10225.9 | 6641.5 | 4197.6 | 2807.1 | |
| 75 × 75 × 6.0 | 9563.2 | 744.1 | 5026.3 | 3301.2 | 2230.8 | 1571.8 |
| 8.0 | 12544.2 | 9710.6 | 6528.7 | 4275.5 | 2882.6 | 2034.7 |
| 10.0 | 15454.2 | 11963.3 | 8043.3 | 5267.3 | 3551.3 | 2506.8 |
| 80 × 80 × 6.0 | 10430.8 | 8508.7 | 5984.6 | 4056.9 | 2774.0 | 1963.0 |
| 8.0 | 13687.4 | 11120.9 | 7785.1 | 5267.4 | 3597.1 | 2544.6 |
| 10.0 | 16871.0 | 13707.5 | 9595.9 | 6492.6 | 4433.7 | 3136.4 |
| 12.0 | 19934.7 | 16128.7 | 11238.1 | 7588.8 | 5175.6 | 3660.0 |

(Continued)

TABLE 39 : **SAFE LOADS FOR SINGLE ANGLE STRUTS—EQUAL ANGLES**

**(DOUBLE BOLTED OR DOUBLE RIVETED OR WELDED END CONNECTIONS)**

| Effective Lengths in Metres / Size A × B × t (mm mm mm) | 1.5 | 2.0 | 2.5 | 3.0 | 3.5 | 4.0 | 4.5 |
|---|---|---|---|---|---|---|---|
| | Safe Loads in kg | | | | | | |
| 90 × 90 × 8.0 | 13761.0 | 10454.2 | 7472.8 | 5244.3 | 3778.5 | 2798.0 | — |
| 10.0 | 16932.9 | 12815.1 | 9143.4 | 6398.2 | 4608.3 | 3409.4 | — |
| 12.0 | 20074.9 | 15193.0 | 10840.0 | 7585.4 | 5463.4 | 4042.0 | — |
| 100 × 100 × 8.0 | 16270.3 | 13253.9 | 9914.2 | 7317.9 | 5269.5 | 3979.9 | 3054.9 |
| 10.0 | 20072.8 | 16299.2 | 12160.2 | 8957.4 | 6443.6 | 4660.3 | 3735.6 |
| 12.0 | 23827.9 | 19348.3 | 14435.0 | 10633.1 | 7649.0 | 5769.5 | 4434.4 |
| 110 × 110 × 8.0 | 18677.7 | 15969.9 | 12531.8 | 9495.5 | 7146.7 | 5386.8 | 4141.0 |
| 10.0 | 23111.2 | 19760.6 | 15506.5 | 11749.4 | 8843.1 | 6665.5 | 5123.9 |
| 12.0 | 27409.4 | 23386.2 | 18304.6 | 13858.6 | 10408.3 | 7443.8 | 6029.8 |
| 15.0 | 33752.4 | 28798.1 | 22540.6 | 17065.7 | 12817.0 | 9658.9 | 7425.2 |
| 130 × 130 × 10.0 | — | 26222.8 | 22481.3 | 18176.0 | 14402.0 | 11362.2 | 8853.7 |
| 12.0 | — | 31203.6 | 26751.5 | 21628.4 | 17137.6 | 13520.4 | 10535.4 |
| 15.0 | — | 38451.7 | 32900.8 | 26547.4 | 21011.1 | 16549.8 | 12883.5 |
| 150 × 150 × 12.0 | — | 38232.3 | 34614.2 | 29840.8 | 24686.9 | 20190.2 | 16502.9 |
| 15.0 | — | 47242.0 | 42720.1 | 36773.7 | 30382.4 | 24829.5 | 20273.4 |
| 18.0 | — | 56036.6 | 50607.2 | 43501.6 | 35898.4 | 29310.9 | 23906.9 |
| 200 × 200 × 15.0 | — | 67735.8 | 64938.3 | 61169.7 | 56094.9 | 49910.9 | 43419.4 |
| 18.0 | — | 80604.0 | 77159.9 | 72745.9 | 66663.1 | 59259.2 | 51518.0 |
| 25.0 | — | 109783.5 | 105187.3 | 98940.2 | 90545.1 | 80339.7 | 69949.7 |

(Continued)

TABLE 39 :

# SAFE LOADS FOR SINGLE ANGLE STRUTS—EQUAL ANGLES

## (DOUBLE BOLTED OR DOUBLE RIVETED OR WELDED END CONNECTIONS)

| Effective Lengths in Metres<br>Size A × B × t (mm mm mm) | 5.0 | 5.5 | 6.0 | 7.0 | 8.0 | 9.0 |
|---|---|---|---|---|---|---|
| | | | Safe Loads in kg | | | |
| 110 × 110 × 8.0 | 3286.6 | — | — | — | — | — |
| 10.0 | 4066.7 | — | — | — | — | — |
| 12.0 | 4778.8 | — | — | — | — | — |
| 15.0 | 5884.7 | — | — | — | — | — |
| 130 × 130 × 10.0 | 7119.5 | 5721.2 | 4716.3 | — | — | — |
| 12.0 | 8471.9 | 6807.9 | 5612.1 | — | — | — |
| 15.0 | 10365.7 | 8330.1 | 6861.4 | — | — | — |
| 150 × 150 × 12.0 | 1382.6 | 10854.3 | 8983.0 | 6333.4 | — | — |
| 15.0 | 16307.7 | 13330.2 | 11020.1 | 7764.6 | — | — |
| 18.0 | 19218.9 | 15714.4 | 12971.6 | 9147.3 | — | — |
| 200 × 200 × 15.0 | 37385.0 | 32079.0 | 27622.6 | 19917.9 | 15039.6 | 11542.7 |
| 18.0 | 44327.4 | 38038.2 | 32719.2 | 23560.5 | 17794.3 | 13658.8 |
| 25.0 | 59938.2 | 51449.3 | 44151.7 | 31760.7 | 23956.5 | 18412.9 |

(Continued)

**Note :** Refer notes under Table 40

**TABLE 39 :**

# SAFE LOADS FOR SINGLE ANGLE STRUTS—EQUAL ANGLES

## (DOUBLE BOLTED OR DOUBLE RIVETED OR WELDED END CONNECTIONS)

| Effective Length in Metres | 1.0 | 1.5 | 2.0 | 2.5 | 3.0 | 3.5 |
|---|---|---|---|---|---|---|
| Size A × B × t (mm mm mm) | | | Safe Loads in kN | | | |
| 50 × 50 × 4.0 | 32.6 | 17.9 | 9.7 | — | — | — |
| 5.0 | 40.2 | 22.1 | 12 | — | — | — |
| 6.0 | 47.2 | 25.7 | 13.9 | — | — | — |
| 55 × 55 × 5.0 | 48.1 | 28.4 | 16.1 | 9.8 | — | — |
| 6.0 | 57.2 | 33.8 | 19.1 | 11.6 | — | — |
| 8.0 | 74.7 | 44.1 | 24.9 | 15.2 | — | — |
| 10.0 | 91.5 | 54 | 30.5 | 18.6 | — | — |
| 60 × 60 × 5.0 | 56.1 | 35.8 | 21.2 | 13 | — | — |
| 6.0 | 66.3 | 42.1 | 24.7 | 15.2 | — | — |
| 8.0 | 86.9 | 55.1 | 32.4 | 19.9 | — | — |
| 10.0 | 106.7 | 67.6 | 39.8 | 24.4 | — | — |
| 65 × 65 × 5.0 | 63.9 | 44 | 27.3 | 17.1 | 11.3 | — |
| 6.0 | 76.1 | 52.3 | 32.5 | 20.4 | 13.5 | — |
| 8.0 | 99.5 | 67.9 | 41.9 | 26.2 | 17.3 | — |
| 10.0 | 122.3 | 83.4 | 51.5 | 32.3 | 21.3 | — |
| 70 × 70 × 5.0 | 71.5 | 52.6 | 34.3 | 21.7 | 14.5 | — |
| 6.0 | 85.1 | 62.6 | 40.8 | 25.9 | 17.3 | — |
| 8.0 | 111.4 | 81.5 | 52.9 | 33.5 | 22.4 | — |
| 10.0 | 137.1 | 100.3 | 65.1 | 41.2 | 27.5 | — |
| 75 × 75 × 6.0 | 93.8 | 73 | 49.3 | 32.4 | 21.9 | 15.4 |
| 8.0 | 123 | 95.2 | 64 | 41.9 | 28.3 | 20 |
| 10.0 | 151.6 | 11.7 | 78.9 | 51.7 | 34.8 | 24.6 |
| 80 × 80 × 6.0 | 102.3 | 83.4 | 58.7 | 39.8 | 27.2 | 19.3 |
| 8.0 | 134.2 | 109.1 | 76.4 | 51.7 | 35.3 | 25 |
| 10.0 | 165.5 | 134.4 | 94.1 | 63.7 | 43.5 | 30.8 |
| 12.0 | 195.5 | 158.2 | 110.2 | 74.4 | 50.8 | 35.9 |

(Continued)

TABLE 39 :

# SAFE LOADS FOR SINGLE ANGLE STRUTS—EQUAL ANGLES

## (DOUBLE BOLTED OR DOUBLE RIVETED OR WELDED END CONNECTIONS)

| Effective Lengths in Metres / Size A × B × t (mm mm mm) | 1.5 | 2.0 | 2.5 | 3.0 | 3.5 | 4.0 | 4.5 |
|---|---|---|---|---|---|---|---|
| | | | Safe Loads in kN | | | | |
| 90 × 90 × 8.0 | 135 | 102.5 | 73.3 | 51.4 | 37.1 | 27.4 | — |
| 10.0 | 166.1 | 125.7 | 89.7 | 62.7 | 45.2 | 33.4 | — |
| 12.0 | 196.9 | 149 | 106.3 | 74.4 | 53.6 | 39.6 | — |
| 100 × 100 × 8.0 | 159.6 | 130 | 97.2 | 71.8 | 51.7 | 39 | 30 |
| 10.0 | 196.9 | 158.4 | 119.3 | 87.8 | 63.2 | 47.7 | 36.6 |
| 12.0 | 233.7 | 189.7 | 141.6 | 104.3 | 75 | 56.6 | 43.5 |
| 110 × 110 × 8.0 | 183.2 | 156.6 | 122.9 | 93.1 | 70.1 | 52.8 | 40.6 |
| 10.0 | 226.6 | 193.9 | 152.1 | 115.2 | 86.7 | 65.4 | 50.2 |
| 12.0 | 268.8 | 229.3 | 179.5 | 135.9 | 102.1 | 76.9 | 59.1 |
| 15.0 | 331 | 282.4 | 221.1 | 167.4 | 125.7 | 94.7 | 72.8 |
| 130 × 130 × 10.0 | — | 257.2 | 220.5 | 178.3 | 141.2 | 111.4 | 86.8 |
| 12.0 | — | 306 | 262.3 | 212.1 | 168.1 | 132.6 | 103.3 |
| 15.0 | — | 377.1 | 322.7 | 260.3 | 206.1 | 162.3 | 126.3 |
| 150 × 150 × 12.0 | — | 374.9 | 339.5 | 292.6 | 242.1 | 198 | 161.8 |
| 15.0 | — | 463.3 | 418.9 | 360.6 | 298 | 243.5 | 198.8 |
| 18.0 | — | 549.5 | 496.3 | 426.6 | 352 | 287.4 | 234.5 |
| 200 × 200 × 15.0 | — | 664.3 | 636.8 | 599.9 | 550.1 | 489.5 | 425.8 |
| 18.0 | — | 790.5 | 757.7 | 713.4 | 653.7 | 581.1 | 505.2 |
| 25.0 | — | 1066.8 | 1031.5 | 970.3 | 887.9 | 787.9 | 686 |

(Continued)

**TABLE 39 :**

# SAFE LOADS FOR SINGLE ANGLE STRUTS—EQUAL ANGLES

## (DOUBLE BOLTED OR DOUBLE RIVETED OR WELDED END CONNECTIONS)

| Effective Lengths in Metres / Size A × B × t (mm mm mm) | 5.0 | 5.5 | 6.0 | 7.0 | 8.0 | 9.0 |
|---|---|---|---|---|---|---|
| | Safe Loads in kN | | | | | |
| 110 × 110 × 8.0 | 32.2 | — | — | — | — | — |
| 10.0 | 39.9 | — | — | — | — | — |
| 12.0 | 46.9 | — | — | — | — | — |
| 15.0 | 57.7 | — | — | — | — | — |
| 130 × 130 × 10.0 | 69.8 | 56.1 | 46.3 | — | — | — |
| 12.0 | 83.1 | 66.8 | 55 | — | — | — |
| 15.0 | 101.7 | 81.7 | 67.3 | — | — | — |
| 150 × 150 × 12.0 | 130.3 | 106.4 | 88.1 | 62.1 | — | — |
| 15.0 | 159.9 | 130.7 | 108.1 | 76.1 | — | — |
| 18.0 | 188.5 | 154.1 | 127.2 | 89.7 | — | — |
| 200 × 200 × 15.0 | 366.6 | 314.6 | 270.9 | 195.3 | 147.5 | 113.2 |
| 18.0 | 434.7 | 373 | 320.9 | 231.1 | 174.5 | 134.0 |
| 25.0 | 587.8 | 504.6 | 433 | 311.5 | 234.9 | 180.6 |

**Note** : Refer notes under Table 40

## TABLE 40 : SAFE LOADS FOR SINGLE ANGLE STRUTS—UNEQUAL ANGLES

**(DOUBLE BOLTED OR DOUBLE RIVETED OR WELDED END CONNECTIONS)**

| Effective Lengths in Metres / Size A × B × t (mm mm mm) | 1.0 | 1.5 | 2.0 | 2.5 | 3.0 | 3.5 |
|---|---|---|---|---|---|---|
| | | | Safe Loads in kg | | | |
| 60 × 40 × 5.0 | 3471.0 | 1697.4 | 903.9 | — | — | — |
| 6.0 | 4120.0 | 2014.8 | 1072.9 | — | — | — |
| 8.0 | 5285.8 | 2555.2 | 1360.5 | — | — | — |
| 65 × 45 × 5.0 | 4454.7 | 2424.3 | 1309.7 | — | — | — |
| 6.0 | 5232.5 | 2817.5 | 1516.9 | — | — | — |
| 8.0 | 6839.9 | 3683.0 | 1982.9 | — | — | — |
| 70 × 45 × 5.0 | 4674.9 | 2544.2 | 1374.5 | — | — | — |
| 6.0 | 5555.7 | 3023.5 | 1633.4 | — | — | — |
| 8.0 | 7183.2 | 3867.9 | 2082.4 | — | — | — |
| 10.0 | 8807.3 | 4742.4 | 2553.2 | — | — | — |
| 75 × 50 × 6.0 | 6718.2 | 3994.6 | 2266.1 | 1382.6 | — | — |
| 8.0 | 8732.8 | 5158.1 | 2912.5 | 1771.9 | — | — |
| 10.0 | 10725.1 | 6334.8 | 3577.0 | 2176.1 | — | — |
| 80 × 50 × 6.0 | 6999.7 | 4161.9 | 2361.1 | 1440.5 | — | — |
| 8.0 | 9105.2 | 5378.0 | 3036.7 | 1847.4 | — | — |
| 10.0 | 11190.6 | 6609.8 | 3732.2 | 2270.6 | — | — |
| 90 × 60 × 8.0 | 11939.6 | 8336.5 | 5240.4 | 3285.9 | 2179.6 | — |
| 10.0 | 14660.1 | 10161.5 | 6352.1 | 3980.2 | 2636.7 | — |
| 12.0 | 17338.8 | 12018.2 | 7512.8 | 4707.5 | 3118.5 | — |
| 100 × 65 × 8.0 | 13657.3 | 10227.0 | 6733.7 | 4282.6 | 2891.1 | — |
| 10.0 | 16805.1 | 12510.4 | 8211.0 | 5212.9 | 3509.9 | — |
| 100 × 75 × 8.0 | 15067.4 | 12438.2 | 8861.7 | 6077.5 | 4148.3 | 2935.2 |
| 10.0 | 18582.3 | 15279.0 | 10840.5 | 7405.2 | 5055.6 | 3580.5 |
| 12.0 | 22028.5 | 18112.6 | 12850.9 | 8778.5 | 5993.2 | 4244.5 |

(Continued)

TABLE 40 :

# SAFE LOADS FOR SINGLE ANGLE STRUTS—UNEQUAL ANGLES

## (DOUBLE BOLTED OR DOUBLE RIVETED OR WELDED END CONNECTIONS)

| Effective Lengths in Metres Size A × B × t (mm mm mm) | 1.0 | 1.5 | 2.0 | 2.5 | 3.0 | 3.5 |
|---|---|---|---|---|---|---|
| | Safe Loads in kg | | | | | |
| 125 × 75 × 10.0 | 21513.5 | 17892.1 | 12849.9 | 8878.5 | 6057.9 | 4304.2 |
| 125 × 95 × 10.0 | — | 22552.4 | 18754.0 | 14278.9 | 10676.1 | 7811.0 |
| 12.0 | — | 26746.1 | 22184.7 | 16846.5 | 12577.4 | 9182.6 |
| 150 × 75 × 12.0 | 28853.2 | 23724.1 | 16832.3 | 11498.3 | 7850.0 | 5559.5 |
| 150 × 115 × 12.0 | — | 34444.8 | 31133.4 | 26190.6 | 20831.6 | 16353.6 |
| 15.0 | — | 42498.9 | 38360.4 | 32207.2 | 25577.4 | 20065.7 |
| 200 × 100 × 15.0 | — | 46779.9 | 39828.2 | 31092.5 | 23524.7 | 17625.4 |
| 200 × 150 × 15.0 | — | — | 56757.4 | 52767.5 | 47029.0 | 40230.2 |
| 18.0 | — | — | 57451.1 | 62664.3 | 55780.0 | 47658.6 |

| Effective Lengths in Metres Size A × B × t (mm mm mm) | 4.0 | 4.5 | 5.0 | 5.5 | 6.0 | 7.0 |
|---|---|---|---|---|---|---|
| | Safe Loads in kg | | | | | |
| 125 × 75 × 10.0 | 3185.8 | — | — | — | — | — |
| 125 × 95 × 10.0 | 5891.9 | 4508.8 | 3552.4 | — | — | — |
| 12.0 | 6924.5 | 5300.8 | 4171.7 | — | — | — |
| 150 × 75 × 12.0 | — | — | — | — | — | — |
| 150 × 115 × 12.0 | 12695.8 | 9873.5 | 7874.5 | 6355.5 | 5213.2 | — |
| 15.0 | 15552.0 | 12096.4 | 9631.4 | 7777.9 | 6374.6 | — |
| 200 × 100 × 15.0 | 13283.2 | 10207.3 | 8081.1 | — | — | — |
| 200 × 150 × 15.0 | 33642.4 | 27898.8 | 23160.2 | 19004.6 | 15003.6 | 11205.8 |
| 18.0 | 39824.1 | 33023.4 | 27364.1 | 22451.8 | 18675.0 | 13230.9 |

(Continued)

**Note :** 1. The safe loads given in this Table are tabulated for ratio of slenderness upto but not exceeding 250.

2. The values on the right side of the zig-zag lines are for ratio of slenderness exceeding 180.
3. This Table is based on the requirements specified in 18.9.1.1 of IS : 800-1956

TABLE 40 : **SAFE LOADS FOR SINGLE ANGLE STRUTS—UNEQUAL ANGLES**

**(DOUBLE BOLTED OR DOUBLE RIVETED OR WELDED END CONNECTIONS)**

| Effective Lengths in Metres / Size A × B × t (mm mm mm) | 1.0 | 1.5 | 2.0 | 2.5 | 3.0 | 3.5 |
|---|---|---|---|---|---|---|
| | Safe Loads in kN | | | | | |
| 60 × 40 × 5.0 | 34 | 16.7 | 8.9 | — | — | — |
| 6.0 | 40.4 | 19.8 | 10.5 | — | — | — |
| 8.0 | 51.8 | 25.1 | 13.3 | — | — | — |
| 65 × 45 × 5.0 | 43.7 | 23.8 | 12.8 | — | — | — |
| 6.0 | 51.3 | 27.6 | 14.9 | — | — | — |
| 8.0 | 67.1 | 36.1 | 19.5 | — | — | — |
| 70 × 45 × 5.0 | 45.9 | 25 | 13.5 | — | — | — |
| 6.0 | 54.5 | 29.7 | 16 | — | — | — |
| 8.0 | 70.4 | 37.9 | 20.4 | — | — | — |
| 10.0 | 86.4 | 46.5 | 25 | — | — | — |
| 75 × 50 × 6.0 | 65.9 | 39.2 | 22.2 | 13.6 | — | — |
| 8.0 | 85.6 | 50.6 | 28.6 | 17.4 | — | — |
| 10.0 | 105.2 | 62.1 | 35.1 | 21.3 | — | — |
| 80 × 50 × 6.0 | 68.6 | 40.8 | 23.2 | 14.1 | — | — |
| 8.0 | 89.3 | 52.7 | 29.8 | 18.1 | — | — |
| 10.0 | 109.7 | 64.8 | 36.6 | 22.3 | — | — |
| 90 × 60 × 8.0 | 117.1 | 81.8 | 51.4 | 32.2 | 21.4 | — |
| 10.0 | 143.8 | 99.7 | 62.3 | 39 | 25.9 | — |
| 12.0 | 170 | 117.9 | 73.7 | 46.2 | 30.6 | — |
| 100 × 65 × 8.0 | 133.9 | 100.3 | 66 | 42 | 28.4 | — |
| 10.0 | 164.8 | 122.7 | 80.5 | 51.1 | 34.4 | — |
| 100 × 75 × 8.0 | 147.8 | 122 | 86.9 | 59.6 | 40.7 | 28.8 |
| 10.0 | 182.2 | 149.8 | 106.3 | 72.6 | 49.6 | 35.1 |
| 12.0 | 216 | 177.6 | 126 | 86.1 | 58.8 | 41.6 |

(Continued)

TABLE 40 : **SAFE LOADS FOR SINGLE ANGLE STRUTS—UNEQUAL ANGLES**

**(DOUBLE BOLTED OR DOUBLE RIVETED OR WELDED END CONNECTIONS)**

| Effective Lengths in Metres Size A × B × t (mm mm mm) | 1.0 | 1.5 | 2.0 | 2.5 | 3.0 | 3.5 |
|---|---|---|---|---|---|---|
| | | | Safe Loads in kN | | | |
| 125 × 75 × 10.0 | 211 | 175.5 | 126 | 87.1 | 59.4 | 42.2 |
| 125 × 95 × 10.0 | — | 221.2 | 183.9 | 140 | 104.7 | 76.6 |
| 12.0 | — | 262.3 | 217.6 | 165.2 | 123.3 | 90.1 |
| 150 × 75 × 12.0 | 283 | 232.7 | 165.1 | 112.8 | 77 | 54.5 |
| 150 × 115 × 12.0 | — | 337.8 | 305.3 | 256.8 | 204.3 | 160.4 |
| 15.0 | — | 416.8 | 376.9 | 315.8 | 250.8 | 196.8 |
| 200 × 100 × 15.0 | — | 458.8 | 390.6 | 304.9 | 230.7 | 172.9 |
| 200 × 150 × 15.0 | — | — | 556.6 | 517.5 | 461.2 | 394.5 |
| 18.0 | — | — | 661.5 | 614.5 | 547 | 467.4 |

| Effective Lengths in Metres Size A × B × t (mm mm mm) | 4.0 | 4.5 | 5.0 | 5.5 | 6.0 | 7.0 |
|---|---|---|---|---|---|---|
| | | | Safe Loads in kN | | | |
| 125 × 75 × 10.0 | 31.2 | — | — | — | — | — |
| 125 × 95 × 10.0 | 57.8 | 44.2 | 34.8 | — | — | — |
| 12.0 | 67.9 | 52 | 40.9 | — | — | — |
| 150 × 75 × 12.0 | — | — | — | — | — | — |
| 150 × 115 × 12.0 | 124.5 | 96.8 | 77.2 | 62.3 | 51.1 | — |
| 15.0 | 152.5 | 118.6 | 94.5 | 76.3 | 62.5 | — |
| 200 × 100 × 15.0 | 130.3 | 100.1 | 79.3 | — | — | — |
| 200 × 150 × 15.0 | 329.9 | 273.6 | 227.1 | 186.4 | 147.5 | 109.9 |
| 18.0 | 390.5 | 323.9 | 268.4 | 220.2 | 183.1 | 129.8 |

**Note :** 1. The safe loads given in this Table are tabulated for ratio of slenderness upto but not exceeding 250.

2. The values on the right side of the zig-zag lines are for ratio of slenderness exceeding 180.

3. This Table is based on the requirements specified in 18.9.1.1 of IS : 800-1956

**TABLE 41 :**

# SAFE CONCENTRIC LOADS ON ROLLED STEEL COLUMN SECTIONS

## (H-BEAMS BEING USED AS COLUMNS)

| Designation | | ISHB 150 | | | ISHB 200 | | ISHB 225 | | ISHB 250 | |
|---|---|---|---|---|---|---|---|---|---|---|
| Size (mm) $h \times b$ | | 150 × 150 | 150 × 150 | 150 × 150 | 200 × 200 | 200 × 200 | 225 × 225 | 225 × 225 | 250 × 250 | 250 × 250 |
| Sectional Area, cm² | | 34.48 | 38.98 | 44.08 | 47.54 | 50.94 | 54.94 | 59.66 | 64.96 | 69.71 |
| Weight per Metre, kg | | 27.1 | 30.6 | 34.6 | 37.3 | 40.0 | 43.1 | 46.8 | 51.0 | 54.7 |
| N | | 265.8 | 300.1 | 339.3 | 365.8 | 392.3 | 422.7 | 459.0 | 500.1 | 536.4 |
| Radii of Gyration | $r_{xx}$ cm | 6.50 | 6.29 | 6.09 | 8.71 | 8.55 | 9.80 | 9.58 | 10.91 | 10.70 |
| | $r_{yy}$ cm | 3.54 | 3.44 | 3.35 | 4.51 | 4.42 | 4.96 | 4.84 | 5.49 | 5.37 |
| X-X AXIS | Effective Length in Metres | Safe Concentric Loads in kg | | | | | | | | |
| | 4.0 | 39084.4 | 43849.0 | 49199.4 | 56333.3 | 60265.9 | 65719.5 | 71242.5 | 78212.2 | 83840.9 |
| | 5.0 | 36450.7 | 40617.2 | 45132.1 | 54639.7 | 58350.4 | 64407.6 | 69689.3 | 76989.0 | 82480.6 |
| | 6.0 | 32681.7 | 35950.0 | 39507.4 | 52421.3 | 55879.4 | 62349.0 | 67353.3 | 75224.8 | 80454.5 |
| | 7.0 | 28119.8 | 30557.4 | 33170.0 | 49268.3 | 52240.3 | 59861.0 | 64426.4 | 72919.1 | 77882.3 |
| | 8.0 | 23608.2 | 25423.9 | 27343.9 | 45241.8 | 47750.7 | 56436.8 | 60480.2 | 70050.9 | 74581.2 |
| | 9.0 | 19651.0 | 21068.2 | 22582.2 | 40616.6 | 42644.8 | 52289.4 | 55737.4 | 66327.4 | 70364.8 |
| | 10.0 | 16396.6 | 17315.2 | 18362.0 | 35827.5 | 37448.6 | 47569.1 | 50411.6 | 61921.8 | 65408.9 |
| | 11.0 | 13479.0 | 14191.1 | 14893.7 | 31343.0 | 32633.5 | 42616.6 | 44955.4 | 56947.7 | 59884.2 |
| | 12.0 | 11182.1 | 11830.7 | 12494.8 | 27326.6 | 28368.2 | 37889.5 | 39189.4 | 51648.5 | 54130.8 |
| | 13.0 | 9447.5 | 9899.7 | 10389.0 | 23935.3 | 24783.0 | 33577.3 | 35171.6 | 46527.8 | 48600.9 |
| | 14.0 | 7967.5 | 8374.8 | 8826.1 | 20644.4 | 21339.4 | 29769.6 | 31152.9 | 41785.6 | 43501.0 |
| | 15.0 | 6845.6 | 7168.4 | 7533.8 | 17902.9 | 18411.7 | 26389.1 | 27377.1 | 37471.0 | 38889.7 |
| | 16.0 | 5901.4 | — | — | 15566.0 | 16083.9 | 23148.8 | 23996.8 | 33719.0 | 34980.7 |
| | 17.0 | — | — | — | 13759.5 | 14148.2 | 20365.9 | 20998.6 | 30108.7 | 31009.9 |
| | 18.0 | — | — | — | 12076.3 | 12365.0 | 17993.4 | 18683.7 | 26800.5 | 27609.1 |
| | 19.0 | — | — | — | 10671.0 | 10980.4 | 16129.9 | 16665.7 | 23871.8 | 24497.3 |
| | 20.0 | — | — | — | 9544.0 | 9808.8 | 14380.8 | 14777.5 | 21353.6 | 22062.2 |
| | 22.0 | — | — | — | — | — | 11593.5 | 11974.3 | 17477.5 | 17927.8 |
| | 24.0 | — | — | — | — | — | 9513.6 | — | 14294.1 | 14736.8 |
| | 26.0 | — | — | — | — | — | — | — | 11965.9 | 12288.9 |

(Continued)

**TABLE 41 :**

# SAFE CONCENTRIC LOADS ON ROLLED STEEL COLUMN SECTIONS

## (H-BEAMS BEING USED AS COLUMNS)

| Designation | ISHB 150 | | | ISHB 200 | | ISHB 225 | | ISHB 250 | |
|---|---|---|---|---|---|---|---|---|---|
| Size (mm) $h \times b$ | 150 × 150 | 150 × 150 | 150 × 150 | 200 × 200 | 200 × 200 | 225 × 225 | 225 × 225 | 250 × 250 | 250 × 250 |
| Sectional Area, cm² | 34.48 | 38.98 | 44.08 | 47.54 | 50.94 | 54.94 | 59.66 | 64.96 | 69.71 |
| Weight per Metre, kg | 27.1 | 30.6 | 34.6 | 37.3 | 40.0 | 43.1 | 46.8 | 51.0 | 54.7 |
| N | 265.8 | 300.1 | 339.3 | 365.8 | 392.3 | 422.7 | 459.0 | 500.1 | 536.4 |
| Radii of Gyration $r_{xx}$ cm | 6.50 | 6.29 | 6.09 | 8.71 | 8.55 | 9.80 | 9.58 | 10.91 | 10.70 |
| Radii of Gyration $r_{yy}$ cm | 3.54 | 3.44 | 3.35 | 4.51 | 4.42 | 4.96 | 4.84 | 5.49 | 5.37 |
| **Y-Y AXIS — Effective Length in Metres** | **Safe Concentric Loads in kg** | | | | | | | | |
| 2.0 | 39741.6 | 44698.4 | 50299.7 | 56496.5 | 60440.3 | 65779.7 | 71299.7 | 78237.8 | 83861.1 |
| 2.5 | 37731.5 | 42184.2 | 47196.5 | 54975.3 | 58703.3 | 64527.0 | 69802.2 | 77029.6 | 82508.8 |
| 3.0 | 34645.5 | 38477.2 | 42766.4 | 52893.0 | 56385.5 | 62521.7 | 65517.2 | 75308.1 | 80508.1 |
| 3.5 | 30804.4 | 33854.1 | 37207.9 | 50064.4 | 53171.2 | 60142.8 | 64689.3 | 73028.0 | 77956.7 |
| 4.0 | 26522.0 | 28884.2 | 31477.5 | 46418.1 | 49050.1 | 56829.9 | 60853.2 | 70228.3 | 74694.3 |
| 4.5 | 22508.5 | 24331.3 | 26417.1 | 42110.9 | 44210.8 | 52797.3 | 56217.6 | 66571.0 | 70518.6 |
| 5.0 | 19015.7 | 20538.6 | 22194.3 | 37442.5 | 39127.0 | 48171.4 | 50985.4 | 62238.2 | 65611.1 |
| 5.5 | 16078.0 | 17100.5 | 18368.1 | 32973.7 | 34333.6 | 43259.8 | 45562.3 | 57320.7 | 60124.9 |
| 6.0 | 13433.4 | 14274.5 | 15172.3 | 28923.3 | 30013.8 | 38534.9 | 40431.6 | 52052.4 | 54380.8 |
| 6.5 | 11299.1 | 12068.2 | 12919.8 | 25400.6 | 26315.6 | 34205.6 | 35766.2 | 46953.1 | 48852.8 |
| 7.0 | 9695.8 | 10271.2 | 10892.2 | 229110.7 | 22816.0 | 30337.9 | 31691.4 | 42204.5 | 43743.0 |
| 7.5 | 8258.0 | 8758.8 | 9353.8 | 19296.5 | 19795.3 | 27008.5 | 27968.6 | 37878.2 | 39135.2 |
| 8.0 | 7171.8 | 7605.0 | 8079.9 | 16748.3 | 17146.4 | 23701.1 | 24520.3 | 34084.5 | 35210.5 |
| 8.5 | 6234.0 | 6614.9 | — | 14794.4 | 15210.7 | 20910.2 | 21513.4 | 30505.2 | 31264.0 |
| 9.0 | — | — | — | 13092.5 | 13402.3 | 18410.4 | 19079.3 | 27146.8 | 27835.2 |
| 9.5 | — | — | — | 11528.4 | 11828.3 | 16542.4 | 17056.8 | 24210.6 | 24712.2 |
| 10.0 | — | — | — | 10292.4 | 10570.0 | 14789.8 | 15165.6 | 21612.2 | 22230.5 |
| 11.0 | — | — | — | 8310.0 | 8496.8 | 11894.5 | 12260.1 | 17727.6 | 18089.7 |
| 12.0 | — | — | — | — | — | 9773.8 | 10040.8 | 14512.1 | 14855.2 |
| 13.0 | — | — | — | — | — | — | — | 12154.0 | 12387.5 |

(Continued)

## TABLE 41 : SAFE CONCENTRIC LOADS ON ROLLED STEEL COLUMN SECTIONS

### (H-BEAMS BEING USED AS COLUMNS)

| Designation | ISHB 300 | | ISHB 350 | | ISHB 400 | | ISHB 450 | |
|---|---|---|---|---|---|---|---|---|
| Size (mm) $h \times b$ | 300 × 250 | 300 × 250 | 350 × 250 | 350 × 250 | 400 × 250 | 400 × 250 | 450 × 250 | 450 × 250 |
| Sectional Area, cm² | 74.85 | 80.85 | 85.91 | 92.21 | 98.66 | 104.66 | 111.14 | 117.89 |
| Weight per Metre, kg | 58.8 | 63.0 | 67.4 | 72.4 | 77.4 | 82.2 | 87.2 | 92.5 |
| N | 576.6 | 617.8 | 661 | 710 | 759 | 806.1 | 855.1 | 907.1 |
| Radii of Gyration $r_{xx}$ cm | 12.95 | 12.70 | 14.93 | 14.65 | 16.87 | 16.61 | 18.78 | 18.50 |
| $r_{yy}$ cm | 5.41 | 5.29 | 5.34 | 5.22 | 5.26 | 5.16 | 5.18 | 5.08 |
| **X-X AXIS — Effective Length in Metres** | Safe Concentric Loads in kg | | | | | | | |
| 4.0 | 90898.0 | 97367.9 | 104714.6 | 112351.1 | 120529.0 | 127824.0 | 136016.5 | 144243.2 |
| 5.0 | 89857.6 | 96230.5 | 103926.9 | 111441.9 | 120002.7 | 127247.3 | 135483.9 | 143669.7 |
| 6.0 | 88627.6 | 94360.6 | 102884.7 | 110273.7 | 118982.1 | 126113.1 | 134756.4 | 142838.1 |
| 7.0 | 86931.2 | 92895.4 | 101618.8 | 108889.0 | 117870.4 | 124889.2 | 133691.1 | 141691.0 |
| 8.0 | 84730.6 | 90476.5 | 99921.9 | 106909.5 | 116583.8 | 123502.9 | 132510.4 | 140391.0 |
| 9.0 | 82343.1 | 87704.4 | 97835.9 | 104564.5 | 114834.6 | 121503.7 | 131208.4 | 138989.1 |
| 10.0 | 78996.8 | 83976.2 | 95419.2 | 101920.7 | 112729.3 | 11922.4 | 129401.1 | 136918.1 |
| 11.0 | 75105.8 | 79558.1 | 92465.3 | 98480.0 | 110315.8 | 116576.0 | 127270.6 | 134624.0 |
| 12.0 | 70724.9 | 74612.2 | 89028.5 | 94537.3 | 107669.6 | 113530.0 | 124880.1 | 131985.8 |
| 13.0 | 65910.2 | 69253.9 | 84885.5 | 90005.5 | 104219.2 | 109812.4 | 122394.6 | 129255.2 |
| 14.0 | 60766.1 | 63635.7 | 80386.1 | 84909.4 | 100385.5 | 105511.6 | 119049.9 | 125495.5 |
| 15.0 | 55752.9 | 58201.5 | 7585.9 | 79553.0 | 96174.8 | 100939.5 | 115558.3 | 121570.1 |
| 16.0 | 50968.2 | 53103.4 | 70464.7 | 73951.2 | 91438.5 | 93709.7 | 111315.8 | 116981.9 |
| 17.0 | 46478.4 | 48359.1 | 65443.1 | 68516.4 | 86538.8 | 90332.3 | 106991.0 | 112148.4 |
| 18.0 | 42374.7 | 44025.6 | 60528.4 | 63288.5 | 81333.8 | 84724.4 | 102079.1 | 106859.3 |
| 19.0 | 38824.1 | 40234.3 | 55982.6 | 58316.1 | 76206.6 | 79254.4 | 97089.0 | 101379.0 |
| 20.0 | 35322.8 | 36383.0 | 51708.8 | 53824.5 | 71177.2 | 73865.4 | 91822.0 | 95707.6 |
| 22.0 | 29011.2 | 29839.1 | 44232.8 | 45916.8 | 61869.3 | 64115.0 | 81526.2 | 84680.1 |
| 24.0 | 24093.0 | 24835.8 | 37299.9 | 38590.4 | 53810.5 | 55684.6 | 71953.8 | 74522.4 |
| 26.0 | 20335.5 | 20851.1 | 31573.1 | 32446.0 | 46752.0 | 48055.0 | 63354.1 | 65518.2 |
| 28.0 | 17146.7 | 17579.2 | 27006.5 | 27883.9 | 40206.6 | 41265.1 | 56062.5 | 57855.3 |
| 30.0 | 14733.9 | 15101.5 | 23297.7 | 23943.7 | 34550.4 | 35365.9 | 48852.6 | 50335.8 |
| 32.0 | 12697.1 | — | 20068.5 | 20663.6 | 30295.4 | 3136.8 | 42805.4 | 43976.1 |
| 34.0 | — | — | 17572.1 | 18077.3 | 26576.7 | 27202.4 | 37393.2 | 38566.0 |
| 36.0 | — | — | 15395.0 | 15844.1 | 23268.8 | 23844.8 | 33406.6 | 34341.0 |

(Continued)

**TABLE 41 :**

# SAFE CONCENTRIC LOADS ON ROLLED STEEL COLUMN SECTIONS

## (H-BEAMS BEING USED AS COLUMNS)

| Designation | ISHB 300 | | ISHB 350 | | ISHB 400 | | ISHB 450 | |
|---|---|---|---|---|---|---|---|---|
| Size (mm) $h \times b$ | 300 × 250 | 300 × 250 | 350 × 250 | 350 × 250 | 400 × 250 | 400 × 250 | 450 × 250 | 450 × 250 |
| Sectional Area, $cm^2$ | 74.85 | 80.85 | 85.91 | 92.21 | 98.66 | 104.66 | 111.14 | 117.89 |
| Weight per Metre, kg | 58.8 | 63.0 | 67.4 | 72.4 | 77.4 | 82.2 | 87.2 | 92.5 |
| N | 576.6 | 617.8 | 661 | 710 | 759 | 806.1 | 855.1 | 907.1 |
| Radii of Gyration $r_{xx}$ cm | 12.95 | 12.70 | 14.93 | 14.65 | 16.87 | 16.61 | 18.78 | 18.50 |
| Radii of Gyration $r_{yy}$ cm | 5.41 | 5.29 | 5.34 | 5.22 | 5.26 | 5.16 | 5.18 | 5.08 |
| Y-Y AXIS — Effective Length in Metres | Safe Concentric Loads in kg | | | | | | | |
| 2.0 | 90082.0 | 96452.5 | 103315.4 | 110744.2 | 118549.9 | 125612.9 | 133423.6 | 141361.9 |
| 2.5 | 88644.9 | 94855.5 | 101631.5 | 108863.1 | 116556.9 | 123436.0 | 131123.0 | 138839.1 |
| 3.0 | 86556.5 | 92432.0 | 99123.0 | 105958.5 | 113528.1 | 120013.6 | 127533.2 | 134795.4 |
| 3.5 | 83854.5 | 89406.5 | 95935.7 | 102390.0 | 109759.2 | 115869.1 | 123165.3 | 129985.5 |
| 4.0 | 80448.8 | 85458.2 | 91846.4 | 97641.2 | 104806.5 | 110269.8 | 117297.2 | 123360.1 |
| 4.5 | 76055.1 | 80450.6 | 86623.1 | 91684.4 | 98561.3 | 103309.9 | 109973.0 | 115202.1 |
| 5.0 | 70875.5 | 74592.4 | 80480.5 | 84741.0 | 91260.5 | 95209.2 | 101448.6 | 105759.1 |
| 5.5 | 65059.6 | 68108.2 | 73650.6 | 77115.2 | 83209.8 | 86386.4 | 92135.1 | 95538.1 |
| 6.0 | 58921.9 | 61439.4 | 66334.5 | 69388.0 | 74981.6 | 77553.1 | 82788.2 | 85505.6 |
| 6.5 | 52978.8 | 55075.6 | 59741.8 | 62085.0 | 67167.7 | 69264.0 | 73985.9 | 76180.5 |
| 7.0 | 47514.8 | 49233.4 | 53461.8 | 55409.0 | 59995.4 | 61728.5 | 65961.6 | 67751.4 |
| 7.5 | 42567.2 | 44001.1 | 47791.7 | 49507.5 | 53621.7 | 55145.4 | 58937.5 | 60501.1 |
| 8.0 | 38308.2 | 39442.9 | 42963.6 | 44177.8 | 47968.5 | 49012.3 | 52447.0 | 53451.3 |
| 8.5 | 34101.7 | 34868.6 | 38058.1 | 39050.9 | 42413.9 | 43318.8 | 46356.5 | 47238.5 |
| 9.0 | 30359.2 | 31008.6 | 31882.9 | 34643.3 | 37668.4 | 38326.5 | 41055.1 | 41650.5 |
| 9.5 | 26998.4 | 27445.5 | 30059.9 | 30724.4 | 33337.2 | 34119.2 | 36498.4 | 32276.8 |
| 10.0 | 24214.0 | 24821.3 | 27087.4 | 27755.2 | 30150.5 | 30749.1 | 32919.7 | 33492.5 |
| 11.0 | 19760.4 | 20078.6 | 21993.0 | 22342.5 | 24329.6 | 24741.6 | 26484.7 | 26914.3 |
| 12.0 | 16197.5 | 16555.6 | 18092.6 | 18460.4 | 20097.0 | 20419.2 | 21872.4 | 22186.9 |
| 13.0 | 13510.4 | 13787.0 | 15077.2 | 15353.0 | 16732.7 | — | — | — |

(Continued)

**Note :** 1. The safe loads given in this Table are tabulated for ratio of slenderness upto but not exceeding 250.

2. The values below the zigzag lines are for ratio of slenderness exceeding 180.
3. This Table is based on the requirements specified in 9.1.2 of IS : 800-1956.

TABLE 41 :

# SAFE CONCENTRIC LOADS ON ROLLED STEEL COLUMN SECTIONS

## (H-BEAMS BEING USED AS COLUMNS)

| Designation | ISHB 150 | | | ISHB 200 | | ISHB 225 | | ISHB 250 | |
|---|---|---|---|---|---|---|---|---|---|
| Size (mm) $h \times b$ | 150 × 150 | 150 × 150 | 150 × 150 | 200 × 200 | 200 × 200 | 225 × 225 | 225 × 225 | 250 × 250 | 250 × 250 |
| Sectional Area, cm² | 34.48 | 38.98 | 44.08 | 47.54 | 50.94 | 54.94 | 59.66 | 64.96 | 69.71 |
| Weight per Metre, kg | 27.1 | 30.6 | 34.6 | 37.3 | 40.0 | 43.1 | 46.8 | 51.0 | 54.7 |
| N | 265.8 | 300.1 | 339.3 | 365.8 | 392.3 | 422.7 | 459.0 | 500.1 | 536.4 |
| Radii of Gyration $r_{xx}$ cm | 6.50 | 6.29 | 6.09 | 8.71 | 8.55 | 9.80 | 9.58 | 10.91 | 10.70 |
| Radii of Gyration $r_{yy}$ cm | 3.54 | 3.44 | 3.35 | 4.51 | 4.42 | 4.96 | 4.84 | 5.49 | 5.37 |

Safe Concentric Loads in kN

| X-X AXIS, Effective Length in Metres | | | | | | | | | |
|---|---|---|---|---|---|---|---|---|---|
| 4.0 | 383.3 | 430 | 482.5 | 552.4 | 591 | 644.5 | 698.7 | 767 | 822.2 |
| 5.0 | 357.5 | 398.3 | 442.6 | 535.8 | 572.2 | 631.6 | 683.4 | 755 | 808.9 |
| 6.0 | 320.5 | 352.6 | 387.4 | 514.1 | 506.6 | 611.4 | 660.5 | 737.7 | 789 |
| 7.0 | 275.8 | 299.7 | 325.3 | 483.2 | 512.3 | 587 | 631.8 | 715.1 | 763.8 |
| 8.0 | 231.5 | 259.1 | 268.2 | 443.7 | 468.3 | 553.5 | 593.1 | 687 | 731.4 |
| 9.0 | 192.7 | 206.6 | 221.5 | 398.3 | 418.2 | 512.8 | 546.6 | 650.5 | 690 |
| 10.0 | 160.8 | 169.8 | 180.1 | 351.3 | 367.3 | 466.5 | 494.4 | 607.3 | 641.4 |
| 11.0 | 132.2 | 139.2 | 146.1 | 307.4 | 320 | 417.9 | 440.9 | 558.5 | 587.3 |
| 12.0 | 109.7 | 116 | 122.5 | 268 | 278.2 | 371.6 | 390.5 | 506.5 | 530.8 |
| 13.0 | 92.7 | 97.1 | 101.9 | 234.7 | 243 | 329.3 | 344.9 | 456.3 | 476.6 |
| 14.0 | 78.1 | 82.1 | 86.6 | 202.5 | 209.3 | 291.9 | 305.5 | 409.776 | 426.6 |
| 15.0 | 67.1 | 70.3 | 73.9 | 175.6 | 180.6 | 258.8 | 268.5 | 367.5 | 381.4 |
| 16.0 | 57.9 | — | — | 152.7 | 157.7 | 227 | 235.3 | 330.7 | 343 |
| 17.0 | — | — | — | 134.9 | 138.8 | 199.7 | 205.9 | 295.3 | 304.1 |
| 18.0 | — | — | — | 118.4 | 121.3 | 176.5 | 183.2 | 262.8 | 270.8 |
| 19.0 | — | — | — | 104.7 | 107.7 | 158.2 | 163.4 | 234.1 | 240.2 |
| 20.0 | — | — | — | 93.6 | 96.2 | 141 | 144.9 | 211.4 | 216.4 |
| 22.0 | — | — | — | — | — | 113.7 | 117.4 | 171.4 | 175.8 |
| 24.0 | — | — | — | — | — | 93.3 | — | 140.2 | 144.5 |
| 26.0 | — | — | — | — | — | — | — | 117.4 | 120.5 |

(Continued)

## TABLE 41 : SAFE CONCENTRIC LOADS ON ROLLED STEEL COLUMN SECTIONS

### (H-BEAMS BEING USED AS COLUMNS)

| Designation | ISHB 150 | | | ISHB 200 | | ISHB 225 | | ISHB 250 | |
|---|---|---|---|---|---|---|---|---|---|
| Size (mm) $h \times b$ | 150 × 150 | 150 × 150 | 150 × 150 | 200 × 200 | 200 × 200 | 225 × 225 | 225 × 225 | 250 × 250 | 250 × 250 |
| Sectional Area, cm² | 34.48 | 38.98 | 44.08 | 47.54 | 50.94 | 54.94 | 59.66 | 64.96 | 69.71 |
| Weight per Metre, kg | 27.1 | 30.6 | 34.6 | 37.3 | 40.0 | 43.1 | 46.8 | 51.0 | 54.7 |
| N | 265.8 | 300.1 | 339.3 | 365.8 | 392.3 | 422.7 | 459.0 | 500.1 | 536.4 |
| Radii of Gyration $r_{xx}$ cm | 6.50 | 6.29 | 6.09 | 8.71 | 8.55 | 9.80 | 9.58 | 10.91 | 10.70 |
| Radii of Gyration $r_{yy}$ cm | 3.54 | 3.44 | 3.35 | 4.51 | 4.42 | 4.96 | 4.84 | 5.49 | 5.37 |
| Y-Y AXIS — Effective Length in Metres | Safe Concentric Loads in kN | | | | | | | | |
| 2.0 | 389.7 | 438 | 493.3 | 554 | 592.7 | 645.1 | 699.2 | 767.3 | 822.4 |
| 2.5 | 370 | 413.7 | 462.8 | 539.1 | 575.7 | 632.8 | 684.5 | 755.4 | 809.2 |
| 3.0 | 339.8 | 377.3 | 419.4 | 518.7 | 553 | 613.1 | 662.1 | 738.5 | 789.5 |
| 3.5 | 302.1 | 332 | 364.9 | 491 | 521.4 | 589.8 | 634.4 | 716.2 | 764.5 |
| 4.0 | 260.1 | 283.3 | 308.7 | 455.2 | 481 | 557.3 | 596.8 | 688.7 | 732.5 |
| 4.5 | 220.7 | 238.6 | 259.1 | 413 | 433.6 | 517.8 | 551.3 | 652.8 | 691.6 |
| 5.0 | 186.5 | 201.4 | 217.7 | 367.2 | 383.7 | 472.4 | 500 | 610.4 | 643.4 |
| 5.5 | 157.7 | 167.7 | 180.1 | 323.4 | 336.7 | 424.2 | 446.8 | 562.1 | 589.6 |
| 6.0 | 131.8 | 140 | 148.8 | 283.6 | 294.3 | 377.9 | 396.5 | 510.5 | 533.3 |
| 6.5 | 110.8 | 118.4 | 126.7 | 249.1 | 258.1 | 335.4 | 350.8 | 460.5 | 479.1 |
| 7.0 | 95.1 | 100.7 | 106.8 | 224.7 | 223.7 | 297.5 | 310.8 | 413.9 | 429 |
| 7.5 | 81 | 85.9 | 91.7 | 189.2 | 194.1 | 264.9 | 274.3 | 371.5 | 383.8 |
| 8.0 | 70.3 | 74.6 | 79.2 | 164.2 | 168.2 | 232.4 | 240.5 | 334.3 | 345.3 |
| 8.5 | 61.1 | 64.9 | — | 145.1 | 149.2 | 205.1 | 211 | 299.2 | 306.6 |
| 9.0 | — | — | — | 128.4 | 131.4 | 180.5 | 187.1 | 266.2 | 273 |
| 9.5 | — | — | — | 113.1 | 116 | 162.2 | 167.3 | 237.4 | 242.3 |
| 10.0 | — | — | — | 100.9 | 103.7 | 145.0 | 148.7 | 211.9 | 218 |
| 11.0 | — | — | — | 81.5 | 83.3 | 116.6 | 120.2 | 173.9 | 177.4 |
| 12.0 | — | — | — | — | — | 95.9 | 98.5 | 142.3 | 145.7 |
| 13.0 | — | — | — | — | — | — | — | 119.2 | 121.5 |

(Continued)

## TABLE 41 : SAFE CONCENTRIC LOADS ON ROLLED STEEL COLUMN SECTIONS

### (H-BEAMS BEING USED AS COLUMNS)

| Designation | ISHB 300 | | ISHB 350 | | ISHB 400 | | ISHB 450 | |
|---|---|---|---|---|---|---|---|---|
| Size (mm) $h \times b$ | 300 × 250 | 300 × 250 | 350 × 250 | 350 × 250 | 400 × 250 | 400 × 250 | 450 × 250 | 450 × 250 |
| Sectional Area, cm² | 74.85 | 80.85 | 85.91 | 92.21 | 98.66 | 104.66 | 111.14 | 117.89 |
| Weight per Metre, kg | 58.8 | 63.0 | 67.4 | 72.4 | 77.4 | 82.2 | 87.2 | 92.5 |
| N | 576.6 | 617.8 | 661 | 710 | 759 | 806.1 | 855.1 | 907.1 |
| Radii of Gyration $r_{xx}$ cm | 12.95 | 12.70 | 14.93 | 14.65 | 16.87 | 16.61 | 18.78 | 18.50 |
| Radii of Gyration $r_{yy}$ cm | 5.41 | 5.29 | 5.34 | 5.22 | 5.26 | 5.16 | 5.18 | 5.08 |
| X-X AXIS — Effective Length in Metres | Safe Concentric Loads in kN | | | | | | | |
| 4.0 | 891.4 | 954.9 | 1026.9 | 1101.8 | 1182 | 1253.5 | 1333.9 | 1414.5 |
| 5.0 | 881.2 | 943.7 | 1019.2 | 1092.9 | 1176.8 | 1247.9 | 1328.6 | 1408.9 |
| 6.0 | 869.1 | 925.4 | 1009 | 1081.4 | 1166.8 | 1236.8 | 1321.5 | 1400.8 |
| 7.0 | 852.5 | 906.1 | 996.5 | 1067.8 | 1155.9 | 1224.7 | 1311.1 | 1389.5 |
| 8.0 | 831.3 | 887.3 | 979.9 | 1048.4 | 1143.3 | 1211.2 | 1299.5 | 1376.8 |
| 9.0 | 807.5 | 860.1 | 959.4 | 1025.4 | 1126.1 | 1191.5 | 1286.7 | 1363 |
| 10.0 | 774.7 | 780.2 | 935.7 | 999.5 | 1105.5 | 1169.2 | 1269 | 1342.7 |
| 11.0 | 736.5 | 725.8 | 906.8 | 965.8 | 1081.8 | 1143.2 | 1248.1 | 1320.2 |
| 12.0 | 693.6 | 679.2 | 870.1 | 927.5 | 1055.9 | 1113.4 | 1224.7 | 1294.3 |
| 13.0 | 646.4 | 624.1 | 832.4 | 882.7 | 1022 | 1076.9 | 1200.3 | 1267.6 |
| 14.0 | 595.9 | 570.8 | 788.3 | 832.7 | 984.5 | 1034.7 | 1167.5 | 1230.7 |
| 15.0 | 546.8 | 520.8 | 741.2 | 780.2 | 943.2 | 989.9 | 1133.2 | 1192.2 |
| 16.0 | 499.8 | 474.2 | 691 | 725.2 | 896.7 | 938.6 | 1091.6 | 1147.2 |
| 17.0 | 455.8 | 431.7 | 641.8 | 671.9 | 848.7 | 885.9 | 1049.2 | 1099.8 |
| 18.0 | 415.6 | 356.8 | 593.6 | 620.7 | 797.6 | 830.9 | 1001.1 | 1047.9 |
| 19.0 | 380.7 | 292.6 | 549 | 571.9 | 747.3 | 777.2 | 952.1 | 994.2 |
| 20.0 | 346.4 | 243.6 | 507.1 | 527.8 | 698 | 724.4 | 900.5 | 938.6 |
| 22.0 | 284.5 | 204.5 | 433.8 | 450.3 | 606.7 | 628.8 | 799.5 | 830.4 |
| 24.0 | 236.3 | 172.4 | 365.8 | 378.4 | 527.7 | 546.1 | 705.6 | 730.8 |
| 26.0 | 168.2 | 148.1 | 309.6 | 318.2 | 458.5 | 471.3 | 621.3 | 642.5 |
| 28.0 | 144.5 | — | 264.8 | 273.5 | 394.3 | 404.7 | 549.8 | 567.4 |
| 30.0 | 124.5 | — | 228.5 | 234.8 | 338.8 | 346.8 | 479.1 | 493.6 |
| 32.0 | — | — | 196.8 | 202.4 | 297.1 | 305.4 | 419.8 | 431.3 |
| 34.0 | — | — | 172.3 | 177.3 | 260.6 | 266.8 | 366.7 | 378.2 |
| 36.0 | — | — | 151 | 155.4 | 228.2 | 233.8 | 327.6 | 336.8 |

(Continued)

**TABLE 41 :**

# SAFE CONCENTRIC LOADS ON ROLLED STEEL COLUMN SECTIONS

## (H-BEAMS BEING USED AS COLUMNS)

| Designation | ISHB 300 | | ISHB 350 | | ISHB 400 | | ISHB 450 | |
|---|---|---|---|---|---|---|---|---|
| Size (mm) $h \times b$ | 300 × 250 | 300 × 250 | 350 × 250 | 350 × 250 | 400 × 250 | 400 × 250 | 450 × 250 | 450 × 250 |
| Sectional Area, cm² | 74.85 | 80.85 | 85.91 | 92.21 | 98.66 | 104.66 | 111.14 | 117.89 |
| Weight per Metre, kg | 58.8 | 63.0 | 67.4 | 72.4 | 77.4 | 82.2 | 87.2 | 92.5 |
| N | 576.6 | 617.8 | 661 | 710 | 759 | 806.1 | 855.1 | 907.1 |
| Radii of Gyration $r_{xx}$ cm | 12.95 | 12.70 | 14.93 | 14.65 | 16.87 | 16.61 | 18.78 | 18.50 |
| Radii of Gyration $r_{yy}$ cm | 5.41 | 5.29 | 5.34 | 5.22 | 5.26 | 5.16 | 5.18 | 5.08 |
| **Y-Y AXIS — Effective Length in Metres** | Safe Concentric Loads in kN | | | | | | | |
| 2.0 | 883.4 | 945.9 | 1013.2 | 1086 | 1162.6 | 1231.8 | 1308.4 | 1386.3 |
| 2.5 | 869.3 | 930.2 | 996.7 | 1067.6 | 1143 | 1210.5 | 1285.9 | 1361.6 |
| 3.0 | 848.8 | 906.5 | 972.1 | 1039.1 | 1113.3 | 1176.9 | 1250.7 | 1321.9 |
| 3.5 | 822.3 | 876.8 | 940.8 | 1004.1 | 1076.4 | 1136.3 | 1207.8 | 1274.7 |
| 4.0 | 788.9 | 838.1 | 900.7 | 957.5 | 1027.8 | 1081.4 | 1150.3 | 1209.8 |
| 4.5 | 745.9 | 789 | 849.5 | 899.1 | 966.6 | 1013.1 | 1078.5 | 1129.8 |
| 5.0 | 695.1 | 731.5 | 789.2 | 831 | 895 | 933.7 | 994.9 | 1037.1 |
| 5.5 | 638 | 667.9 | 722.3 | 756.2 | 816 | 847.2 | 903.5 | 936.9 |
| 6.0 | 577.8 | 602.5 | 652.7 | 680.5 | 735.3 | 760.5 | 811.9 | 838.5 |
| 6.5 | 466 | 540.1 | 585.9 | 608.9 | 658.7 | 679.3 | 725.6 | 747.1 |
| 7.0 | 417.4 | 482.8 | 524.3 | 543.4 | 588.4 | 605.4 | 646.9 | 664.4 |
| 7.5 | 375.7 | 431.5 | 468.7 | 485.5 | 525.9 | 540.8 | 578 | 593.3 |
| 8.0 | 334.4 | 386.8 | 421.3 | 433.2 | 470.4 | 480.7 | 514.6 | 524.2 |
| 8.5 | 297.7 | 341.9 | 373.2 | 383 | 415.9 | 424.8 | 454.6 | 463.3 |
| 9.0 | 264.8 | 304.1 | 332.3 | 339.7 | 369.4 | 375.9 | 402.6 | 408.5 |
| 9.5 | 237.5 | 269.2 | 294.8 | 301.3 | 326.9 | 334.6 | 357.9 | 365.6 |
| 10.0 | 193.8 | 243.4 | 265.6 | 272.2 | 295.7 | 301.6 | 322.8 | 328.5 |
| 11.0 | 158.8 | 196.9 | 215.7 | 219.1 | 238.6 | 242.6 | 259.7 | 263.9 |
| 12.0 | 132.5 | 162.4 | 177.4 | 181 | 197.1 | 200.2 | 214.5 | 217.6 |
| 13.0 | — | 135.2 | 147.9 | 150.6 | 164.1 | — | — | — |

**Note :** 1. The safe loads given in this Table are tabulated for ratio of slenderness upto but not exceeding 250.

2. The values below the zigzag lines are for ratio of slenderness exceeding 180.
3. This Table is based on the requirements specified in 9.1.2 of IS : 800-1956.

TABLE 42 :

# SAFE CONCENTRIC LOADS ON CHANNEL SECTIONS

## (BEING USED AS COLUMNS)

| | Designation | ISLC 400 | ISMC 400 | ISLC 350 | ISMC 350 | ISLC 300 | ISMC 300 | ISLC 250 |
|---|---|---|---|---|---|---|---|---|
| | Area cm² | 58.25 | 62.93 | 49.47 | 53.66 | 42.11 | 45.64 | 35.65 |
| | Weight per Metre, kg | 45.7 | 49.4 | 38.8 | 42.1 | 33.1 | 35.8 | 28.0 |
| | N | 448.2 | 484.4 | 380.5 | 412.9 | 324.6 | 351.1 | 274.6 |
| Radii of Gyration | $r_{xx}$ cm | 15.50 | 15.48 | 13.72 | 13.66 | 11.98 | 11.81 | 10.17 |
| | $r_{yy}$ cm | 2.81 | 2.83 | 2.82 | 2.83 | 2.87 | 2.61 | 2.89 |
| | Effective Length in Metres | Safe Concentric Loads in kg | | | | | | |
| X-X AXIS | 4.0 | 71051.8 | 76758.5 | 60193.2 | 65285.2 | 50948.9 | 55180.3 | 42751.6 |
| | 5.0 | 70595.2 | 76262.4 | 59581.8 | 64612.8 | 50286.9 | 54442.1 | 41990.0 |
| | 6.0 | 69918.8 | 75530.6 | 58858.9 | 63821.5 | 49508.7 | 53540.5 | 40769.7 |
| | 7.0 | 69122.1 | 74667.5 | 57995.0 | 62863.8 | 48243.3 | 52149.2 | 39318.9 |
| | 8.0 | 68163.8 | 73625.2 | 56697.0 | 61449.6 | 46806.6 | 50546.1 | 37321.6 |
| | 9.0 | 66810.9 | 72161.7 | 55232.7 | 59845.9 | 44963.4 | 48441.4 | 34859.7 |
| | 10.0 | 65300.1 | 70524.5 | 53425.6 | 57903.6 | 42699.5 | 49884.0 | 32009.2 |
| | 11.0 | 63625.9 | 68703.8 | 51337.0 | 55549.1 | 40084.4 | 42943.9 | 28925.1 |
| | 12.0 | 61408.6 | 66305.3 | 48740.9 | 52720.8 | 37162.7 | 39692.3 | 25890.8 |
| Y-Y AXIS | 2.0 | 63556.6 | 68865.4 | 54050.9 | 58704.0 | 46291.5 | 48328.2 | 39261.3 |
| | 2.5 | 56758.8 | 61608.5 | 48317.3 | 52533.1 | 41596.3 | 41943.2 | 35371.9 |
| | 3.0 | 47986.4 | 52263.4 | 40921.6 | 44564.6 | 35528.2 | 34344.1 | 30306.1 |
| | 3.5 | 39202.2 | 42792.4 | 33466.5 | 36488.8 | 29207.5 | 27425.1 | 24965.7 |
| | 4.0 | 31740.4 | 34668.1 | 27104.6 | 29561.3 | 23729.0 | 21866.1 | 20331.2 |
| | 4.5 | 25472.7 | 27940.9 | 21796.5 | 23025.0 | 19269.5 | 17146.9 | 16548.7 |
| | 5.0 | 20370.0 | 22377.9 | 17448.1 | 19081.5 | 15462.8 | 13737.6 | 13293.9 |
| | 5.5 | 16758.5 | 18381.9 | 14341.4 | 15674.1 | 12666.7 | 11058.6 | 10873.2 |
| | 6.0 | 13717.9 | 15052.9 | 11744.2 | 12835.5 | 10392.7 | 9137.1 | 8955.3 |

(Continued)

## TABLE 42 : SAFE CONCENTRIC LOADS ON CHANNEL SECTIONS

### (BEING USED AS COLUMNS)

| Designation | | ISMC 250 | ISLC 225 | ISMC 225 | ISLC 200 | ISMC 200 | ISLC 175 | ISMC 175 |
|---|---|---|---|---|---|---|---|---|
| Area cm² | | 38.67 | 30.53 | 33.01 | 26.22 | 28.21 | 22.40 | 24.38 |
| Weight per Metre, kg | | 30.4 | 24.0 | 25.9 | 20.6 | 22.1 | 17.6 | 19.1 |
| N | | 298.1 | 253.4 | 254 | 202 | 216.7 | 172.6 | 187.3 |
| Radii of Gyration | $r_{xx}$ cm | 9.94 | 9.14 | 9.03 | 8.11 | 8.03 | 7.16 | 7.08 |
| | $r_{yy}$ cm | 2.38 | 2.62 | 2.38 | 2.37 | 2.23 | 2.38 | 2.23 |
| | | Safe Concentric Loads in kg | | | | | | |
| X-X AXIS — Effective Length in Metres | 4.0 | 46306.1 | 36322.1 | 39233.9 | 30873.8 | 33186.6 | 25869.4 | 28100.6 |
| | 5.0 | 45433.9 | 35386.2 | 38181.5 | 29708.8 | 31890.9 | 24611.0 | 26689.8 |
| | 6.0 | 44025.0 | 34080.3 | 36737.8 | 28173.4 | 30189.0 | 22660.9 | 24497.8 |
| | 7.0 | 42363.3 | 32335.6 | 34780.5 | 26050.7 | 27853.2 | 20217.1 | 21780.6 |
| | 8.0 | 40043.7 | 30066.0 | 32254.9 | 23473.7 | 25025.1 | 17474.4 | 18754.3 |
| | 9.0 | 37219.5 | 27376.7 | 29271.9 | 20625.2 | 21922.4 | 14873.2 | 15914.4 |
| | 10.0 | 33976.5 | 24431.9 | 26032.3 | 17905.5 | 18990.7 | 12574.9 | 13446.6 |
| | 11.0 | 30521.8 | 21561.3 | 30521.8 | 15469.6 | 16373.0 | 10681.4 | 11367.4 |
| | 12.0 | 27195.8 | 18954.1 | 27195.8 | 13403.0 | 14171.6 | 8943.2 | 9498.3 |
| Y-Y AXIS — Effective Length in Metres | 2.0 | 39056.7 | 32380.1 | 33340.1 | 26414.0 | 27344.0 | 22624.0 | 23631.5 |
| | 2.5 | 32448.0 | 28148.7 | 27698.7 | 21898.9 | 21916.3 | 18795.8 | 18940.8 |
| | 3.0 | 25568.6 | 23089.8 | 21826.2 | 17226.5 | 16863.9 | 14810.9 | 14574.4 |
| | 3.5 | 19976.9 | 10455.4 | 17053.0 | 13448.2 | 12880.7 | 11571.8 | 11131.9 |
| | 4.0 | 15348.1 | 14736.8 | 13101.7 | 10309.7 | 9676.0 | 8890.6 | 8362.3 |
| | 4.5 | 11952.9 | 11561.7 | 10203.4 | 8033.8 | 7577.2 | 6923.8 | 6548.5 |
| | 5.0 | 9427.7 | 9259.7 | 8047.8 | 6337.4 | 5969.2 | 5461.1 | 5158.8 |
| | 5.5 | 7652.8 | 7455.4 | 6532.7 | 5141.7 | 4807.0 | 4433.0 | 4154.4 |
| | 6.0 | — | 6167.4 | — | — | — | — | — |

(Continued)

TABLE 42 :

# SAFE CONCENTRIC LOADS ON CHANNEL SECTIONS

## (BEING USED AS COLUMNS)

| Designation | | ISLC 150 | ISMC 150 | ISLC 125 | ISMC 125 | ISLC 100 | ISMC 100 | ISLC 75 | ISMC 75 |
|---|---|---|---|---|---|---|---|---|---|
| Area $cm^2$ | | 18.36 | 20.88 | 13.67 | 16.19 | 10.02 | 11.70 | 7.26 | 8.67 |
| Weight per Metre, kg | | 14.4 | 16.4 | 10.7 | 12.7 | 7.9 | 9.2 | 5.7 | 6.8 |
| N | | 141.2 | 160.8 | 104.9 | 124.5 | 77.5 | 90.2 | 55.9 | 66.7 |
| Radii of Gyration | $r_{xx}$ cm | 6.16 | 6.11 | 5.11 | 5.07 | 4.06 | 4.00 | 3.02 | 2.96 |
| | $r_{yy}$ cm | 2.37 | 2.21 | 2.05 | 1.92 | 1.57 | 1.49 | 1.26 | 1.21 |
| | | Safe Concentric Loads in kg | | | | | | | |
| X-X AXIS, Effective Length in Metres | 4.0 | 20549.8 | 23323.8 | 14342.0 | 16926.9 | 8980.6 | 10342.8 | 4447.5 | 5146.0 |
| | 5.0 | 18921.5 | 21418.7 | 12328.5 | 14497.5 | 6854.6 | 7833.2 | 2973.9 | 3403.1 |
| | 6.0 | 16626.1 | 18769.9 | 9995.7 | 11709.4 | 5133.2 | 5838.3 | 2020.0 | 2305.3 |
| | 7.0 | 14022.0 | 15779.6 | 7934.0 | 9272.4 | 3764.1 | 4253.0 | 1427.3 | 1627.1 |
| | 8.0 | 11585.6 | 13061.1 | 6274.7 | 7309.4 | 2840.3 | 3205.8 | — | — |
| | 9.0 | 9590.8 | 10757.4 | 4896.8 | 5693.7 | 2170.9 | 2457.0 | — | — |
| | 10.0 | 7882.8 | 8755.0 | 3933.9 | 4579.1 | 1712.5 | 1930.5 | — | — |
| | 11.0 | 6365.7 | 7096.9 | 3162.8 | 3679.8 | — | — | — | — |
| | 12.0 | 5335.8 | 5961.7 | 2608.5 | 3032.3 | — | — | — | — |
| Y-Y AXIS, Effective Length in Metres | 2.0 | 18495.9 | 20105.4 | 12360.4 | 13711.3 | 6519.0 | 7020.0 | 3235.8 | 3563.4 |
| | 2.5 | 15334.3 | 16037.9 | 9481.5 | 10175.4 | 4435.9 | 4660.1 | 2026.3 | 2203.9 |
| | 3.0 | 12062.5 | 12302.5 | 7122.1 | 7462.0 | 3031.0 | 3159.0 | 1340.2 | 1459.2 |
| | 3.5 | 9416.8 | 9352.2 | 5243.8 | 5378.3 | 2145.3 | 2231.2 | — | — |
| | 4.0 | 7219.2 | 7028.2 | 3958.8 | 4031.3 | — | — | — | — |
| | 4.5 | 5625.5 | 5493.5 | 3023.8 | 3103.6 | — | — | — | — |
| | 5.0 | 4437.6 | 4332.6 | 2389.5 | — | — | — | — | — |
| | 5.5 | 3600.4 | 3482.8 | — | — | — | — | — | — |

(Continued)

**Note :** 1. The safe loads given in this Table are tabulated for ratio of slenderness upto but not exceeding 250.

2. The values below the zigzag lines are for ratio of slenderness exceeding 180.

3. This Table is based on the requirements specified in 9.1.2 of IS : 800-1956.

## TABLE 42 : SAFE CONCENTRIC LOADS ON CHANNEL SECTIONS

### (BEING USED AS COLUMNS)

| Designation | | ISLC 400 | ISMC 400 | ISLC 350 | ISMC 350 | ISLC 300 | ISMC 300 | ISLC 250 |
|---|---|---|---|---|---|---|---|---|
| Area cm² | | 58.25 | 62.93 | 49.47 | 53.66 | 42.11 | 45.64 | 35.65 |
| Weight per Metre, kg | | 45.7 | 49.4 | 38.8 | 42.1 | 33.1 | 35.8 | 28.0 |
| N | | 448.2 | 484.4 | 380.5 | 412.9 | 324.6 | 351.1 | 274.6 |
| Radii of Gyration | $r_{xx}$ cm | 15.50 | 15.48 | 13.72 | 13.66 | 11.98 | 11.81 | 10.17 |
| | $r_{yy}$ cm | 2.81 | 2.83 | 2.82 | 2.83 | 2.87 | 2.61 | 2.89 |
| | | Safe Concentric Loads in kN | | | | | | |
| X-X AXIS, Effective Length in Metres | 4.0 | 696.8 | 752.7 | 590.3 | 640.2 | 499.6 | 541.1 | 419.3 |
| | 5.0 | 692.3 | 747.9 | 584.3 | 633.6 | 493.2 | 533.9 | 411.8 |
| | 6.0 | 685.7 | 740.7 | 577.2 | 625.9 | 485.5 | 525.1 | 399.8 |
| | 7.0 | 677.8 | 732.2 | 568.7 | 616.5 | 473.1 | 511.4 | 385.6 |
| | 8.0 | 668.5 | 722 | 556 | 602.6 | 459 | 495.7 | 366 |
| | 9.0 | 655.2 | 707.7 | 541.7 | 586.9 | 440.9 | 475.1 | 341.9 |
| | 10.0 | 640.4 | 691.6 | 524.4 | 567.8 | 418.7 | 450 | 313.9 |
| | 11.0 | 624 | 673.8 | 503.4 | 544.8 | 393.1 | 421.1 | 283.7 |
| | 12.0 | 602.2 | 650.2 | 478 | 517 | 364.4 | 389.3 | 253.9 |
| Y-Y AXIS, Effective Length in Metres | 2.0 | 623.3 | 675.3 | 530.1 | 575.7 | 454 | 473.9 | 385 |
| | 2.5 | 556.6 | 604.2 | 473.9 | 515.2 | 407.9 | 411.3 | 346.9 |
| | 3.0 | 470.6 | 512.5 | 401.3 | 437 | 348.4 | 336.8 | 297.2 |
| | 3.5 | 384.4 | 419.7 | 328.2 | 357.8 | 286.4 | 269 | 244.8 |
| | 4.0 | 311.3 | 340 | 265.8 | 289.9 | 232.7 | 214.4 | 199.4 |
| | 4.5 | 249.8 | 274 | 213.8 | 233.6 | 189 | 168.2 | 162.3 |
| | 5.0 | 199.8 | 219.5 | 171.1 | 187.1 | 151.6 | 134.7 | 130.4 |
| | 5.5 | 164.3 | 180.3 | 140.6 | 153.7 | 124.2 | 108.5 | 106.6 |
| | 6.0 | 134.5 | 147.6 | 115.2 | 125.9 | 101.9 | 89.6 | 87.8 |

(Continued)

TABLE 42 :

# SAFE CONCENTRIC LOADS ON CHANNEL SECTIONS

## (BEING USED AS COLUMNS)

| | | Designation | ISMC 250 | ISLC 225 | ISMC 225 | ISLC 200 | ISMC 200 | ISLC 175 | ISMC 175 |
|---|---|---|---|---|---|---|---|---|---|
| | | Area $cm^2$ | 38.67 | 30.53 | 33.01 | 26.22 | 28.21 | 22.40 | 24.38 |
| | | Weight per Metre, kg | 30.4 | 24.0 | 25.9 | 20.6 | 22.1 | 17.6 | 19.1 |
| | | N | 298.1 | 253.4 | 254 | 202 | 216.7 | 172.6 | 187.3 |
| | | Radii of Gyration $r_{xx}$ cm | 9.94 | 9.14 | 9.03 | 8.11 | 8.03 | 7.16 | 7.08 |
| | | Radii of Gyration $r_{yy}$ cm | 2.38 | 2.62 | 2.38 | 2.37 | 2.23 | 2.38 | 2.23 |
| | | | Safe Concentric Loads in kN | | | | | | |
| X-X AXIS | Effective Length in Metres | 4.0 | 454.1 | 356.2 | 384.8 | 302.8 | 325.5 | 253.7 | 275.6 |
| X-X AXIS | | 5.0 | 445.6 | 347 | 374.4 | 291.3 | 312.7 | 241.4 | 261.7 |
| X-X AXIS | | 6.0 | 431.7 | 334.2 | 360.3 | 276.3 | 296.1 | 222.2 | 240.2 |
| X-X AXIS | | 7.0 | 415.4 | 317.1 | 341.1 | 255.5 | 273.2 | 198.3 | 213.6 |
| X-X AXIS | | 8.0 | 392.7 | 294.9 | 316.3 | 230.2 | 245.4 | 171.4 | 183.9 |
| X-X AXIS | | 9.0 | 365 | 268.5 | 287.1 | 202.3 | 215 | 145.9 | 156.1 |
| X-X AXIS | | 10.0 | 333.2 | 239.6 | 255.3 | 175.6 | 186.2 | 123.3 | 131.9 |
| X-X AXIS | | 11.0 | 299.3 | 211.4 | 299.3 | 151.7 | 160.6 | 104.8 | 111.5 |
| X-X AXIS | | 12.0 | 266.7 | 185.9 | 266.7 | 131.5 | 139 | 87.7 | 93.2 |
| Y-Y AXIS | | 2.0 | 383 | 317.5 | 327 | 259 | 268.2 | 221.9 | 231.8 |
| Y-Y AXIS | | 2.5 | 318.2 | 276 | 271.6 | 214.8 | 214.9 | 184.3 | 185.8 |
| Y-Y AXIS | | 3.0 | 250.7 | 226.4 | 214 | 168.9 | 165.4 | 145.2 | 142.9 |
| Y-Y AXIS | | 3.5 | 195.9 | 181 | 167.2 | 131.9 | 126.3 | 113.5 | 109.2 |
| Y-Y AXIS | | 4.0 | 150.5 | 144.5 | 128.5 | 101.1 | 94.9 | 87.2 | 82 |
| Y-Y AXIS | | 4.5 | 117.2 | 113.4 | 100.1 | 78.8 | 74.3 | 67.9 | 64.2 |
| Y-Y AXIS | | 5.0 | 92.5 | 90.8 | 78.9 | 62.2 | 58.5 | 53.6 | 50.6 |
| Y-Y AXIS | | 5.5 | 75.1 | 73.1 | 64.1 | 50.4 | 47.1 | 43.5 | 40.7 |
| Y-Y AXIS | | 6.0 | — | 60.5 | — | — | — | — | — |

(Continued)

**TABLE 42 :**

# SAFE CONCENTRIC LOADS ON CHANNEL SECTIONS

## (BEING USED AS COLUMNS)

| Designation | | ISLC 150 | ISMC 150 | ISLC 125 | ISMC 125 | ISLC 100 | ISMC 100 | ISLC 75 | ISMC 75 |
|---|---|---|---|---|---|---|---|---|---|
| Area $cm^2$ | | 18.36 | 20.88 | 13.67 | 16.19 | 10.02 | 11.70 | 7.26 | 8.67 |
| Weight per Metre, kg | | 14.4 | 16.4 | 10.7 | 12.7 | 7.9 | 9.2 | 5.7 | 6.8 |
| N | | 141.2 | 160.8 | 104.9 | 124.5 | 77.5 | 90.2 | 55.9 | 66.7 |
| Radii of Gyration | $r_{xx}$ cm | 6.16 | 6.11 | 5.11 | 5.07 | 4.06 | 4.00 | 3.02 | 2.96 |
| | $r_{yy}$ cm | 2.37 | 2.21 | 2.05 | 1.92 | 1.57 | 1.49 | 1.26 | 1.21 |
| | | Safe Concentric Loads in kN | | | | | | | |
| **Axis** | **Effective Length in Metres** | | | | | | | | |
| X-X AXIS | 4.0 | 201.5 | 228.7 | 140.7 | 166 | 88.1 | 101.4 | 43.6 | 50.5 |
| | 5.0 | 185.6 | 210.1 | 120.9 | 142.2 | 67.2 | 76.8 | 29.2 | 33.4 |
| | 6.0 | 163.1 | 184.1 | 98 | 114.8 | 50.3 | 57.3 | 19.8 | 22.6 |
| | 7.0 | 137.5 | 154.8 | 77.8 | 90.9 | 36.9 | 41.7 | 14 | 16 |
| | 8.0 | 113.6 | 127.6 | 61.5 | 71.7 | 27.9 | 31.4 | — | — |
| | 9.0 | 94.1 | 105.5 | 48 | 55.8 | 21.3 | 24.1 | — | — |
| | 10.0 | 76.7 | 85.9 | 38.6 | 44.9 | 16.8 | 18.9 | — | — |
| | 11.0 | 62.4 | 69.6 | 25.6 | 36.1 | — | — | — | — |
| | 12.0 | 52.3 | 58.5 | 21.2 | 29.7 | — | — | — | — |
| Y-Y AXIS | 2.0 | 181.4 | 197.2 | 93 | 134.5 | 63.9 | 68.8 | 31.7 | 35 |
| | 2.5 | 150.4 | 157.3 | 69.8 | 99.8 | 43.5 | 45.7 | 19.9 | 21.6 |
| | 3.0 | 118.3 | 120.7 | 51.4 | 73.2 | 29.7 | 31 | 13.1 | 14.3 |
| | 3.5 | 92.4 | 91.7 | 38.8 | 52.7 | 21 | 21.9 | — | — |
| | 4.0 | 70.8 | 68.9 | 29.7 | 39.5 | — | — | — | — |
| | 4.5 | 55.2 | 53.9 | 23.4 | 30.4 | — | — | — | — |
| | 5.0 | 43.5 | 42.5 | — | — | — | — | — | — |
| | 5.5 | 35.3 | 34.2 | — | — | — | — | — | — |

(Continued)

**Note :** 1. The safe loads given in this Table are tabulated for ratio of slenderness upto but not exceeding 250.

2. The values below the zigzag lines are for ratio of slenderness exceeding 180.

3. This Table is based on the requirements specified in 9.1.2 of IS : 800-1956.

**TABLE 43 :**

# MOMENT OF INERTIA OF TWO FLANGES PER CENTIMETRE WIDTH ABOUT THE X-X AXIS

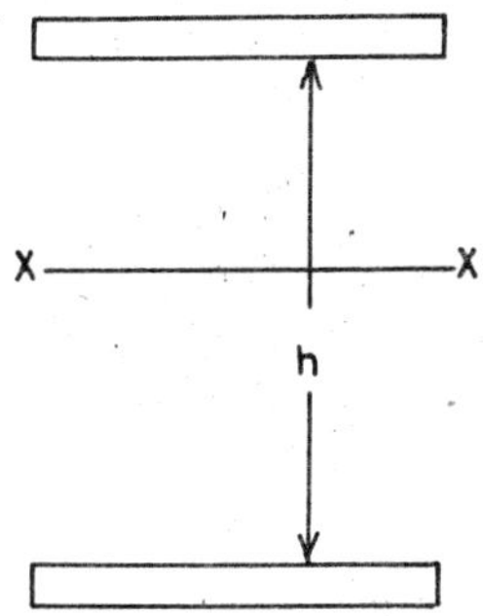


| Thickness of Each Flange mm | 9.0 | 10.0 | 11 | 12 | 14 | 16 | 18 | 20 | 22 | 25 |
|---|---|---|---|---|---|---|---|---|---|---|
| Depth h cm | Moment of Inertia in $cm^4$ | | | | | | | | | |
| 7.5 | 31.9 | 36.3 | 40.9 | 45.7 | 55.9 | 66.9 | 78.8 | 91.6 | 105.3 | 127.6 |
| 8.0 | 35.8 | 40.6 | 45.8 | 51.1 | 62.3 | 74.4 | 87.4 | 101.3 | 116.2 | 140.4 |
| 10.0 | 53.6 | 60.7 | 68.0 | 75.6 | 91.4 | 108.3 | 126.3 | 145.3 | 165.5 | 197.9 |
| 12.5 | 80.9 | 91.3 | 101.9 | 112.9 | 135.7 | 159.7 | 185.0 | 211.6 | 239.5 | 283.9 |
| 15.0 | 113.9 | 128.2 | 142.8 | 157.8 | 188.7 | 221.1 | 255.0 | 290.3 | 327.2 | 385.4 |
| 16.0 | 128.6 | 144.7 | 161.0 | 177.8 | 212.4 | 248.5 | 286.1 | 325.3 | 366.1 | 430.4 |
| 17.5 | 152.5 | 171.3 | 190.5 | 210.1 | 250.5 | 293.2 | 336.2 | 381.6 | 428.7 | 502.6 |
| 20.0 | 196.7 | 220.7 | 245.1 | 270.0 | 321.0 | 373.9 | 428.7 | 485.3 | 543.9 | 635.4 |
| 22.5 | 246.5 | 276.3 | 306.5 | 337.3 | 400.3 | 465.3 | 532.4 | 601.6 | 672.9 | 783.9 |
| 25.0 | 302.0 | 338.2 | 347.9 | 412.2 | 488.3 | 566.7 | 647.4 | 730.3 | 815.6 | 947.9 |
| 27.5 | 363.1 | 406.3 | 450.1 | 494.4 | 585.1 | 678.1 | 773.5 | 871.6 | 972.1 | 1127.6 |
| 30.0 | 429.8 | 480.7 | 532.2 | 584.4 | 690.6 | 799.5 | 911.1 | 1025.3 | 1142.3 | 1322.9 |
| 32.0 | 487.2 | 544.7 | 602.8 | 661.6 | 781.3 | 903.9 | 1029.2 | 1157.3 | 1283.4 | 1490.4 |
| 32.5 | 502.1 | 561.3 | 621.1 | 681.7 | 804.9 | 930.9 | 1059.8 | 1191.6 | 1326.3 | 1533.9 |
| 35.0 | 580.1 | 648.2 | 717.0 | 786.6 | 927.9 | 1072.3 | 1219.8 | 1370.3 | 1524.0 | 1760.4 |
| 40.0 | 752.9 | 840.7 | 929.3 | 1018.8 | 1200.2 | 1385.1 | 1573.5 | 1765.3 | 1960.7 | 2260.4 |
| 45.0 | 948.2 | 1058.2 | 1169.1 | 1281.0 | 1507.5 | 1737.9 | 1972.2 | 2210.3 | 2452.4 | 2822.9 |
| 50.0 | 1166.0 | 1300.7 | 1436.4 | 1573.2 | 1849.8 | 2130.7 | 2415.9 | 2705.3 | 2999.1 | 3447.9 |
| 55.0 | 1406.3 | 1568.2 | 1731.2 | 1895.4 | 2227.1 | 2563.5 | 2904.6 | 3250.3 | 3600.8 | 4135.[illegible] |
| 60.0 | 1669.1 | 1860.7 | 2053.5 | 2247.6 | 2639.4 | 3036.3 | 3438.3 | 3845.3 | 4257.5 | 4885.[illegible] |
| 63.0 | 1837.6 | 2048.2 | 2260.1 | 2473.3 | 2903.6 | 3339.2 | 3780.1 | 4226.3 | 4677.9 | 5365 |
| 83.0 | 2945.3 | 3280.7 | 3617.7 | 3956.4 | 4638.6 | 5327.5 | 6032.1 | 6725.3 | 7434.3 | 851[illegible]. |
| 100.0 | 4581.5 | 5100.7 | 5621.9 | 6145.2 | 7197.8 | 8258.7 | 9327.9 | 10405.3 | 11491.1 | 13135.4 |
| 125.0 | 7133.0 | 7938.2 | 8745.9 | 9556.2 | 11184.3 | 12822.7 | 14471.7 | 16130.3 | 17799.6 | 20322.9 |
| 160.0 | 11650.1 | 12960.7 | 14274.5 | 15591.6 | 18235.4 | 20892.3 | 23562.3 | 26245.3 | 28941.5 | 33010.4 |
| 200.0 | 18162.5 | 20200.7 | 22242.9 | 24289.2 | 28393.8 | 32514.7 | 36651.9 | 40805.3 | 44975.1 | 51260.4 |
| 250.0 | 28328.0 | 31500.7 | 34678.4 | 37861.2 | 44241.8 | 50642.7 | 57063.9 | 63505.3 | 69967.1 | 79697.9 |

(Continued)

**TABLE 43 :**

# MOMENT OF INERTIA OF TWO FLANGES PER CENTIMETRE WIDTH ABOUT THE X-X AXIS

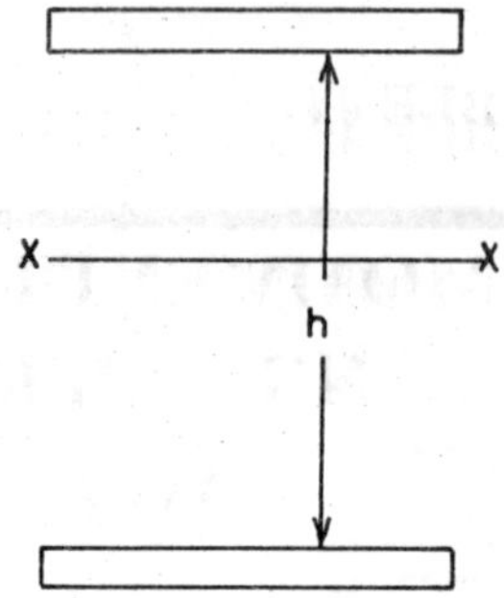


| 28 | 32 | 36 | 40 | 45 | 50 | 56 | 63 | 71 | 80 | Thickness ot each Flange mm |
|---|---|---|---|---|---|---|---|---|---|---|
| Moment of Inertia in $cm^4$ | | | | | | | | | | Depth h cm |
| 152.2 | 188.6 | 229.6 | 275.2 | 339.2 | 411.3 | 509.8 | 641.6 | 816.4 | 1046.3 | 7.5 |
| 167.0 | 206.2 | 250.0 | 298.7 | 366.8 | 443.3 | 547.2 | 685.8 | 866.6 | 1109.3 | 8.0 |
| 233.0 | 284.2 | 340.7 | 402.7 | 488.2 | 583.3 | 710.7 | 878.6 | 1097.7 | 1381.3 | 10.0 |
| 331.4 | 399.8 | 474.4 | 555.2 | 665.4 | 786.5 | 946.6 | 1155.0 | 1423.4 | 1766.3 | 12.5 |
| 447.2 | 535.4 | 630.5 | 732.7 | 870.8 | 1020.8 | 1217.5 | 1470.8 | 1793.5 | 2201.3 | 15.0 |
| 498.5 | 595.3 | 699.3 | 810.7 | 960.8 | 1123.3 | 1335.6 | 1608.1 | 1951.5 | 2389.3 | 16.0 |
| 580.6 | 691.0 | 809.2 | 935.2 | 1104.2 | 1286.5 | 1523.4 | 1826.0 | 2208.0 | 2686.3 | 17.5 |
| 731.4 | 866.6 | 1010.3 | 1162.7 | 1365.8 | 1583.3 | 1864.3 | 2220.5 | 2666.8 | 3221.3 | 20.0 |
| 899.8 | 1062.2 | 1234.0 | 1415.2 | 1595.2 | 1911.5 | 2240.2 | 2654.4 | 3170.0 | 3806.3 | 22.5 |
| 1085.6 | 1277.8 | 1480.1 | 1692.7 | 1973.2 | 2270.8 | 2651.1 | 3127.7 | 3717.6 | 4441.3 | 25.0 |
| 1289.0 | 1513.4 | 1748.8 | 1995.2 | 2319.2 | 2661.5 | 3097.0 | 3640.4 | 4309.6 | 5126.3 | 27.5 |
| 1509.8 | 1769.0 | 2039.9 | 2322.7 | 2693.2 | 3083.3 | 3577.9 | 4192.4 | 4945.9 | 5061.3 | 30.0 |
| 1699.1 | 1987.9 | 2289.0 | 2602.7 | 3012.8 | 3443.3 | 3987.8 | 4662.4 | 5484.4 | 6485.3 | 32.5 |
| 1748.2 | 2044.6 | 2353.6 | 2675.2 | 3095.4 | 3536.5 | 4093.8 | 4783.8 | 6526.6 | 6646.3 | 35.0 |
| 2004.0 | 2340.2 | 2689.7 | 3052.7 | 3525.8 | 4020.8 | 4644.7 | 5414.6 | 6351.7 | 7481.3 | 37.5 |
| 2568.2 | 2991.4 | 3429.5 | 3882.7 | 4470.8 | 5083.3 | 5851.5 | 6794.3 | 7935.0 | 9301.3 | 40.0 |
| 3202.4 | 3722.6 | 4259.3 | 4812.7 | 5528.2 | 6270.8 | 7198.3 | 8331.5 | 9695.8 | 11321.3 | 45.0 |
| 3906.6 | 4533.8 | 5179.1 | 5842.7 | 6698.2 | 7583.3 | 8685.1 | 10026.2 | 11634.1 | 13541.3 | 50.0 |
| 4680.8 | 5425.0 | 6188.9 | 6972.7 | 7980.8 | 9020.8 | 10311.9 | 11878.4 | 13749.9 | 15961.3 | 55.0 |
| 5525.0 | 6396.2 | 7288.7 | 8202.7 | 9375.8 | 10583.3 | 12078.7 | 13888.1 | 16043.2 | 18581.3 | 60.0 |
| 6065.2 | 7017.4 | 7991.8 | 8988.7 | 10266.8 | 11580.8 | 13206.0 | 15169.5 | 17504.4 | 20249.3 | 63.0 |
| 9601.8 | 11081.0 | 12587.9 | 14122.7 | 16080.8 | 18083.3 | 20545.9 | 23501.9 | 26991.4 | 31061.3 | 80.0 |
| 14798.6 | 17045.8 | 19327.1 | 21642.7 | 24585.8 | 27583.3 | 31253.1 | 35635.7 | 40779.6 | 46741.3 | 100.0 |
| 22869.6 | 26301.8 | 29776.1 | 33292.7 | 37748.2 | 42270.8 | 47787.1 | 54346.7 | 62006.1 | 70841.3 | 125.0 |
| 37109.0 | 42620.2 | 48184.7 | 53802.7 | 60900.8 | 68083.3 | 76814.7 | 87157.1 | 99184.2 | 112981.3 | 160.0 |
| 57582.6 | 66069.8 | 74632.1 | 83242.7 | 94110.8 | 105083.3 | 118389.1 | 134104.7 | 152320.6 | 173141.3 | 200.0 |
| 89474.6 | 102581.3 | 115771.1 | 129042.7 | 145748.2 | 162583.3 | 182957.1 | 206964.2 | 234716.1 | 266341.3 | 250.0 |

**Note.** To obtain the Moment of Inertia of two Flanges of a particular width, multiply the value obtained from the Table by that width.

**TABLE 44 :**

# MOMENT OF INERTIA OF ONE WEB PLATE ABOUT ITS X-X AXIS

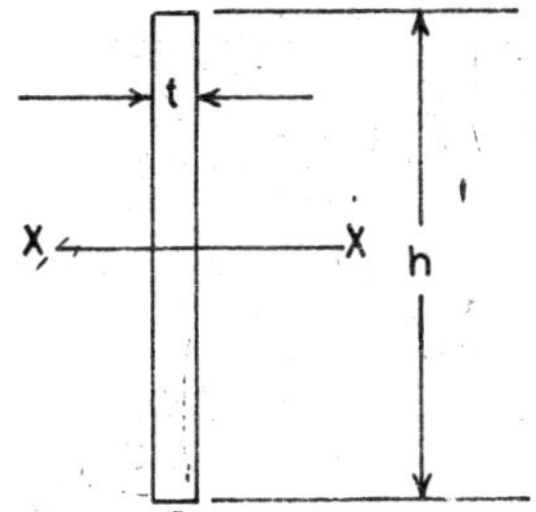


| Thickness t mm | 6.0 | 7.0 | 8.0 | 9.0 | 10.0 | 11 | 12 |
|---|---|---|---|---|---|---|---|
| Depth h cm | Moment of Inertia in $cm^4$ | | | | | | |
| 8.0 | 25.6 | 29.9 | 34.1 | 38.4 | 42.7 | 46.9 | 51.2 |
| 10.0 | 50.0 | 58.3 | 66.7 | 75.0 | 83.3 | 91.7 | 100.0 |
| 12.5 | 97.7 | 113.9 | 130.2 | 146.5 | 162.8 | 179.0 | 195.3 |
| 16.0 | 204.8 | 238.9 | 273.1 | 307.2 | 341.3 | 375.5 | 409.6 |
| 20.0 | 400.0 | 466.7 | 533.3 | 600.0 | 666.7 | 733.3 | 800.0 |
| 25.0 | 781.2 | 911.5 | 1041.7 | 1171.9 | 1302.1 | 1432.3 | 1562.5 |
| 32.0 | 1638.4 | 1911.5 | 2184.5 | 2457.6 | 2730.7 | 3003.7 | 3276.8 |
| 40.0 | 3200.0 | 3733.3 | 4266.7 | 4800.0 | 5333.3 | 5866.7 | 6400.0 |
| 50.0 | 6250.0 | 7291.7 | 8333.3 | 9375.0 | 10416.7 | 11458.3 | 12500.0 |
| 63.0 | 12502.4 | 14586.1 | 16669.8 | 18753.5 | 20837.2 | 22921.1 | 25004.7 |
| 80.0 | 25600.0 | 29866.7 | 34133.3 | 38400.0 | 42666.7 | 46933.3 | 51200.0 |
| 100.0 | 50000.0 | 58333.3 | 66666.7 | 75000.0 | 83333.3 | 91666.7 | 100000.0 |
| 125.0 | 97656.2 | 113932.3 | 130208.3 | 146484.4 | 162760.4 | 179036.5 | 195312.5 |
| 160.0 | 204800.0 | 238933.3 | 273066.7 | 307200.0 | 341333.3 | 375466.7 | 409600.0 |
| 200.0 | 400000.0 | 466666.7 | 533333.3 | 600000.0 | 666666.7 | 733333.3 | 800000.0 |
| 250.0 | 781250.0 | 911458.3 | 1041666.7 | 1171875.0 | 1302083.3 | 1432291.7 | 1562500.0 |

| Thickness t mm | 14 | 16 | 18 | 20 | 22 | 25 |
|---|---|---|---|---|---|---|
| Depth h cm | Moment of Inertia in $cm^4$ | | | | | |
| 8.0 | 59.7 | 68.3 | 76.8 | 85.3 | 93.9 | 106.7 |
| 10.0 | 116.7 | 133.3 | 150.0 | 166.7 | 183.3 | 208.3 |
| 12.5 | 227.9 | 260.4 | 294.6 | 325.5 | 358.1 | 406.9 |
| 16.0 | 477.9 | 546.1 | 614.4 | 682.7 | 750.9 | 853.3 |
| 20.0 | 933.3 | 1066.7 | 1200.0 | 1333.3 | 1466.7 | 1666.7 |
| 25.0 | 1822.9 | 2083.3 | 2343.8 | 2604.2 | 2864.6 | 3255.2 |
| 32.0 | 3822.9 | 4369.1 | 4915.2 | 5461.3 | 6007.5 | 6826.7 |
| 40.0 | 7466.7 | 8533.3 | 9600.0 | 10666.7 | 11733.3 | 13333.3 |
| 50.0 | 14583.3 | 16666.7 | 18750.0 | 20833.3 | 22916.7 | 26041.7 |
| 63.0 | 29172.2 | 33339.6 | 37507.0 | 41674.5 | 45842.0 | 52093.1 |
| 80.0 | 59733.3 | 68266.7 | 76800.0 | 85333.3 | 93866.7 | 106666.7 |
| 100.0 | 116666.7 | 133333.3 | 150000.0 | 166666.7 | 183333.3 | 208333.3 |
| 125.0 | 227864.4 | 260416.7 | 292968.8 | 325520.8 | 358072.9 | 406901.0 |
| 160.0 | 477866.7 | 546133.3 | 614400.0 | 682666.7 | 750933.3 | 853333.3 |
| 200.0 | 933333.3 | 1066666.7 | 1200000.0 | 1333333.3 | 1466666.7 | 1666666.7 |
| 250.0 | 1822916.7 | 2083333.3 | 2234375.0 | 2604166.7 | 2864583.3 | 3255208.3 |

TABLE 45 :

# PREFERRED CUT SIZES OF STRUCTURAL TIMBER FOR ROOF TRUSSES

**(3 TO 20 MM)**

| Thickness (cm) | Width (cm) | | | | | | | |
|---|---|---|---|---|---|---|---|---|
| 2.0 | 4 | 5 | 6 | 8 | | | | |
| 2.5 | 4 | 5 | 6 | 8 | 10 | 12 | 14 | 16 |
| 3.0 | 4 | 5 | 6 | 8 | 10 | 12 | 14 | 16 |
| 4.0 | — | — | 6 | 8 | 10 | 12 | 14 | 16 |
| 5.0 | — | — | 6 | 8 | 10 | 12 | 14 | 16 |
| 6.0 | — | — | — | 8 | 10 | 12 | 14 | 16 |
| 8.0 | — | — | — | — | 10 | 12 | 14 | 16 |

**Note :** Preferred length of timber is 1m, 1.5m, 2m, 2.5m and 3m.

## TABLE 46 : SAFE PERMISSIBLE STRESSES FOR INDIAN TIMBERS

### (STANDARD GRADE)

| S. No. | Trade Name of Timber | Unit Weight (12% Moisture Content) | Modulus of Elasticity | Permissible Stress in N/mm² | | | | | | | | | | |
|---|---|---|---|---|---|---|---|---|---|---|---|---|---|---|
| | | | | Bending and Tension Along Grain | | | Shear | | Compression Parallel to Grain | | | Compression Perpendicular to Grain | | |
| | | k/Nm³ | N/mm² | | | | | | | | | | | |
| 1. | Babul | 7.70 | 10800 | 18.2 | 15.4 | 12.4 | 1.5 | 2.2 | 11.2 | 10.2 | 8.00 | 6.5 | 5.0 | 4.1 |
| 2. | Ballagi | 11.13 | 16300 | 22.6 | 18.6 | 15.2 | 1.5 | 2.2 | 14.8 | 13.0 | 10.60 | 8.7 | 6.7 | 5.5 |
| 3. | Bullet Wood | 10.84 | 17400 | 22.8 | 19.0 | 15.2 | 1.5 | 2.1 | 14.4 | 12.6 | 10.20 | 11.2 | 8.8 | 7.1 |
| 4. | Chir | 5.64 | 9800 | 8.4 | 7.0 | 6.0 | 0.6 | 0.9 | 6.4 | 5.6 | 4.60 | 2.2 | 1.7 | 1.4 |
| 5. | Deodar | 5.35 | 9500 | 10.2 | 8.8 | 7.0 | 0.7 | 1.0 | 7.8 | 7.0 | 5.60 | 2.6 | 2.1 | 1.7 |
| 6. | Jaman | 8.34 | 11200 | 15.1 | 12.6 | 10.2 | 1.2 | 1.7 | 9.1 | 8.4 | 6.70 | 5.8 | 4.5 | 3.6 |
| 7. | Mango | 6.77 | 9100 | 12.4 | 10.2 | 8.0 | 0.9 | 1.4 | 7.4 | 6.6 | 5.20 | 3.1 | 2.4 | 1.9 |
| 8. | Oak | 8.50 | 12500 | 14.8 | 12.4 | 9.8 | 1.2 | 1.7 | 9.2 | 8.0 | 6.60 | 4.5 | 3.5 | 2.9 |
| 9. | Rohini | 11.33 | 12200 | 21.5 | 17.9 | 14.3 | 1.6 | 2.3 | 1.5 | 13.4 | 10.90 | 12.9 | 10.1 | 8.2 |
| 10. | Sal | 8.49 | 12700 | 16.8 | 14.0 | 11.2 | 0.9 | 1.3 | 10.6 | 9.4 | 7.80 | 4.5 | 3.5 | 2.9 |
| 11. | Sissoo | 7.70 | 8900 | 15.2 | 12.6 | 10.2 | 1.2 | 1.7 | 9.4 | 8.4 | 6.60 | 4.6 | 3.6 | 2.9 |
| 12. | Teak | 6.28 | 9600 | 14.0 | 11.6 | 9.4 | 1.0 | 1.4 | 8.8 | 7.8 | 6.40 | 4.0 | 3.1 | 2.5 |

**Note :** The values of horizontal shears are to be used only for beams. In all other cases shear along grain are to be used.

TABLE 47 :

# REINFORCEMENT PERCENTAGE AND MOMENT FACTOR FOR BEAMS

## (SINGLY REINFORCED RECTANGULAR SECTIONS)

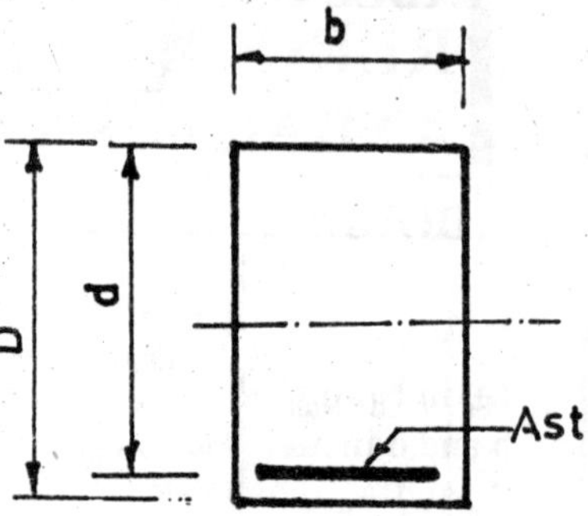


$p_t = (A_{st} / bd) \times 100$
$K = M_u / bd^2$ ($N/mm^2$)
$M_u$ in N/mm
b and d in mm

| K ($N / mm^2$) | Tor 40 & M 20 | K ($N / mm^2$) | Tor 40 & M 20 |
|---|---|---|---|
| 0.70 | — | 1.82 | 0.572 |
| 0.74 | 0.215 | 1.86 | 0.587 |
| 0.78 | 0.227 | 1.90 | 0.601 |
| 0.82 | 0.239 | 1.94 | 0.616 |
| 0.86 | 0.251 | 1.98 | 0.631 |
| 0.90 | 0.264 | 2.02 | 0.646 |
| 0.94 | 0.276 | 2.06 | 0.661 |
| 0.98 | 0.289 | 2.10 | 0.677 |
| 1.02 | 0.301 | 2.14 | 0.692 |
| 1.06 | 0.314 | 2.18 | 0.708 |
| 1.10 | 0.327 | 2.22 | 0.723 |
| 1.14 | 0.340 | 2.26 | 0.739 |
| 1.18 | 0.353 | 2.30 | 0.755 |
| 1.22 | 0.366 | 2.34 | 0.772 |
| 1.26 | 0.379 | 2.38 | 0.788 |
| 1.30 | 0.392 | 2.42 | 0.805 |
| 1.34 | 0.405 | 2.46 | 0.821 |
| 1.38 | 0.419 | 2.50 | 0.838 |
| 1.42 | 0.432 | 2.54 | 0.855 |
| 1.46 | 0.446 | 2.58 | 0.873 |
| 1.50 | 0.459 | 2.62 | 0.890 |
| 1.54 | 0.473 | 2.66 | 0.908 |
| 1.58 | 0.487 | 2.70 | 0.926 |
| 1.62 | 0.501 | 2.74 | 0.944 |
| 1.66 | 0.515 | 2.78 | — |
| 1.70 | 0.529 | 2.82 | — |
| 1.74 | 0.543 | 2.86 | — |
| 1.78 | 0.558 | | |

1 $N/mm^2$ = 10.19 $kg/cm^2$

**TABLE 48 :**

# REINFORCEMENT PERCENTAGE AND MOMENT FACTOR FOR BEAMS

## (DOUBLE REINFORCED RECTANGULAR SECTIONS)

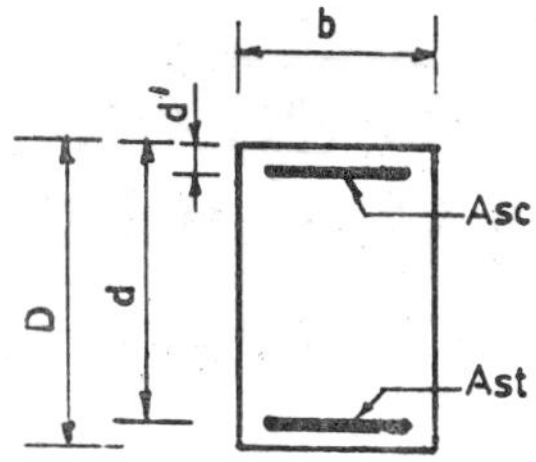


$M_u$ in N/mm
b and d in mm
$A_{st}$ and $A_{sc}$ in mm$^2$

$p_t = (A_{st} / bd) \times 100$
$p_{sc} = (A_{sc} / bd) \times 100$
$K = M_u / bd^2$ (N/mm$^2$)

| K N / mm$^2$ | d'/d = 0.05 $p_t$ | d'/d = 0.05 $p_{sc}$ | d'/d = 0.10 $p_t$ | d'/d = 0.10 $p_{sc}$ | d'/d = 0.15 $p_t$ | d'/d = 0.15 $p_{sc}$ | d'/d = 0.20 $p_t$ | d'/d = 0.20 $p_{sc}$ |
|---|---|---|---|---|---|---|---|---|
| 2.80 | 0.972 | 0.012 | 0.972 | 0.013 | 0.973 | 0.014 | 0.974 | 0.016 |
| 3.20 | 1.088 | 0.133 | 1.095 | 0.142 | 1.103 | 0.155 | 1.112 | 0.172 |
| 3.60 | 1.205 | 0.256 | 1.219 | 0.271 | 1.234 | 0.297 | 1.251 | 0.328 |
| 4.00 | 1.322 | 0.377 | 1.342 | 0.400 | 1.364 | 0.438 | 1.389 | 0.484 |
| 4.40 | 1.438 | 0.499 | 1.465 | 0.530 | 1.494 | 0.579 | 1.528 | 0.641 |
| 4.80 | 1.555 | 0.621 | 1.588 | 0.659 | 1.625 | 0.721 | 1.666 | 0.797 |
| 5.20 | 1.671 | 0.742 | 1.711 | 0.788 | 1.755 | 0.862 | 1.805 | 0.953 |
| 5.60 | 1.788 | 0.864 | 1.834 | 0.917 | 1.885 | 1.003 | 1.943 | 1.109 |
| 6.00 | 1.905 | 0.986 | 1.957 | 1.046 | 2.016 | 1.144 | 2.082 | 1.265 |
| 6.40 | 2.021 | 1.107 | 2.080 | 1.175 | 2.146 | 1.286 | 2.220 | 1.422 |
| 6.80 | 2.138 | 1.229 | 2.203 | 1.305 | 2.276 | 1.427 | 2.359 | 1.578 |
| 7.20 | 2.254 | 1.350 | 2.326 | 1.434 | 2.407 | 1.568 | 2.497 | 1.734 |
| 7.60 | 2.371 | 1.472 | 2.449 | 1.563 | 2.537 | 1.710 | 2.636 | 1.890 |
| 8.00 | 2.488 | 1.594 | 2.573 | 1.692 | 2.667 | 1.851 | 2.774 | 2.046 |
| 8.40 | 2.604 | 1.716 | 2.696 | 1.821 | 2.798 | 1.992 | 2.913 | 2.203 |
| 8.80 | 2.721 | 1.837 | 2.819 | 1.951 | 2.928 | 2.133 | 3.051 | 2.359 |
| 9.20 | 2.838 | 1.959 | 2.942 | 2.080 | 3.058 | 2.275 | 3.190 | 2.515 |
| 9.60 | 2.954 | 2.080 | 3.065 | 2.209 | 3.189 | 2.416 | 3.328 | 2.671 |
| 10.00 | 3.071 | 2.202 | 3.188 | 2.338 | 3.319 | 2.557 | 3.467 | 2.827 |
| 10.40 | 3.187 | 2.324 | 3.311 | 2.467 | 3.449 | 2.699 | 3.605 | 2.984 |
| 10.80 | 3.304 | 2.445 | 3.434 | 2.596 | 3.580 | 2.840 | 3.744 | 3.140 |
| 11.20 | 3.421 | 2.567 | 3.557 | 2.726 | 3.710 | 2.981 | 3.882 | 3.296 |
| 11.60 | 3.537 | 2.689 | 3.680 | 2.855 | 3.840 | 3.122 | 4.021 | 3.452 |
| 12.00 | 3.654 | 2.810 | 3.804 | 2.984 | 3.971 | 3.264 | 4.159 | 3.609 |
| 12.40 | 3.771 | 2.932 | 2.927 | 3.113 | 4.101 | 3.405 | 4.297 | 3.765 |
| 12.80 | 3.887 | 3.054 | 4.050 | 3.242 | 4.232 | 3.546 | 4.436 | 3.921 |

1 N/mm$^2$ = 10.19 Kg/cm$^2$

**TABLE 49 :**

# REINFORCEMENT PERCENTAGE AND MOMENT FACTOR FOR BEAMS

## (SINGLY REINFORCED T-SECTIONS)

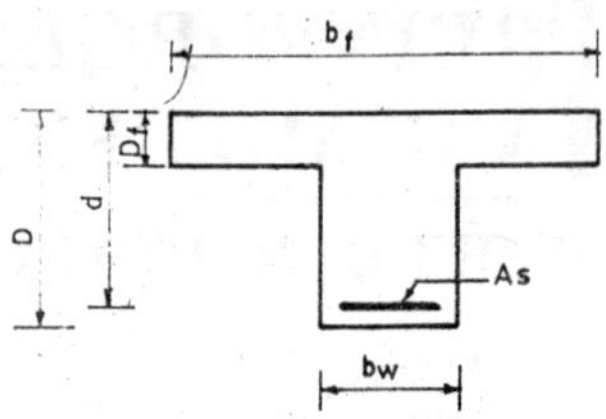


$M_u$ in N.mm
$b_f$, $b_w$, $D_f$ and d in mm
$A_{st}$ in mm²

$K_T = M_u / b_f d^2$ (N/mm²)
$p_t = A_{st} / b_f d \times 100$

| $\frac{b_f}{b_w}$ | | $D_f/d$ 0.05 | 0.10 | 0.15 | 0.20 | 0.25 | 0.30 | 0.35 | 0.40 |
|---|---|---|---|---|---|---|---|---|---|
| | $K_T$, *min* | 0.420 | 0.820 | 1.200 | 1.540 | 1.880 | 2.200 | 2.480 | 2.760 |
| | $p_t$ | 0.206 | 0.238 | 0.357 | 0.476 | 0.594 | 0.713 | 0.831 | 0.954 |
| 2 | $K_T$, *max* | 1.590 | 1.789 | 1.980 | 2.160 | 2.320 | 2.480 | 2.620 | 2.760 |
| | $p_t$ | 0.537 | 0.596 | 0.656 | 0.716 | 0.775 | 0.835 | 0.895 | 0.954 |
| 3 | $K_T$, *max* | 1.200 | 1.460 | 1.720 | 1.952 | 2.174 | 2.380 | 2.580 | 2.760 |
| | $p_t$ | 0.398 | 0.477 | 0.557 | 0.636 | 0.716 | 0.795 | 0.875 | 0.954 |
| 4 | $K_T$, *max* | 1.000 | 1.300 | 1.580 | 1.851 | 2.100 | 2.340 | 2.560 | 2.760 |
| | $p_t$ | 0.328 | 0.418 | 0.507 | 0.596 | 0.686 | 0.775 | 0.865 | 0.954 |
| 5 | $K_T$, *max* | 0.880 | 1.200 | 1.500 | 1.780 | 2.060 | 2.300 | 2.540 | 2.760 |
| | $p_t$ | 0.286 | 0.382 | 0.477 | 0.573 | 0.668 | 0.763 | 0.859 | 0.954 |
| 6 | $K_T$, *max* | 0.809 | 1.140 | 1.460 | 1.750 | 2.028 | 2.280 | 2.529 | 2.760 |
| | $p_t$ | 0.258 | 0.358 | 0.457 | 0.557 | 0.656 | 0.755 | 0.855 | 0.954 |
| 6 | $K_T$, *max* | 0.809 | 1.140 | 1.460 | 1.750 | 2.028 | 2.280 | 2.529 | 2.760 |
| | $p_t$ | 0.258 | 0.358 | 0.457 | 0.557 | 0.656 | 0.755 | 0.855 | 0.954 |
| 7 | $K_T$, *max* | 0.760 | 1.100 | 1.420 | 1.720 | 2.007 | 2.280 | 2.520 | 2.760 |
| | $p_t$ | 0.239 | 0.341 | 0.443 | 0.545 | 0.648 | 0.750 | 0.852 | 0.954 |
| 8 | $K_T$, *max* | 0.712 | 1.060 | 1.388 | 1.700 | 1.991 | 2.260 | 2.520 | 2.760 |
| | $p_t$ | 0.224 | 0.228 | 0.432 | 0.537 | 0.641 | 0.746 | 0.850 | 0.954 |
| 9 | $K_T$, *max* | 0.680 | 1.040 | 1.360 | 1.680 | 1.980 | 2.260 | 2.520 | 2.760 |
| | $p_t$ | 0.212 | 0.318 | 0.424 | 0.530 | 0.636 | 0.742 | 0.848 | 0.954 |
| 10 | $K_T$, *max* | 0.660 | 1.011 | 1.350 | 1.669 | 1.969 | 2.250 | 2.511 | 2.760 |
| | $p_t$ | 0.206 | 0.310 | 0.418 | 0.525 | 0.632 | 0.740 | 0.847 | 0.954 |

1 N/mm² = 10.19 Kg/cm²

TABLE 50 : **RECOMMENDED CLEAR SPAN TO EFFECTIVE DEPTH RATIOS IN BEAMS**

**(SINGLY REINFORCED T-SECTIONS)**

| Percentage tension reinforcement (pt) | Compression reinforcement (% of pt) | Recommended ratio | | |
|---|---|---|---|---|
| | | Simply supported | Continuous | Cantilever |
| 0.20 | 0 | 33.0 | 43.0 | 11.5 |
| | 50 | 34.0 | 44.0 | 12.0 |
| | 100 | 35.0 | 45.5 | 12.5 |
| 0.30 | 0 | 28.0 | 36.5 | 10.0 |
| | 50 | 29.0 | 38.0 | 10.0 |
| | 100 | 30.5 | 39.5 | 10.5 |
| 0.40 | 0 | 25.5 | 33.0 | 9.0 |
| | 50 | 27.0 | 35.0 | 9.5 |
| | 100 | 28.5 | 37.0 | 10.0 |
| 0.50 | 0 | 23.5 | 30.5 | 8.0 |
| | 50 | 25.5 | 33.0 | 9.0 |
| | 100 | 27.0 | 35.0 | 9.5 |
| 0.60 | 0 | 22.5 | 29.0 | 8.0 |
| | 50 | 24.0 | 31.5 | 8.5 |
| | 100 | 25.5 | 33.5 | 9.0 |
| 0.70 | 0 | 21.5 | 27.5 | 7.5 |
| | 50 | 23.5 | 30.5 | 8.0 |
| | 100 | 25.5 | 32.5 | 9.0 |
| 0.80 | 0 | 20.5 | 26.5 | 7.0 |
| | 50 | 23.0 | 30.0 | 8.0 |
| | 100 | 25.0 | 32.0 | 8.5 |
| 0.90 | 0 | 20.0 | 26.0 | 7.0 |
| | 50 | 22.5 | 29.5 | 8.0 |
| | 100 | 24.5 | 32.0 | 8.5 |
| 1.00 | 0 | 19.5 | 25.0 | 6.5 |
| | 50 | 22.0 | 28.5 | 7.5 |
| | 100 | 24.0 | 31.5 | 8.5 |
| 1.20 | 0 | 18.5 | 24.0 | 6.5 |
| | 50 | 21.0 | 27.5 | 7.5 |
| | 100 | 23.5 | 30.5 | 8.0 |

**(Continued)**

(Continued)

TABLE 50 : **RECOMMENDED CLEAR SPAN TO EFFECTIVE DEPTH RATIOS IN BEAMS**

**(SINGLY REINFORCED T-SECTIONS)**

| Percentage tension reinforcement (pt) | Compression reinforcement (% of pt) | Recommended ratio | | |
|---|---|---|---|---|
| | | Simply supported | Continuous | Cantilever |
| 1.40 | 0 | 18.0 | 23.0 | 6.0 |
| | 50 | 21.0 | 27.5 | 7.5 |
| | 100 | 23.5 | 30.5 | 8.0 |
| 1.60 | 0 | 17.0 | 22.0 | 6.0 |
| | 50 | 21.0 | 27.0 | 7.5 |
| | 100 | 23.0 | 30.0 | 8.0 |
| 1.80 | 0 | 17.0 | 22.0 | 6.0 |
| | 50 | 22.0 | 29.0 | 7.5 |
| | 100 | 23.0 | 30.0 | 8.0 |
| 2.00 | 0 | 16.5 | 21.5 | 5.5 |
| | 50 | 20.5 | 26.5 | 7.0 |
| | 100 | 23.0 | 30.0 | 8.0 |
| 2.50 | 0 | 15.5 | 20.0 | 5.5 |
| | 50 | 20.0 | 26.0 | 7.0 |
| | 100 | 23.0 | 29.5 | 8.0 |
| 3.00 | 0 | 15.0 | 19.5 | 5.0 |
| | 50 | 20.0 | 26.0 | 7.0 |
| | 100 | 22.5 | 29.0 | 8.0 |
| 3.50 | 0 | 15.0 | 19.5 | 5.0 |
| | 50 | 20.0 | 26.0 | 7.0 |
| | 100 | 22.5 | 29.0 | 8.0 |
| 4.00 | 0 | 15.0 | 19.5 | 5.0 |
| | 50 | 20.0 | 26.0 | 7.0 |
| | 100 | 22.5 | 29.0 | 8.0 |

**Note :** 1. Values of span to effective depth ratio given in the above table are for spans upto 10m. For spans over 10m multiply the above values by 10/Span (m) in case of simply supported and continuous members.

2. For cantilevers above 10m. the table is not valid.

3. Mid-span reinforcement in case of simply supported/continuous members and fixed end reinforcement in case of cantilevers to be considered to compute $p_t$.

## TABLE 51 : MOMENT CAPACITY AND STEEL AREA

### (SINGLY REINFORCED RECTANGULAR SECTIONS)

| D mm | | 'b' mm 100 | 150 | 200 | 250 | 300 | 400 | 500 |
|---|---|---|---|---|---|---|---|---|
| 200 | M | 9.6 | 14.4 | 19.2 | 24.1 | 28.2 | 37.6 | 47.0 |
| | $A_{st}$ | 199 | 298 | 398 | 497 | 589 | 785 | 982 |
| 250 | M | 16.2 | 24.4 | 32.5 | 40.6 | 47.8 | 63.8 | 79.7 |
| | $A_{st}$ | 258 | 387 | 517 | 646 | 768 | 1023 | 1279 |
| 300 | M | 24.2 | 36.3 | 48.5 | 60.6 | 72.7 | 96.9 | 121.1 |
| | $A_{st}$ | 315 | 473 | 631 | 788 | 946 | 1261 | 1577 |
| 350 | M | 34.2 | 51.3 | 68.5 | 85.6 | 100.8 | 134.3 | 167.9 |
| | $A_{st}$ | 375 | 562 | 750 | 937 | 1114 | 1485 | 1856 |
| 400 | M | 45.2 | 67.8 | 90.4 | 113.0 | 135.6 | 180.8 | 226.1 |
| | $A_{st}$ | 431 | 646 | 862 | 1077 | 1292 | 1723 | 2154 |
| 450 | M | 58.6 | 87.8 | 117.1 | 146.4 | 175.7 | 234.2 | 292.8 |
| | $A_{st}$ | 490 | 735 | 981 | 1226 | 1471 | 1961 | 2451 |
| 500 | M | 73.6 | 110.5 | 147.3 | 184.1 | 220.9 | 294.6 | 368.2 |
| | $A_{st}$ | 550 | 825 | 1100 | 1375 | 1650 | 2199 | 2749 |
| 550 | M | 90.4 | 135.7 | 180.9 | 226.1 | 250.5 | 334.0 | 417.6 |
| | $A_{st}$ | 609 | 914 | 1219 | 1523 | 1756 | 2342 | 2927 |
| 600 | M | 109.0 | 163.4 | 217.9 | 272.4 | 304.4 | 405.4 | 506.7 |
| | $A_{st}$ | 669 | 1003 | 1338 | 1672 | 1935 | 2580 | 3225 |
| 700 | M | 149.4 | 224.1 | 298.7 | 373.4 | 420.0 | 560.0 | 700.0 |
| | $A_{st}$ | 783 | 1175 | 1566 | 1958 | 2274 | 3032 | 3790 |
| 800 | M | 189.9 | 284.9 | 379.9 | 474.9 | 562.2 | 749.6 | 937.0 |
| | $A_{st}$ | 883 | 1325 | 1766 | 2208 | 2631 | 3508 | 4385 |
| 900 | M | 244.6 | 366.9 | 489.2 | 611.5 | 725.1 | 966.8 | 1208.5 |
| | $A_{st}$ | 1002 | 1503 | 2004 | 2505 | 2988 | 3984 | 4980 |
| 1000 | M | 302.9 | 454.3 | 605.8 | 757.2 | 897.1 | 1196.1 | 1495.2 |
| | $A_{st}$ | 1115 | 1673 | 2230 | 2788 | 3324 | 4432 | 5540 |

1 N/mm$^2$ = 10.19 kg/cm$^2$
9.81 KNm = 1.0 Tm
M in KNm (Limit Moment)
$A_{st}$ in mm$^2$

## TABLE 52 : ADDITIONAL MOMENT CARRYING CAPACITY

### (DOUBLY REINFORCED RECTANGULAR SECTIONS)

| $A_{sc}$ | 100 | 200 | 400 | 600 | 800 | 1000 | 1200 | 1400 |
|---|---|---|---|---|---|---|---|---|
| $A_{st2}$ | 91 | 182 | 364 | 546 | 728 | 910 | 1090 | 1274 |
| 'D' (mm) | | | | | | | | |
| 250 | 4.5 | 9.1 | 18.2 | 27.2 | 36.3 | 45.4 | 54.5 | 63.6 |
| 300 | 6.0 | 12.1 | 24.2 | 36.2 | 48.3 | 60.4 | 72.5 | 84.6 |
| 350 | 7.8 | 15.5 | 31.0 | 46.6 | 62.1 | 77.6 | 93.1 | 108.6 |
| 400 | 9.4 | 18.8 | 37.5 | 56.3 | 75.0 | 93.8 | 112.6 | 131.3 |
| 450 | 10.9 | 21.7 | 43.4 | 65.2 | 86.9 | 108.6 | 130.3 | 152.0 |
| 500 | 12.3 | 24.6 | 49.2 | 73.8 | 98.4 | 123.0 | 147.6 | 172.2 |
| 550 | 13.9 | 27.9 | 55.8 | 83.7 | 111.6 | 139.4 | 167.4 | 195.3 |
| 600 | 15.6 | 31.2 | 62.4 | 93.5 | 124.7 | 155.9 | 187.1 | 218.3 |
| 650 | 17.2 | 34.5 | 68.9 | 103.4 | 137.9 | 172.4 | 206.9 | 241.4 |
| 700 | 18.9 | 37.8 | 75.5 | 113.3 | 151.0 | 188.8 | 226.6 | 264.3 |
| 750 | 19.2 | 38.4 | 76.8 | 115.3 | 153.7 | 192.1 | 230.5 | 268.9 |
| 800 | 20.8 | 41.7 | 83.4 | 125.1 | 166.8 | 208.5 | 250.2 | 291.8 |
| 850 | 24.1 | 48.3 | 96.6 | 144.9 | 193.2 | 241.5 | 289.8 | 338.1 |
| 900 | 25.8 | 51.7 | 103.3 | 155.0 | 206.6 | 258.3 | 310.0 | 361.6 |
| 950 | 27.4 | 54.9 | 109.7 | 164.6 | 219.4 | 274.4 | 329.3 | 384.2 |
| 1000 | 29.1 | 58.2 | 116.3 | 174.5 | 232.6 | 290.8 | 348.9 | 407.1 |

(Continued)

(Continued)

## TABLE 52 : ADDITIONAL MOMENT CARRYING CAPACITY

### (DOUBLY REINFORCED RECTANGULAR SECTIONS)

| $A_{sc}$ | 1600 | 1800 | 2000 | 2500 | 3000 | 3500 | 4000 | 4500 | 5000 |
|---|---|---|---|---|---|---|---|---|---|
| $A_{st2}$ | 1456 | 1638 | 1820 | 2275 | 2730 | 3185 | 3640 | 4095 | 4550 |
| 'D' (mm) | | | | | | | | | |
| 250 | 72.6 | 81.7 | 90.8 | 113.5 | 136.2 | 158.9 | 181.6 | 204.3 | 227.0 |
| 300 | 96.6 | 108.7 | 120.8 | 151.0 | 181.2 | 211.4 | 241.6 | 271.8 | 302.0 |
| 350 | 124.2 | 139.7 | 155.2 | 194.0 | 232.8 | 271.6 | 310.4 | 349.2 | 388.0 |
| 400 | 150.1 | 168.8 | 187.6 | 234.5 | 281.4 | 328.3 | 375.2 | 422.1 | 469.0 |
| 450 | 173.8 | 195.5 | 217.2 | 271.5 | 325.8 | 380.1 | 434.4 | 488.7 | 543.0 |
| 500 | 196.8 | 221.4 | 246.0 | 307.5 | 369.0 | 430.5 | 492.0 | 553.5 | 615.0 |
| 550 | 223.2 | 251.1 | 279.0 | 348.7 | 418.5 | 488.2 | 558.0 | 627.8 | 697.5 |
| 600 | 249.4 | 280.6 | 311.8 | 389.7 | 467.7 | 545.6 | 623.6 | 701.5 | 779.5 |
| 650 | 275.8 | 310.3 | 344.8 | 431.0 | 517.2 | 603.4 | 689.6 | 775.8 | 862.0 |
| 700 | 302.1 | 339.8 | 377.6 | 472.0 | 566.4 | 661.0 | 755.2 | 849.6 | 944.0 |
| 750 | 307.4 | 345.8 | 384.2 | 480.2 | 576.3 | 672.3 | 768.4 | 864.4 | 960.5 |
| 800 | 336.6 | 375.3 | 417.0 | 521.2 | 625.5 | 729.7 | 834.0 | 938.2 | 1042.5 |
| 850 | 386.4 | 434.7 | 483.0 | 603.7 | 724.5 | 845.3 | 966.0 | 1086.7 | 1207.5 |
| 900 | 413.2 | 464.9 | 516.6 | 645.7 | 774.9 | 904.0 | 1033.0 | 1162.3 | 1291.0 |
| 950 | 439.0 | 493.9 | 548.8 | 686.0 | 823.2 | 960.4 | 1097.6 | 1234.8 | 1372.0 |
| 1000 | 465.3 | 523.4 | 581.6 | 727.0 | 872.4 | 1017.8 | 1163.2 | 1308.6 | 1454.0 |

1 $N/mm^2$ = 10.19 $kg/cm^2$; 9.81 KNm = 1.0Tm; M in KNm (limit moment)
$A_{sc}$ in $mm^2$; $A_{st2}$ in $mm^2$

## TABLE 53 : MOMENT CAPACITY

### (PER METRE FLANGE WIDTH OF T-BEAMS)

| D (mm) | | $D_f$ mm 100 | 120 | 150 | 180 | 200 | 220 |
|---|---|---|---|---|---|---|---|
| 250 | M | 104.6 | 104.6 | 96.2 | 81.4 | 81.4 | 72.2 |
| | $A_s$ | 1858 | 1858 | 1782 | 1639 | 1639 | 1543 |
| 300 | M | 165.2 | 165.2 | 154.6 | 135.6 | 135.6 | 123.7 |
| | $A_s$ | 2334 | 2334 | 2258 | 2115 | 2115 | 2020 |
| 350 | M | 210.7 | 239.5 | 226.7 | 203.6 | 203.6 | 188.9 |
| | $A_s$ | 2382 | 2811 | 2734 | 2592 | 2592 | 2496 |
| 400 | M | 253.7 | 294.1 | 312.5 | 285.3 | 285.3 | 267.9 |
| | $A_s$ | 2382 | 2858 | 3211 | 3068 | 3068 | 2973 |
| 450 | M | 296.7 | 345.7 | 402.5 | 380.8 | 380.8 | 360.6 |
| | $A_s$ | 2382 | 2858 | 3573 | 3544 | 3544 | 3449 |
| 500 | M | 339.7 | 397.3 | 467.0 | 490.1 | 490.1 | 467.1 |
| | $A_s$ | 2382 | 2858 | 3573 | 4021 | 4021 | 3925 |
| 550 | M | 382.7 | 448.9 | 531.5 | 591.3 | 613.1 | 587.4 |
| | $A_s$ | 2382 | 2858 | 3573 | 4287 | 4497 | 4402 |
| 600 | M | 425.7 | 500.5 | 596.0 | 668.7 | 725.8 | 721.4 |
| | $A_s$ | 2382 | 2858 | 3573 | 4287 | 4764 | 4878 |
| 650 | M | 468.7 | 552.1 | 660.5 | 746.1 | 811.8 | 855.2 |
| | $A_s$ | 2382 | 2858 | 3573 | 4287 | 4764 | 5240 |
| 700 | M | 511.7 | 603.7 | 725.0 | 823.5 | 897.8 | 949.8 |
| | $A_s$ | 2382 | 2858 | 3573 | 4287 | 4764 | 5240 |
| 750 | M | 554.7 | 655.3 | 789.5 | 900.9 | 983.8 | 1044.4 |
| | $A_s$ | 2382 | 2858 | 3573 | 4287 | 4764 | 5240 |
| 800 | M | 597.7 | 706.9 | 854.0 | 978.3 | 1069.8 | 1139.0 |
| | $A_s$ | 2382 | 2858 | 3573 | 4287 | 4764 | 5240 |
| 850 | M | 640.7 | 758.5 | 918.5 | 1055.7 | 1155.8 | 1233.6 |
| | $A_s$ | 2382 | 2858 | 3573 | 4287 | 4764 | 5240 |

(Continued)

(Continued)

## TABLE 53 : MOMENT CAPACITY

### (PER METRE FLANGE WIDTH OF T-BEAMS)

| D (mm) | | $D_f$ mm | | | | | |
|---|---|---|---|---|---|---|---|
| | | 100 | 120 | 150 | 180 | 200 | 220 |
| 900 | M | 683.7 | 810.1 | 983.0 | 1133.1 | 1241.8 | 1328.2 |
| | $A_s$ | 2382 | 2858 | 3573 | 4287 | 4764 | 5240 |
| 950 | M | 726.7 | 861.7 | 1047.5 | 1210.5 | 1327.8 | 1422.8 |
| | $A_s$ | 2382 | 2858 | 3573 | 4287 | 4764 | 5240 |
| 1000 | M | 769.7 | 913.3 | 1112.0 | 1287.9 | 1413.8 | 1517.4 |
| | $A_s$ | 2382 | 2858 | 3573 | 4287 | 4764 | 5240 |

9.81 KNm = 1.0 Tm; M in KNm (Limit Moment); As in mm$^2$

**Note :** 1. Clear cover to main reinforcement: 25mm minimum.

2. Tension in web neglected.

3. For design moment less than the tabulated value, area of steel is to be reduced in direct proportion.

## TABLE 54 : SHEAR CAPACITY OF CONCRETE

### (GRADE 20)

$A_c$ in mm$^2$

| $p_t$ (percent) | $A_c$ (mm$^2$) 30000 | 40000 | 50000 | 60000 | 70000 | 80000 | 90000 | 100000 | 120000 |
|---|---|---|---|---|---|---|---|---|---|
| 0.25 | 10.8 | 14.4 | 18.0 | 21.6 | 25.2 | 28.8 | 32.4 | 36.0 | 43.2 |
| 0.50 | 14.4 | 19.2 | 24.0 | 28.8 | 33.6 | 38.4 | 43.2 | 48.0 | 57.6 |
| 0.75 | 16.8 | 22.4 | 28.0 | 33.6 | 39.2 | 44.8 | 50.4 | 56.0 | 67.2 |
| 1.00 | 18.6 | 24.8 | 31.0 | 37.2 | 43.4 | 49.6 | 55.8 | 62.0 | 74.4 |
| 1.25 | 20.1 | 26.8 | 33.5 | 40.2 | 46.9 | 53.6 | 60.3 | 67.0 | 80.4 |
| 1.50 | 21.6 | 28.8 | 36.0 | 43.2 | 50.4 | 57.6 | 64.8 | 72.0 | 86.4 |
| 1.75 | 22.5 | 30.0 | 37.5 | 45.0 | 52.5 | 60.0 | 67.5 | 75.0 | 90.0 |
| 2.00 | 23.7 | 31.6 | 39.5 | 47.4 | 55.3 | 63.2 | 71.1 | 79.0 | 94.8 |
| 2.25 | 24.3 | 32.4 | 40.5 | 48.6 | 56.7 | 64.8 | 72.9 | 81.0 | 97.2 |
| 2.50 | 24.6 | 32.8 | 41.0 | 49.2 | 57.4 | 65.6 | 73.8 | 82.0 | 98.4 |
| 2.75 | 24.6 | 32.8 | 41.0 | 49.2 | 57.4 | 65.6 | 73.8 | 82.0 | 98.4 |
| 3.00 | 24.6 | 32.8 | 41.0 | 49.2 | 57.4 | 65.6 | 73.8 | 82.0 | 98.4 |

(Continued)

| $p_t$ (percent) | $A_c$ (mm$^2$) 140000 | 160000 | 180000 | 200000 | 250000 | 300000 | 350000 | 400000 | 450000 | 500000 |
|---|---|---|---|---|---|---|---|---|---|---|
| 0.25 | 50.4 | 57.6 | 64.8 | 72.0 | 90.0 | 108.0 | 126.0 | 144.0 | 162.0 | 180.0 |
| 0.50 | 67.2 | 76.8 | 86.4 | 96.0 | 120.0 | 144.0 | 168.0 | 192.0 | 216.0 | 240.0 |
| 0.75 | 78.4 | 89.6 | 100.8 | 112.0 | 140.0 | 168.0 | 196.0 | 224.0 | 252.0 | 280.0 |
| 1.00 | 86.8 | 99.2 | 111.6 | 124.0 | 155.0 | 186.0 | 217.0 | 248.0 | 279.0 | 310.0 |
| 1.25 | 93.8 | 107.2 | 120.6 | 134.0 | 167.5 | 201.0 | 234.5 | 268.0 | 301.5 | 335.0 |
| 1.50 | 100.8 | 115.2 | 129.6 | 144.0 | 180.0 | 216.0 | 252.0 | 288.0 | 324.0 | 360.0 |
| 1.75 | 105.0 | 120.0 | 135.0 | 150.0 | 187.5 | 225.0 | 262.5 | 300.0 | 337.5 | 375.0 |
| 2.00 | 110.6 | 126.4 | 142.2 | 158.0 | 197.5 | 237.0 | 276.5 | 316.0 | 355.5 | 395.0 |
| 2.25 | 113.4 | 129.6 | 145.8 | 162.0 | 202.5 | 243.0 | 283.5 | 324.0 | 364.5 | 405.0 |
| 2.50 | 114.8 | 131.2 | 147.6 | 164.0 | 205.0 | 246.0 | 287.0 | 328.0 | 369.0 | 410.0 |
| 2.75 | 114.8 | 131.2 | 147.6 | 164.0 | 205.0 | 246.0 | 287.0 | 328.0 | 369.0 | 410.0 |
| 3.00 | 114.8 | 131.2 | 147.6 | 164.0 | 205.0 | 246.0 | 287.0 | 328.0 | 369.0 | 410.0 |

$A_c$ in mm$^2$; $V_c$ in KN; $f_{ck}$ 20 N/mm$^2$

Note : Intermediate values may be linearly interpolated.

## TABLE 55 : STRENGTH OF SHEAR REINFORCEMENT

### (TWO LEG VERTICAL STIRRUPS 10MM DIAMETER)

$V_{us}$ in KN

$A_{sv}$ : 2 × 78.54 mm$^2$ $\quad$ $V_{us} = 0.87 f_y A_{sv} d/s_v$

| | Spacing of Stirrups in mm. ($S_v$) | | | | | | | | |
|---|---|---|---|---|---|---|---|---|---|
| 'd' mm | 80 | 100 | 150 | 200 | 250 | 300 | 350 | 400 | 450 |
| 150 | 106.34 | 85.07 | 56.71 | | | | | | |
| 200 | 141.78 | 113.43 | 75.62 | | | | | | |
| 250 | 177.23 | 141.78 | 94.52 | 70.89 | | | | | |
| 300 | 212.68 | 170.14 | 113.43 | 85.07 | 68.06 | | | | |
| 350 | 248.12 | 198.50 | 132.33 | 99.25 | 79.40 | 66.17 | | | |
| 400 | 283.57 | 226.85 | 151.24 | 113.43 | 90.74 | 75.62 | | | |
| 450 | 319.01 | 255.21 | 170.14 | 127.61 | 102.08 | 85.07 | 72.92 | | |
| 500 | 354.46 | 283.57 | 189.05 | 141.78 | 113.43 | 94.52 | 81.02 | 70.89 | |
| 550 | 389.91 | 311.92 | 207.95 | 155.96 | 124.77 | 103.97 | 89.12 | 77.98 | |
| 600 | 425.35 | 340.28 | 226.85 | 170.14 | 136.11 | 113.43 | 97.22 | 85.07 | |
| 650 | 460.80 | 368.64 | 245.76 | 184.32 | 147.46 | 122.88 | 105.33 | 92.16 | |
| 700 | 496.24 | 397.00 | 264.66 | 198.50 | 158.80 | 132.33 | 113.43 | 99.25 | |
| 750 | 531.69 | 425.35 | 283.57 | 212.68 | 170.14 | 141.78 | 121.53 | 106.34 | |
| 800 | 567.14 | 453.71 | 302.47 | 226.85 | 181.48 | 151.24 | 129.63 | 113.43 | |
| 850 | 602.58 | 482.07 | 321.38 | 241.03 | 192.83 | 160.69 | 137.73 | 120.52 | |
| 900 | 638.03 | 510.42 | 340.28 | 255.21 | 204.17 | 170.14 | 145.83 | 127.61 | |
| 950 | 673.47 | 538.78 | 359.19 | 269.40 | 215.51 | 179.59 | 153.94 | 134.69 | |
| 1000 | 708.92 | 567.14 | 378.09 | 283.57 | 226.85 | 189.05 | 162.04 | 141.79 | |

9.81 KN = 1.0T

TABLE 56 :

# STRENGTH OF SHEAR REINFORCEMENT

(BENT-UP BARS)

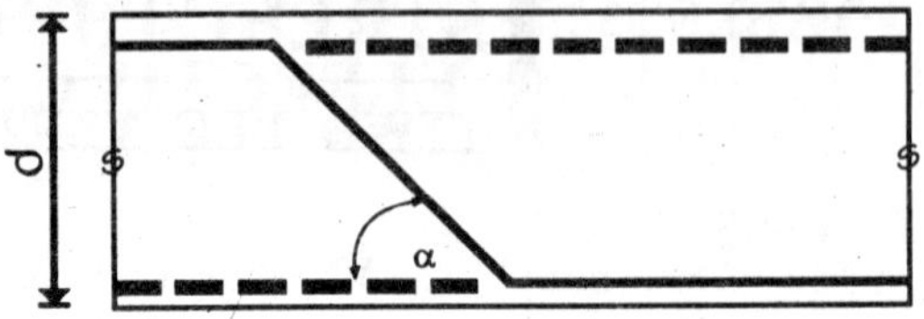


α = 45°

| Dia (mm) | Area (mm²) | Number of Bars Bent 1 | 2 | 3 | 4 |
|---|---|---|---|---|---|
| 12 | 113.10 | 28.87 | 57.75 | 86.62 | 115.50 |
| 16 | 201.06 | 51.33 | 102.66 | 153.99 | 205.33 |
| 18 | 254.47 | 64.97 | 129.93 | 194.90 | 259.86 |
| 20 | 314.16 | 80.21 | 160.41 | 240.62 | 320.82 |
| 22 | 380.13 | 97.05 | 194.10 | 291.14 | 388.19 |
| 25 | 490.87 | 125.32 | 250.64 | 375.96 | 501.28 |
| 28 | 615.75 | 157.20 | 314.40 | 471.61 | 628.81 |
| 32 | 804.25 | 205.33 | 410.65 | 615.98 | 821.30 |

α = 60°

| Dia (mm) | Area (mm²) | Number of Bars Bent 1 | 2 | 3 | 4 |
|---|---|---|---|---|---|
| 12 | 113.10 | 35.36 | 70.72 | 106.08 | 141.44 |
| 16 | 201.06 | 62.86 | 125.72 | 188.58 | 251.44 |
| 18 | 254.47 | 79.57 | 159.14 | 238.71 | 318.28 |
| 20 | 314.16 | 98.23 | 196.46 | 294.69 | 392.92 |
| 22 | 380.13 | 118.86 | 237.72 | 356.58 | 475.44 |
| 25 | 490.87 | 153.48 | 306.97 | 460.45 | 613.94 |
| 28 | 615.75 | 192.53 | 385.06 | 577.59 | 770.13 |
| 32 | 804.25 | 251.47 | 502.94 | 754.91 | 1005.89 |

9.81 KN = 1.0 T; $V_{vsin}$ KN; TOR 40; $f_y$ = 415 N/mm²

## TABLE 57 : RECOMMENDED CLEAR SPAN TO EFFECTIVE DEPTH RATIOS IN SLABS

| Percentage tension reinforcement ($p_t$) | Simply Supported TOR 40 | Continuous TOR 40 | Cantilever TOR 40 |
|---|---|---|---|
| 0.15 | 37.0 | 48.0 | 13.0 |
| 0.20 | 33.0 | 43.0 | 11.5 |
| 0.30 | 28.0 | 36.5 | 10.0 |
| 0.40 | 25.5 | 33.0 | 9.0 |
| 0.50 | 23.5 | 30.5 | 8.0 |
| 0.60 | 22.5 | 29.0 | 8.0 |
| 0.70 | 21.5 | 27.5 | 7.5 |
| 0.80 | 20.5 | 26.5 | 7.0 |
| 1.00 | 19.5 | 25.0 | 6.5 |
| 1.20 | 18.5 | 24.0 | 6.5 |
| 1.40 | 18.0 | 23.0 | 6.0 |

**Note :**
1. Values of span to effective depth ratios given in the above tables are for spans upto 10mm.
2. Mid-span reinforcement in case of simply supported/continuous cases and fixed end reinforcement in case of cantilevers to be considered to continue pt.
3. This table holds good for all grades of concrete.

## TABLE 58 : MINIMUM REINFORCEMENT IN SLABS

| Overall thickness (D) (mm) | Minimum Reinforcement Area ($mm^2$) | Minimum Reinforcement | | | | | |
|---|---|---|---|---|---|---|---|
| | | Choice 1 | | Choice 2 | | Choice 3 | |
| | | Dia (mm) | Spacing (mm) | Dia (mm) | Spacing (mm) | Dia (mm) | Spacing (mm) |
| 80 | 96 | 6 | 180 | — | — | — | — |
| 100 | 120 | 6 | 180 | 8 | 240 | — | — |
| 120 | 144 | 6 | 180 | 8 | 300 | — | — |
| 140 | 168 | 6 | 160 | 8 | 300 | — | — |
| 150 | 180 | 6 | 150 | 8 | 270 | 10 | 390 |
| 160 | 192 | 6 | 140 | 8 | 260 | 10 | 390 |
| 180 | 216 | 8 | 230 | 10 | 360 | 12 | 450 |
| 200 | 240 | 8 | 200 | 10 | 320 | 12 | 450 |
| 220 | 264 | 8 | 190 | 10 | 290 | 12 | 420 |
| 240 | 288 | 8 | 170 | 10 | 270 | 12 | 390 |
| 250 | 300 | 8 | 160 | 10 | 260 | 12 | 370 |

**Note :** 1. Clear cover for slabs : 15mm

2. Maximum spacing considered : 3 times effective depth.

TABLE 59 : **REINFORCEMENT FACTOR FOR SLABS**

**(PER METRE WIDTH OF SLABS)**

STEEL
TOR 40
($f_y$ = 415 N/mm²)
CONCRETE
All grades
(M15, M20 & M25)

$M_u$ in N-mm
$A_{st}$ in mm²
d in mm
Reinforcement factor = $A_{st}$/d

| $M_u$ / d² (N / mm)↓ | $f_{ck}$↓ (N / mm²) | 15 | TOR 40<br>20 | 25 | $M_u$ / d² (N / mm)↓ |
|---|---|---|---|---|---|
| 700 | | 2.06 | — | — | 700 |
| 740 | | 2.18 | 2.15 | 2.12 | 740 |
| 780 | | 2.31 | 2.27 | 2.24 | 780 |
| 820 | | 2.44 | 2.39 | 2.36 | 820 |
| 860 | | 2.56 | 2.51 | 2.48 | 860 |
| 900 | | 2.69 | 2.64 | 2.61 | 900 |
| 940 | | 2.82 | 2.76 | 2.73 | 940 |
| 980 | | 2.96 | 2.89 | 2.85 | 980 |
| 1020 | | 3.09 | 3.01 | 2.97 | 1020 |
| 1060 | | 3.22 | 3.14 | 3.09 | 1060 |
| 1100 | | 3.36 | 3.27 | 3.22 | 1100 |
| 1140 | | 3.50 | 3.40 | 3.34 | 1140 |
| 1180 | | 3.63 | 3.53 | 3.47 | 1180 |
| 1220 | | 3.77 | 3.66 | 3.59 | 1220 |
| 1260 | | 3.91 | 3.79 | 3.72 | 1260 |
| 1300 | | 4.06 | 3.92 | 3.85 | 1300 |
| 1340 | | 4.20 | 4.05 | 3.97 | 1340 |
| 1380 | | 4.34 | 4.19 | 4.10 | 1380 |
| 1420 | | 4.49 | 4.32 | 4.23 | 1420 |
| 1460 | | 4.64 | 4.46 | 4.36 | 1460 |
| 1500 | | 4.79 | 4.59 | 4.49 | 1500 |
| 1540 | | 4.94 | 4.73 | 4.62 | 1540 |
| 1580 | | 5.09 | 4.87 | 4.75 | 1580 |
| 1620 | | — | 5.01 | 4.88 | 1620 |
| 1660 | | — | — | 5.02 | 1660 |
| 1700 | | — | — | — | 1700 |
| 1740 | | — | — | — | 1740 |
| 1780 | | — | — | — | 1780 |
| 1820 | | — | — | — | 1820 |
| 1860 | | — | — | — | 1860 |

**TABLE 60 :**

# MOMENT CAPACITY

## (PER METRE WIDTH OF TWO-WAY SLABS)

$M_x$*, $M_y$* in KNm (Limit moment)

Steel : Tor 40
($f_{cy}$ = 415 N/mm²)

Concrete : M 20
($f_{ck}$ = 20 N / mm²)

| Reinforcement | | | Slab thickness (mm) | | | | | | |
|---|---|---|---|---|---|---|---|---|---|
| Dia (mm) | Spacing (mm) | | 100 | 120 | 150 | 180 | 200 | 220 | 250 |
| 6 | 100 | $M_x$ | 7.772 | 9.814 | 12.876 | 15.939 | 17.980 | 20.022 | — |
| | | $M_y$ | 7.159 | 9.201 | 12.264 | 15.326 | 17.368 | 19.410 | — |
| | 120 | $M_x$ | 6.560 | 8.261 | 10.813 | 13.366 | — | — | — |
| | | $M_y$ | 6.049 | 7.751 | 10.303 | 12.855 | — | — | — |
| | 150 | $M_x$ | 5.314 | 6.676 | 8.717 | — | — | — | — |
| | | $M_y$ | 4.906 | 6.267 | 8.309 | — | — | — | — |
| | 180 | $M_x$ | 4.466 | 5.600 | — | — | — | — | — |
| | | $M_y$ | 4.125 | 5.260 | — | — | — | — | — |
| | 200 | $M_x$ | 4.036 | — | — | — | — | — | — |
| | | $M_y$ | 3.729 | — | — | — | — | — | — |
| 8 | 100 | $M_x$ | 12.807 | 16.437 | 21.882 | 27.326 | 30.956 | 34.585 | 40.030 |
| | | $M_y$ | 11.355 | 14.985 | 20.430 | 25.874 | 29.504 | 33.134 | 38.578 |
| | 120 | $M_x$ | 10.936 | 13.960 | 18.497 | 23.035 | 26.059 | 29.084 | 33.621 |
| | | $M_y$ | 9.726 | 12.750 | 17.288 | 21.825 | 24.849 | 27.874 | 32.411 |
| | 150 | $M_x$ | 8.959 | 11.379 | 15.008 | 18.638 | 21.058 | 23.478 | 27.107 |
| | | $M_y$ | 7.991 | 10.411 | 14.040 | 17.670 | 20.090 | 22.510 | 26.139 |
| | 180 | $M_x$ | 7.583 | 9.599 | 12.624 | 15.649 | 17.665 | 19.681 | 22.706 |
| | | $M_y$ | 6.776 | 8.792 | 11.817 | 14.842 | 16.858 | 18.875 | 21.900 |
| | 200 | $M_x$ | 6.877 | 8.692 | 11.419 | 14.136 | 15.951 | — | — |
| | | $M_y$ | 6.151 | 7.966 | 10.688 | 13.410 | 15.225 | — | — |
| | 250 | $M_x$ | — | 7.029 | 9.207 | — | — | — | — |
| | | $M_y$ | — | 6.448 | 8.626 | — | — | — | — |
| | 300 | $M_x$ | — | 5.900 | — | — | — | — | — |
| | | $M_y$ | — | 5.416 | — | — | — | — | — |

* $M_x$ and $M_y$ are moment capacities along short and long spans respectively; 9.81 $KN_m$ = 1.0 $T_m$

# GUIDELINES FOR DETAILING OF MEMBERS

1. Development length of bars

All values in cm

| Bar Dia (mm) | Tension Bars TOR 40 | | | | Compression bars TOR 40 | | | |
|---|---|---|---|---|---|---|---|---|
| | Concrete grade | | | | Concrete grade | | | |
| | M 15 | M 20 | M 25 | M 30 | M 15 | M 20 | M 25 | M 30 |
| 6 | 34 | 29 | 25 | 23 | 28 | 24 | 20 | 19 |
| 8 | 46 | 38 | 33 | 30 | 37 | 31 | 27 | 24 |
| 10 | 57 | 47 | 41 | 38 | 46 | 38 | 33 | 31 |
| 12 | 68 | 57 | 49 | 46 | 55 | 46 | 40 | 37 |
| 16 | 91 | 76 | 65 | 61 | 73 | 61 | 52 | 49 |
| 18 | 102 | 85 | 73 | 68 | 82 | 68 | 59 | 55 |
| 20 | 113 | 94 | 81 | 76 | 91 | 76 | 65 | 61 |
| 22 | 125 | 104 | 89 | 83 | 100 | 84 | 72 | 67 |
| 25 | 141 | 118 | 101 | 94 | 113 | 95 | 81 | 76 |
| 28 | 158 | 132 | 113 | 106 | 127 | 106 | 91 | 85 |
| 32 | 181 | 151 | 129 | 121 | 145 | 121 | 104 | 97 |
| 36 | 203 | 170 | 145 | 136 | 163 | 136 | 116 | 109 |

2. Maximum and Minimum reinforcement in beams

| | Tension reinforcement w.r.t. gross sectional area (Min) | Tension or compression reinforcement area (Max) | Side face reinforcement w.r.t. gross area (D > 75 cm) (Min) | Shear reinforcement w.r.t. plan area (Min) |
|---|---|---|---|---|
| Tor 40 | 0.20% | 4.0% | 0.10% | 0.10% |
| Tor 50 | 0.16% | 4.0% | 0.10% | 0.10% |

Note : This table in applicable for all values of d/D

### 3. Guidelines for bar curtailment

| Member | Guidelines |
|---|---|
| (a) **Slabs :** | At least 50 per cent of tension reinforcement provided at midspan should extend to supports. The remaining 50 per cent can be curtailed at a distance of (0.1 × span) from the supports. |
| (b) **Simply Supported Beams :** | Curtailment of reinforcement in simply supported beams is not practical from codal restrictions. Hence it is preferable to extend all tension reinforcement at mid-span to the supports without curtailment. |
| (d) **Cantilever Beams :** | At least 50 percent of tension reinforcement provided at fixed end should continue over the enitre length. The remaining 50 percent of the reinforcement can be curtailed at a distance of (0.5 × span) from the fixed end, subject to the availability of development length at the fixed end. |
| (d) **Continuous Beams :** | (i) At least 20 percent of tension reinforcement over supports should continue through the spans. The remaining reinforcement can be curtailed at a distance of (0.28 × span) from the supports subject to the availability of development length at the supports.<br>(ii) At interior spans at least 25 percent of the tension reinforcement at midspan should extend to supports. The remaining 75 per cent can be curtailed at a distance of (0.15 × span) from the supports.<br>(iii) At end span all mid span reinforcement should extend to the exterior support without curtailment. |

**TABLE 14 :**

# PLATES

## (WEIGHTS OF 22 MM PLATES)

| Width b mm | 900 | 1000 | 1100 | 1200 | 1250 | 1400 | 1500 | 1600 | 1800 | 2000 | 2200 | 2500 |
|---|---|---|---|---|---|---|---|---|---|---|---|---|
| Length *l* mm | Weight in kg | | | | | | | | | | | |
| 2000 | 310.9 | 345.4 | 379.9 | 414.5 | 431.8 | 483.6 | 518.1 | 552.6 | 621.7 | 690.8 | 759.9 | 863.5 |
| 2200 | 341.9 | 379.9 | 417.9 | 455.9 | 474.9 | 531.9 | 569.9 | 607.9 | 683.9 | 759.9 | 835.9 | 949.8 |
| 2500 | 388.6 | 431.8 | 474.9 | 518.1 | 539.7 | 604.4 | 647.6 | 690.8 | 777.2 | 863.5 | 949.9 | 1079.4 |
| 2800 | 435.2 | 483.6 | 531.9 | 580.3 | 604.4 | 677.0 | 725.3 | 773.7 | 870.4 | 967.1 | 1063.8 | 1208.9 |
| 3200 | 497.4 | 552.6 | 607.9 | 663.2 | 690.8 | 773.7 | 829.0 | 884.2 | 994.8 | 1105.3 | 1215.8 | 1381.6 |
| 3600 | 559.5 | 621.7 | 683.9 | 746.1 | 777.2 | 870.4 | 932.6 | 994.8 | 1119.1 | 1243.4 | 1367.8 | 1554.3 |
| 4000 | 621.7 | 690.8 | 759.9 | 829.0 | 863.5 | 967.1 | 1036.2 | 1105.3 | 1243.4 | 1381.6 | 1519.8 | 1727.0 |
| 4500 | 699.4 | 777.2 | 854.9 | 932.6 | 971.4 | 1088.0 | 1165.7 | 1243.4 | 1398.9 | 1554.3 | 1709.7 | 1942.9 |
| 5000 | 777.2 | 863.5 | 949.8 | 1036.2 | 1079.4 | 1208.9 | 1295.2 | 1381.6 | 1554.3 | 1727.0 | 1899.7 | 2158.8 |
| 5600 | 870.4 | 967.1 | 1063.8 | 1160.5 | 1208.9 | 1354.0 | 1450.7 | 1547.4 | 1740.8 | 1934.2 | 2127.7 | 2417.8 |
| 6300 | 979.2 | 1088.0 | 1196.8 | 1305.6 | 1360.0 | 1523.2 | 1632.0 | 1740.8 | 1958.4 | 2176.0 | 2393.6 | 2720.0 |
| 7100 | 1103.6 | 1226.2 | 1348.8 | 1471.4 | 1532.7 | 1716.6 | 1839.3 | 1961.9 | 2207.1 | 2452.3 | 2697.6 | 3065.4 |
| 8000 | 1243.4 | 1381.6 | 1519.8 | 1657.9 | 1727.0 | 1934.2 | 2072.4 | 2210.6 | 2486.9 | 2763.2 | 3039.5 | 3454.0 |
| 9000 | 1398.9 | 1554.3 | 1709.7 | 1865.2 | 1942.9 | 2176.0 | 2331.4 | 2486.9 | 2797.7 | 3108.6 | 3419.5 | 3885.8 |
| 10000 | 1554.3 | 1727.0 | 1899.7 | 2072.4 | 2158.8 | 2417.8 | 2590.5 | 2763.2 | 3108.6 | 3454.0 | 3799.4 | 4317.5 |
| 11000 | 1709.7 | 1899.7 | 2089.7 | 2279.6 | 2374.6 | 2659.6 | 2849.6 | 3039.5 | 3419.5 | 3799.4 | 4179.3 | 4749.2 |
| 12500 | 1942.9 | 2158.8 | 2374.5 | 2590.5 | 2698.4 | 3022.2 | 3238.1 | 3454.0 | 3885.8 | 4317.5 | 4749.2 | 5396.9 |
| | Weight in kN | | | | | | | | | | | |
| 2000 | 3.05 | 3.39 | 3.73 | 4.06 | 4.23 | 4.74 | 5.08 | 5.42 | 6.70 | 6.77 | 7.45 | 8.47 |
| 2200 | 3.35 | 3.73 | 4.10 | 4.47 | 4.66 | 5.22 | 5.59 | 5.96 | 6.71 | 7.45 | 8.20 | 9.31 |
| 2500 | 3.81 | 4.23 | 4.66 | 5.08 | 5.29 | 5.93 | 6.35 | 6.77 | 7.62 | 8.47 | 9.32 | 10.58 |
| 2800 | 4.27 | 4.74 | 5.22 | 5.69 | 5.93 | 6.64 | 7.11 | 7.59 | 8.54 | 9.48 | 10.43 | 11.85 |
| 3200 | 4.88 | 5.42 | 5.96 | 6.50 | 6.77 | 7.59 | 8.13 | 8.67 | 9.75 | 10.84 | 11.92 | 13.55 |
| 3600 | 5.49 | 6.10 | 6.71 | 7.32 | 7.62 | 8.54 | 9.15 | 9.76 | 10.97 | 12.19 | 13.41 | 15.24 |
| 4000 | 6.10 | 6.77 | 7.45 | 8.13 | 8.47 | 9.48 | 10.16 | 10.84 | 12.19 | 13.55 | 14.90 | 16.94 |
| 4500 | 6.86 | 7.62 | 8.38 | 9.15 | 9.53 | 10.67 | 11.43 | 12.19 | 13.72 | 15.24 | 16.77 | 19.05 |
| 5000 | 7.62 | 8.47 | 9.31 | 10.16 | 10.59 | 11.86 | 12.70 | 13.55 | 15.24 | 16.94 | 18.63 | 21.17 |
| 5600 | 8.54 | 9.48 | 10.43 | 11.38 | 11.86 | 13.28 | 14.23 | 15.17 | 17.07 | 18.97 | 20.87 | 23.71 |
| 6300 | 9.60 | 10.67 | 11.74 | 12.80 | 13.34 | 14.94 | 16.00 | 17.07 | 19.21 | 21.34 | 23.47 | 26.67 |
| 7100 | 10.82 | 12.02 | 13.28 | 14.43 | 15.03 | 16.83 | 18.04 | 19.24 | 21.64 | 24.05 | 26.45 | 30.06 |
| 8000 | 12.19 | 13.55 | 14.90 | 16.26 | 16.94 | 18.97 | 20.32 | 21.68 | 24.39 | 27.10 | 29.81 | 33.87 |
| 9000 | 13.72 | 15.24 | 16.77 | 18.29 | 19.05 | 21.34 | 22.86 | 24.39 | 27.44 | 30.48 | 33.53 | 38.11 |
| 10000 | 15.24 | 16.94 | 18.63 | 20.32 | 21.17 | 23.71 | 25.40 | 26.98 | 30.48 | 33.87 | 37.26 | 42.34 |
| 11000 | 16.77 | 18.63 | 20.49 | 22.36 | 23.29 | 26.08 | 27.95 | 29.81 | 33.53 | 37.26 | 40.98 | 46.57 |
| 12500 | 19.05 | 21.17 | 23.29 | 25.40 | 26.46 | 29.64 | 31.75 | 33.87 | 38.11 | 42.34 | 46.57 | 52.93 |

TABLE 24 :

# RIVET GAUGE DISTANCES IN LEGS OF ANGLES

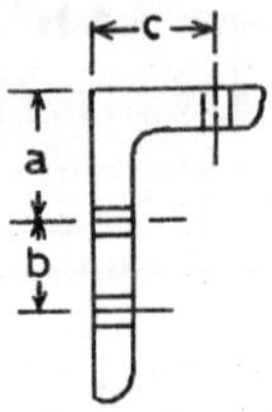


| Leg Size | Double Row of Rivets a | Double Row of Rivets b | Single Row of Rivets c | Maximum Rivet Size for Double Row of Rivets |
|---|---|---|---|---|
| mm | mm | mm | mm | mm |
| 200 | 75 | 85 | 115 | 27 |
| 150 | 55 | 65 | 90 | 22 |
| 130 | 50 | 55 | 80 | 20 |
| 125 | 45 | 55 | 75 | 20 |
| 115 | 45 | 50 | 70 | 12 |
| 110 | 45 | 45 | 65 | 12 |
| 100 | 40 | 40 | 60 | 12 |
| 95 | — | — | 55 | — |
| 90 | — | — | 50 | — |
| 80 | — | — | 45 | — |
| 75 | — | — | 40 | — |
| 70 | — | — | 40 | — |
| 65 | — | — | 35 | — |
| 60 | — | — | 35 | — |
| 55 | — | — | 30 | — |
| 50 | — | — | 28 | — |
| 45 | — | — | 25 | — |
| 40 | — | — | 21 | — |
| 35 | — | — | 19 | — |
| 30 | — | — | 17 | — |
| 25 | — | — | 15 | — |
| 20 | — | — | 12 | |

**TABLE 33 :**

# DOUBLE JOISTS WITH FLANGES BUTTING AND WELDED TOE TO TOE

## (FOR USING AS COLUMNS)

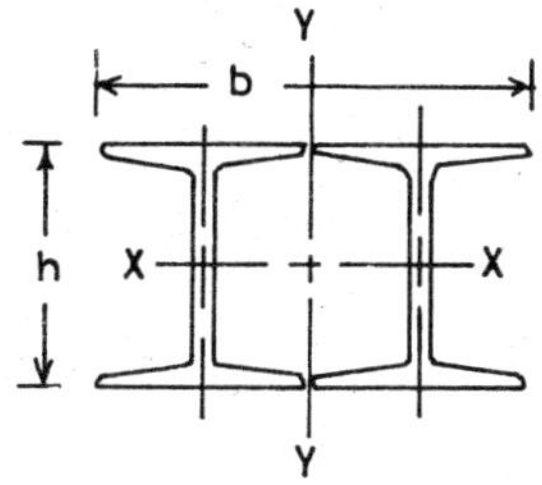


| Nominal Size | Composed of Two joists Each of the same size | | | Weight per Metre w | | Sectional Area | Moments of Inertia | | Moduli of Section | | Radii of Gyration | |
|---|---|---|---|---|---|---|---|---|---|---|---|---|
| $h \times b$ | Designation | w | | | | $a$ | $I_{xx}$ | $I_{yy}$ | $Z_{xx}$ | $Z_{yy}$ | $r_{xx}$ | $r_{yy}$ |
| mm mm | | kg | N | kg | N | cm$^2$ | cm$^4$ | cm$^4$ | cm$^3$ | cm$^3$ | cm | cm |
| 150 × 300 | ISHB 150 | 27.9 | 265.8 | 54.2 | 531.7 | 68.96 | 2911.2 | 4742.4 | 388.2 | 316.2 | 6.50 | 8.29 |
| 150 × 300 | ISHB 150 | 30.6 | 300.2 | 61.2 | 600.4 | 77.96 | 3080.0 | 5483.0 | 410.6 | 358.4 | 6.29 | 8.39 |
| 150 × 300 | ISHB 150 | 34.6 | 339.4 | 69.2 | 678.8 | 88.16 | 3271.2 | 6381.0 | 436.2 | 408.0 | 6.09 | 8.51 |
| 200 × 400 | ISHB 200 | 37.3 | 365.9 | 74.6 | 731.8 | 95.08 | 7216.8 | 11442.2 | 721.6 | 572.1 | 8.71 | 10.97 |
| 200 × 400 | ISHB 200 | 40.0 | 392.4 | 80.0 | 784.8 | 101.88 | 7443.6 | 12351.1 | 744.4 | 612.4 | 8.55 | 11.01 |
| 225 × 450 | ISHB 225 | 43.1 | 422.8 | 86.2 | 845.6 | 109.88 | 10559.0 | 16614.3 | 938.6 | 738.4 | 9.80 | 12.30 |
| 225 × 450 | ISHB 225 | 46.8 | 459.1 | 93.6 | 918.2 | 119.32 | 10957.6 | 18177.8 | 974.0 | 800.4 | 9.58 | 12.34 |
| 250 × 500 | ISHB 250 | 51.0 | 500.3 | 102.0 | 1000.6 | 129.92 | 15473.0 | 24222.6 | 1237.8 | 968.7 | 10.91 | 13.65 |
| 250 × 500 | ISHB 250 | 54.7 | 536.6 | 109.4 | 1073.2 | 139.42 | 15967.8 | 26104.2 | 1277.4 | 1037.7 | 10.70 | 13.69 |
| 300 × 500 | ISHB 300 | 58.8 | 576.8 | 117.6 | 1153.6 | 149.70 | 25090.4 | 27777.8 | 1672.6 | 1111.1 | 12.95 | 13.62 |
| 300 × 500 | ISHB 300 | 63.0 | 618.1 | 126.0 | 1236.1 | 160.50 | 25900.4 | 29934.0 | 1726.6 | 1188.8 | 12.70 | 13.66 |
| 350 × 500 | ISHB 350 | 67.4 | 661.2 | 134.8 | 1322.4 | 171.82 | 38319.4 | 31749.7 | 2189.7 | 1270.0 | 14.93 | 13.59 |
| 350 × 500 | ISHB 350 | 72.4 | 710.3 | 144.8 | 1420.5 | 184.42 | 39605.6 | 34253.1 | 2263.2 | 1360.3 | 14.65 | 13.63 |
| 400 × 500 | ISHB 400 | 77.4 | 759.3 | 154.8 | 1518.6 | 197.32 | 56167.0 | 36287.8 | 2808.4 | 1451.5 | 16.87 | 13.56 |
| 400 × 500 | ISHB 400 | 82.2 | 806.4 | 164.4 | 1612.8 | 209.32 | 57647.0 | 38665.9 | 2888.4 | 1537.4 | 16.61 | 13.59 |
| 450 × 500 | ISHB 450 | 87.2 | 855.4 | 174.4 | 1710.9 | 222.28 | 78421.6 | 40701.6 | 3485.4 | 1628.1 | 18.78 | 13.53 |
| 450 × 500 | ISHB 450 | 92.5 | 907.4 | 185.0 | 1814.8 | 235.78 | 80699.8 | 43374.0 | 3586.6 | 1724.6 | 18.50 | 13.56 |

# SI Units for Structural Engineers

The international system of units (Systeme Internationale d'Unites) commonly called SI, is being adopted all over the world as a uniform measurement system. While the complete transition from customary units to the SI system may take long time, the usage of SI units in the fields of engineering and science is proceeding rather rapidly. It is, therefore, necessary for the modern civil engineer to gain experience in using the SI system. The changeover from the now common MKS units to SI units is rather easy unlike the change over from FPS to MKS units.

The base and derived units for various categories of measurement are the following :

## TYPICAL BASIC UNITS

### 1. Length

The base unit of length is the metre (m), which together with the millimetre (mm) is used exclusively for geometrical quantities. Although the centimetre (cm) is a convenient quantity, its use is generally avoided in the SI system. The use of mm for section modulus and moment of inertia involves large numbers for the majority of common flexural members. This problem is resolved by listing properties of steel sections as section modulus$\times 10^3$ $mm^3$ and moment of inertia$\times 10^6$ $mm^4$. Very small sections, such as light gauge steel shapes may be listed as section modulus$\times mm^3$ and moment of inertia$\times 10^3$ $mm^4$.

### 2. Mass and Density

Mass is a basic quantity in the system. The base unit of mass is the kilogram (kg). The use of kg should not be confused with the metric force called kgf.

Quantities of material are generally measured in mass units rather than in weight or force units. Thus, the mass per length of a steel beam is expressed in kg/m, gravity floor loading in $kg/m^2$ and the mass of an object in kg. Mass density is given in $kg/m^3$. In contrast to weight units, these quantities do not depend upon the acceleration of gravity. Weight is not used deirectly in the SI system, but force is obviously caused by gravity acting on mass.

### 3. Force, Moment and Stress

The unit of force is the newton (N), which is the force required to give 1kg mass $1 m/s^2$ acceleration. Thus 1N is $1 kg.m/s^2$. The newton is a derived unit that is independent of the acceleration of gravity. A kilo-newton (1000 newtons) or kN, which is about 100 kgf, is a convenient quantity in structural analysis and design. If we take the acceleration of gravity to be 9.81 $m/s^2$ then a kg of mass exerts a force of 9.81 N on its support point.

The stress unit is newton per square metre ($N/m^2$) called pascal (Pa). This is a very small unit (1 $kg/cm^2$ approximates to 98100 Pa) and becomes practical only when used with a prefix (k or M). The most convenient

SI stress unit for structures is 1,000,000 Pa, the mega pascal or MPa, which is identical to $MN/m^2$ or $N/mm^2$. In SI units the modulus of steel is about 200,000 MPa.

Surface loadings has the unit of pressure or stress and may be expressed in Pascals. Common usage, however, dictates, its expression in $kN/m^2$ because their effects readily get converted into kN during structural analysis.

Moment is expressed in N.m or kN.m. These units are convenient since n.m is close to 10kg.cm and a kN.m is close to 1/10t.m.

## 4. Angle and Temperature

Plane angles are measured in radian (rad) but degrees are also used. Temperature in the SI system should be expressed in Kelvin (K) but degrees Celsius (°C) formerly called centigrade, is also permissible. Also, Kelvin and Celsius are equal for temperature changes.

# Conversion Factors for SI Units

**Rules to be observed in using SI Units.**

In using SI units certain rules and conventions are to be followed which are as noted below:

*(i)* Names of units, even when they are named after persons, are not written with first letter capital when written in the spelled form e.g. newton, joule, watt, etc.

*(ii)* The symbols for the units which are named after persons are written with capital first letter of the name, e.g. N for newton, J for joule, W for watt, etc.

*(iii)* The symbols for all other units are written in lower case (small letters), e.g. m for metre, s for second, kg for kilogram, etc.

*(iv)* A dot is inserted in the space between the symbols for the compound (or combined) units, e.g. N.m (for newton metre), kW-h (for kilowatt hour) etc.

*(v)* Numbers with more than three digits should be written in groups of three with narrow space in between consecutive groups. However, a sequence of four digits is usually not broken, e.g.

| | | | |
|---|---|---|---|
| 50000 | should be | written as | 50 000 |
| 72345.685 | should be | written as | 72 345.685 |
| 0.13579 | should be | written as | 0.135 79 |
| 9810 | may be | written as | 9 810 or 9810 |

*(vi)* The decimal multiples and sub-multiples of the units are formed by using the prefixes. The various prefixes and the corresponding symbols are given below:

| *Prefix* | *Symbol* | *Multiplying factor* |
|---|---|---|
| giga | G | $10^9$ |
| mega | M | $10^6$ |
| kilo | k | $10^3$ |
| milli | m | $10^{-3}$ |
| micro | μ | $10^{-6}$ |
| nano | n | $10^{-9}$ |

**Conversion factors commonly used**

(Standard Gravitational Acceleration = 9.80665 $m/s^2$)

| | *MKS To SI Units* | | |
|---|---|---|---|
| 1. Force/Load/Weight | 1 kgf (kg) | = | 9.80665 N |
| | 1 tonne (t) | = | 9.80665 kN |
| 2. Force/Load/Weight per Unit Length | 1 kgf/m | = | 9.80665 N/m |
| | 1 tf/m | = | 9.80665 kN/m |
| 3. Unit Weight | 1 $kgf/m^3$ | = | 9.80665 $N/m^3$ |
| 4. Stress/Pressure/Modulus of Elasticity | 1 $kgf/m^2$ | = | 9.80665 $N/m^2$ |
| | | = | 9.80665 Pa |
| | 1 $kgf/cm^2$ | = | 98066.5 $N/m^2$ |
| | | = | 98066.5 Pa |
| | | = | 98.0665 $kN/m^2$ |
| 5. Moment of Force/ Bending Moment /Torque | 1 kgf.m | = | 9.80665 N.m |
| | 1 kgf.cm | = | $98.0665 \times 10^{-3}$ N.m |
| | 1 tf.m | = | 9.80665 kg.m |

**Annexure III**

# CONVERSION TABLE

(KILOGRAMS-FORCE TO NEWTONS) **Based on1 kgf = 9.806 65 N**

| Kilo-grams. Force | 0 | 1 | 2 | 3 | 4 | 5 | 6 | 7 | 8 | 9 |
|---|---|---|---|---|---|---|---|---|---|---|
| | Newtons (N) | | | | | | | | | |
| 0 | 0 | 9.806 6 | 19.613 3 | 29.420 0 | 39.226 6 | 49.033 2 | 58.840 | 68.647 | 78.453 | 88.260 |
| 10 | 98.066 | 107.873 | 117.680 | 127.486 | 137.293 | 147.100 | 156.906 | 166.713 | 176.520 | 186.326 |
| 20 | 196.133 | 205.940 | 215.746 | 225.553 | 235.360 | 245.166 | 254.973 | 264.780 | 274.586 | 284.393 |
| 30 | 294.200 | 304.006 | 311.813 | 323.619 | 333.426 | 333.233 | 353.039 | 362.846 | 372.653 | 382.459 |
| 40 | 392.266 | 402.073 | 411.879 | 421.686 | 431.493 | 441.299 | 451.106 | 406.913 | 470.719 | 480.526 |
| 50 | 490.332 | 500.14 | 509.95 | 519.75 | 529.56 | 539.37 | 549.17 | 558.98 | 568.79 | 578.59 |
| 60 | 588.40 | 598.21 | 608.01 | 617.82 | 627.63 | 637.43 | 647.24 | 657.05 | 666.85 | 676.66 |
| 70 | 686.47 | 696.27 | 706.08 | 715.89 | 725.69 | 735.50 | 745.31 | 755.11 | 764.92 | 774.73 |
| 80 | 784.35 | 794.34 | 804.15 | 813.95 | 823.76 | 833.57 | 843.37 | 853.18 | 862.99 | 872.79 |
| 90 | 882.60 | 892.41 | 902.21 | 912.02 | 921.83 | 931.63 | 941.44 | 951.25 | 961.05 | 970.86 |
| 100 | 980.66 | 990.47 | 1000.28 | 1010.08 | 1019.89 | 1029.70 | 1039.50 | 1049.31 | 1059.12 | 1068.92 |
| 110 | 1078.73 | 1088.54 | 1098.34 | 1108.15 | 1117.96 | 1127.76 | 1137.57 | 1147.38 | 1157.18 | 1166.99 |
| 120 | 1176.80 | 1186.60 | 1196.41 | 1206.22 | 1216.02 | 1225.83 | 1235.64 | 1245.44 | 1255.25 | 1265.06 |
| 130 | 1274.86 | 1284.67 | 1294.48 | 1304.28 | 1314.09 | 1323.90 | 1333.70 | 1343.51 | 1353.32 | 1363.12 |
| 140 | 1372.93 | 1382.74 | 1392.54 | 1402.35 | 1412.16 | 1421.96 | 1431.77 | 1441.58 | 1451.38 | 1461.19 |
| 150 | 1471.00 | 1480.80 | 1490.61 | 1500.42 | 1510.22 | 1520.03 | 1529.84 | 1539.64 | 1549.45 | 1559.26 |
| 160 | 1569.06 | 1578.87 | 1588.68 | 1598.48 | 1608.29 | 1618.10 | 1627.90 | 1637.71 | 1647.52 | 1657.32 |
| 170 | 1667.13 | 1676.94 | 1686.74 | 1696.55 | 1706.36 | 1716.16 | 1725.97 | 1735.78 | 1745.58 | 1755.39 |
| 180 | 1765.20 | 1775.00 | 1784.81 | 1794.62 | 1804.42 | 1814.23 | 1824.04 | 1833.84 | 1843.65 | 1853.46 |
| 190 | 1863.26 | 1873.07 | 1882.88 | 1892.68 | 1902.49 | 1912.30 | 1922.10 | 1931.91 | 1941.72 | 1951.52 |
| 200 | 1961.33 | 1971.14 | 1980.94 | 1990.75 | 2000.56 | 2010.36 | 2020.17 | 2029.98 | 2039.78 | 2049.59 |
| 210 | 2059.40 | 2069.20 | 2079.01 | 2088.82 | 2098.62 | 2108.43 | 2118.24 | 2128.04 | 2137.85 | 2147.66 |
| 220 | 2157.46 | 2167.27 | 2177.08 | 2186.88 | 2196.69 | 2206.50 | 2216.30 | 2226.11 | 2235.92 | 2245.72 |
| 230 | 2255.53 | 2265.34 | 2275.14 | 2284.95 | 2294.76 | 2304.56 | 2314.37 | 2324.18 | 2333.98 | 2343.79 |
| 240 | 2353.60 | 2363.40 | 2373.21 | 2383.02 | 2392.82 | 2402.63 | 2412.44 | 2422.24 | 2432.05 | 2441.86 |
| 250 | 2451.66 | 2461.47 | 2471.28 | 2481.08 | 2490.89 | 2500.70 | 2510.50 | 2520.31 | 2530.12 | 2539.92 |
| 260 | 2549.73 | 2559.54 | 2569.34 | 2579.15 | 2588.96 | 2598.76 | 2608.57 | 2618.38 | 2628.18 | 2637.99 |
| 270 | 2647.80 | 2657.60 | 2667.41 | 2677.22 | 2687.02 | 2696.83 | 2706.64 | 2716.44 | 2726.25 | 2736.06 |
| 280 | 2745.86 | 2755.67 | 2765.48 | 2775.28 | 2785.09 | 2794.90 | 2804.70 | 2814.51 | 2824.32 | 2834.12 |
| 290 | 2843.93 | 2853.74 | 2863.54 | 2873.35 | 2883.16 | 2892.96 | 2902.77 | 2912.58 | 2922.38 | 2932.19 |

**(Annexure III Continued)**

| Kilo-grams. Force | 0 | 1 | 2 | 3 | 4 | 5 | 6 | 7 | 8 | 9 |
|---|---|---|---|---|---|---|---|---|---|---|
| | Newtons (N) | | | | | | | | | |
| 300 | 2942.00 | 2951.80 | 2961.61 | 2971.41 | 2981.22 | 2991.03 | 3000.83 | 3010.64 | 3020.45 | 3030.25 |
| 310 | 3040.06 | 3049.87 | 3059.67 | 3069.48 | 3079.29 | 3089.09 | 3098.90 | 3108.71 | 3118.51 | 3128.32 |
| 320 | 3138.13 | 3147.93 | 3157.74 | 3167.55 | 3177.35 | 3187.16 | 3196.97 | 3206.77 | 3216.58 | 3226.39 |
| 330 | 3236.19 | 3246.00 | 3255.81 | 3265.61 | 3275.42 | 3285.23 | 3295.03 | 3304.84 | 3314.65 | 3324.45 |
| 340 | 3334.26 | 3344.07 | 3353.87 | 3363.68 | 3373.49 | 3383.29 | 3393.10 | 3402.91 | 3412.71 | 3422.52 |
| 350 | 3432.33 | 3442.13 | 3451.94 | 3461.75 | 3471.55 | 3481.36 | 3491.17 | 3500.97 | 3510.78 | 3520.59 |
| 360 | 3530.39 | 3540.20 | 3550.01 | 3559.81 | 3569.62 | 3579.43 | 3589.23 | 3599.04 | 3608.85 | 3618.65 |
| 370 | 3628.46 | 3638.27 | 3648.07 | 3657.88 | 3667.69 | 3677.49 | 3687.30 | 3697.11 | 3706.91 | 3716.72 |
| 380 | 3726.53 | 3736.33 | 3746.14 | 3755.95 | 3765.75 | 3775.56 | 3785.37 | 3795.17 | 3804.98 | 3814.79 |
| 390 | 3824.59 | 3834.40 | 3844.21 | 3854.01 | 3863.82 | 3873.63 | 3883.43 | 3893.24 | 3903.05 | 3912.85 |
| 400 | 3922.66 | 3932.47 | 3942.27 | 3952.08 | 3961.89 | 3971.69 | 3981.50 | 3991.31 | 4001.11 | 4010.92 |
| 410 | 4020.73 | 4030.53 | 4040.34 | 4050.15 | 4059.95 | 4069.76 | 4079.57 | 4089.37 | 4099.18 | 4108.99 |
| 420 | 4118.79 | 4128.60 | 4138.41 | 4148.21 | 4158.02 | 4167.83 | 4177.63 | 4187.44 | 4197.25 | 4207.05 |
| 430 | 4216.86 | 4226.67 | 4236.47 | 4246.38 | 4256.09 | 4265.89 | 4275.70 | 4285.51 | 4295.31 | 4305.12 |
| 440 | 4314.93 | 4324.73 | 4334.54 | 4344.35 | 3454.15 | 4363.96 | 4373.77 | 4383.57 | 4393.38 | 4403.19 |
| 450 | 4412.99 | 4422.80 | 4432.61 | 4442.41 | 4452.22 | 4462.03 | 4471.83 | 4481.64 | 4491.45 | 4501.25 |
| 460 | 4511.06 | 4520.87 | 4530.67 | 4540.48 | 4550.29 | 4560.09 | 4569.90 | 4579.71 | 4589.51 | 4599.32 |
| 470 | 4609.13 | 4618.93 | 4628.74 | 4638.55 | 4648.35 | 4658.16 | 4667.97 | 4677.77 | 4687.58 | 4697.39 |
| 480 | 4707.19 | 4717.00 | 4726.81 | 4736.61 | 4746.42 | 4756.23 | 4766.03 | 4775.84 | 4785.65 | 4795.45 |
| 490 | 4805.26 | 4815.07 | 4824.87 | 4834.68 | 4844.49 | 4854.29 | 4864.10 | 4873.91 | 4883.71 | 4893.52 |
| 500 | 4903.32 | 4913.13 | 4922.94 | 4932.74 | 4942.55 | 4952.36 | 4962.16 | 4971.97 | 4981.78 | 4991.58 |
| 510 | 5001.4 | 5011.2 | 5021.0 | 5030.8 | 5040.6 | 5050.4 | 5060.2 | 5070.0 | 5079.8 | 5089.7 |
| 520 | 5099.5 | 5109.3 | 5119.1 | 5128.9 | 5138.7 | 5148.5 | 5158.3 | 5168.1 | 5177.9 | 5187.7 |
| 530 | 5197.5 | 5207.3 | 5217.1 | 5226.9 | 5236.8 | 5246.6 | 5256.4 | 5266.2 | 5276.0 | 5285.8 |
| 540 | 5295.6 | 5305.4 | 5315.2 | 5325.0 | 5334.8 | 5341.6 | 5354.4 | 5364.2 | 5374.0 | 5383.9 |
| 550 | 5393.7 | 5403.5 | 5413.3 | 5423.1 | 5432.9 | 5442.7 | 5452.5 | 5462.3 | 5472.1 | 5481.9 |
| 560 | 5491.7 | 5501.5 | 5511.3 | 5521.1 | 5531.0 | 5540.8 | 5550.6 | 5560.4 | 5570.2 | 5580.0 |
| 570 | 5589.8 | 5599.6 | 5609.4 | 5619.2 | 5629.0 | 5638.8 | 5648.6 | 5658.4 | 5668.2 | 5678.1 |
| 580 | 5687.9 | 5697.7 | 5707.5 | 5717.3 | 5727.1 | 5736.9 | 5746.7 | 5756.5 | 5766.3 | 5776.1 |
| 590 | 5785.9 | 5795.7 | 5805.5 | 5815.3 | 5825.2 | 5835.0 | 5844.8 | 5854.6 | 5864.4 | 5874.2 |
| 600 | 5884.0 | 5893.8 | 5903.6 | 5913.4 | 5923.2 | 5933.0 | 5942.8 | 5952.6 | 5962.4 | 5972.2 |

**(Annexure III Continued)**

| Kilo-grams. Force | 0 | 1 | 2 | 3 | 4 | 5 | 6 | 7 | 8 | 9 |
|---|---|---|---|---|---|---|---|---|---|---|
| | Newtons (N) | | | | | | | | | |
| 610 | 5982.1 | 5991.9 | 6001.7 | 6011.5 | 6021.3 | 6031.1 | 6040.9 | 6050.7 | 6060.5 | 6070.3 |
| 620 | 6080.1 | 6089.9 | 6099.7 | 6109.5 | 6119.3 | 6129.2 | 6139.0 | 6148.8 | 6158.6 | 6168.4 |
| 630 | 6178.2 | 6188.0 | 6197.8 | 6207.6 | 6217.4 | 6227.2 | 6237.0 | 6246.8 | 6256.6 | 6266.4 |
| 640 | 6276.3 | 6286.1 | 6295.9 | 6305.7 | 6315.5 | 6325.3 | 6335.1 | 6344.9 | 6354.7 | 6364.5 |
| 650 | 6374.3 | 6384.1 | 6393.9 | 6403.7 | 6413.5 | 6423.4 | 6433.2 | 6443.0 | 6452.8 | 6462.6 |
| 660 | 6472.4 | 6482.2 | 6492.0 | 6501.8 | 6511.6 | 6521.4 | 6531.2 | 6541.0 | 6550.8 | 6560.6 |
| 670 | 6570.5 | 6580.3 | 6590.1 | 6599.9 | 6609.7 | 6619.5 | 6629.3 | 6639.1 | 6648.9 | 6658.7 |
| 680 | 6668.5 | 6678.3 | 6688.1 | 6697.9 | 6707.7 | 6717.6 | 6727.4 | 6737.2 | 6747.0 | 6756.8 |
| 690 | 6766.6 | 6776.4 | 6786.2 | 6796.0 | 6805.8 | 6815.6 | 6825.4 | 6835.2 | 6845.0 | 6854.8 |
| 700 | 6864.7 | 6874.5 | 6884.3 | 6894.1 | 6903.9 | 6913.7 | 6923.5 | 6933.3 | 6943.1 | 6952.9 |
| 710 | 6962.7 | 6972.5 | 6982.3 | 6992.1 | 7001.9 | 7011.8 | 7021.6 | 7031.4 | 7041.2 | 7051.0 |
| 720 | 7060.8 | 7070.6 | 7080.4 | 7090.2 | 7100.0 | 7109.8 | 7119.6 | 7129.4 | 7139.2 | 7149.0 |
| 730 | 7158.9 | 7168.7 | 7178.5 | 7188.3 | 7198.1 | 7207.9 | 7217.7 | 7227.5 | 7237.3 | 7247.1 |
| 740 | 7256.9 | 7266.7 | 7276.5 | 7286.3 | 7296.1 | 7306.0 | 7315.8 | 7325.6 | 7335.4 | 7345.2 |
| 750 | 7355.0 | 7364.8 | 7374.6 | 7384.4 | 7394.2 | 7404.0 | 7413.8 | 7423.6 | 7433.4 | 7443.2 |
| 760 | 7453.1 | 7462.9 | 7472.7 | 7482.5 | 7492.3 | 7502.1 | 7511.9 | 7521.7 | 7531.5 | 7541.3 |
| 770 | 7551.1 | 7560.9 | 7570.7 | 7580.5 | 7590.3 | 7600.2 | 7610.0 | 7619.8 | 7629.6 | 7639.4 |
| 780 | 7649.2 | 7659.0 | 7668.8 | 7678.6 | 7688.4 | 7698.2 | 7708.0 | 7717.8 | 7727.6 | 7737.4 |
| 790 | 7747.3 | 7757.1 | 7766.9 | 7776.7 | 7786.5 | 7796.3 | 7806.1 | 7815.9 | 7825.7 | 7835.5 |
| 800 | 7845.3 | 7855.1 | 7864.9 | 7874.7 | 7884.5 | 7894.4 | 7904.2 | 7914.0 | 7923.8 | 7933.6 |
| 810 | 7943.4 | 7953.2 | 7963.0 | 7972.8 | 7982.6 | 7992.4 | 8002.2 | 8012.0 | 8031.8 | 8031.6 |
| 820 | 8041.5 | 8051.3 | 8061.1 | 8070.9 | 8080.7 | 8090.5 | 8100.3 | 8110.1 | 8119.9 | 8129.7 |
| 830 | 8139.5 | 8149.3 | 8159.1 | 8168.9 | 8178.7 | 8188.6 | 8198.4 | 8208.2 | 8218.0 | 8227.8 |
| 840 | 8237.6 | 8247.4 | 8257.2 | 8267.0 | 8276.8 | 8286.6 | 8296.4 | 8306.2 | 8316.0 | 8325.8 |
| 850 | 8335.7 | 8345.5 | 8355.3 | 8365.1 | 8374.9 | 8384.7 | 8394.6 | 8404.3 | 8414.1 | 8423.9 |
| 860 | 8433.7 | 8443.5 | 8453.3 | 8463.1 | 8472.9 | 8482.8 | 8492.5 | 8502.4 | 8512.2 | 8522.0 |
| 870 | 8531.8 | 8541.6 | 8551.4 | 8561.2 | 8571.0 | 8580.8 | 8590.6 | 8600.4 | 8610.2 | 8620.0 |
| 880 | 8629.9 | 8639.7 | 8649.5 | 8659.3 | 8669.1 | 8678.9 | 8688.7 | 8698.5 | 8708.3 | 8718.1 |
| 890 | 8727.9 | 8737.7 | 8747.5 | 8757.3 | 8767.1 | 8777.0 | 8786.8 | 8796.6 | 8806.4 | 8816.2 |
| 900 | 8826.0 | 8835.8 | 8845.6 | 8855.4 | 8865.2 | 8875.0 | 8884.8 | 8894.6 | 8904.4 | 8914.2 |
| 910 | 8924.1 | 8933.9 | 8943.7 | 8953.5 | 8963.3 | 8973.1 | 8982.9 | 8992.7 | 9002.5 | 9012.3 |
| 920 | 9022.1 | 9031.9 | 9041.7 | 9051.5 | 9061.3 | 9071.2 | 9081.0 | 9090.8 | 9100.6 | 9110.4 |
| 930 | 9120.2 | 9130.0 | 9139.8 | 9149.6 | 9159.4 | 9169.2 | 9179.0 | 9188.8 | 9198.6 | 9208.4 |

| Kilo-grams. Force | 0 | 1 | 2 | 3 | 4 | 5 | 6 | 7 | 8 | 9 |
|---|---|---|---|---|---|---|---|---|---|---|
| | Newtons (N) | | | | | | | | | |
| 940 | 9218.3 | 9228.1 | 9237.9 | 9247.7 | 9257.5 | 9267.3 | 9277.1 | 9286.9 | 9296.7 | 9306.5 |
| 950 | 9316.3 | 9326.1 | 9335.9 | 9345.7 | 9355.5 | 9365.4 | 9375.2 | 9385.0 | 9394.8 | 9404.6 |
| 960 | 9414.4 | 9424.2 | 9434.0 | 9443.8 | 9453.6 | 9463.4 | 9473.2 | 9483.0 | 9492.8 | 9502.6 |
| 970 | 9512.5 | 9522.3 | 9532.1 | 9541.9 | 9551.7 | 9561.5 | 9571.3 | 9581.1 | 9590.9 | 9600.7 |
| 980 | 9610.5 | 9620.3 | 9630.1 | 9639.9 | 9649.7 | 9659.6 | 9669.4 | 9679.2 | 9689.0 | 9698.8 |
| 990 | 9708.6 | 9718.4 | 9728.2 | 9738.0 | 9747.8 | 9757.6 | 9767.4 | 9777.2 | 9787.0 | 9796.0 |
| 1000 | 9806.6 | | | | | | | | | |

Note : 1. By simply shifting the decimal point to one place to the left, the above table can also be used for converting Kilograms force per square centimetre to kilonewtons per square metre.

For example, $1 kgf/cm^2 = 0.98066 kN/m^2$

2. By simply shifting the decimal point to two places to the left the above table can also be used for converting Kilograms force per square millimetre to meganewtons per square metre.

For example, $1 kgf/mm^2 = 0.098066\ MN/m^2$.

Annexure IV

# CONVERSION TABLE

(NEWTONS TO KILOGRAMS-FORCE) **Based on1 kgf = 9.806 65 N**

| Newt-ons | 0 | 1 | 2 | 3 | 4 | 5 | 6 | 7 | 8 | 9 |
|---|---|---|---|---|---|---|---|---|---|---|
| | Kilograms-force (kgf) | | | | | | | | | |
| 0 | 0 | 0.101 972 | 0.203 943 | 0.305 915 | 0.407 886 | 0.509 86 | 0.611 83 | 0.713 80 | 0.815 77 | 0.917 74 |
| 10 | 1.019 72 | 1.121 69 | 1.223 66 | 1.325 63 | 1.427 60 | 1.529 57 | 1.631 55 | 1.733 52 | 1.835 49 | 1.937 46 |
| 20 | 2.039 43 | 2.141 40 | 2.243 38 | 2.345 35 | 2.447 32 | 2.549 29 | 2.651 26 | 2.753 23 | 2.855 21 | 2.957 18 |
| 30 | 3.059 15 | 3.161 12 | 3.263 09 | 3.365 06 | 3.467 04 | 3.569 01 | 3.670 98 | 3.772 95 | 3.874 92 | 3.976 89 |
| 40 | .078 86 | 4.180 84 | 4.282 81 | 4.384 78 | 4.486 75 | 4.588 72 | 4.690 69 | 4.792 67 | 4.894 64 | 4.996 61 |
| 50 | 5.098 6 | 5.200 6 | 5.302 5 | 5.404 5 | 5.506 5 | 5.608 4 | 5.170 4 | 5.812 4 | 5.914 4 | 6.016 3 |
| 60 | 6.118 3 | 6.220 3 | 6.322 2 | 6.424 2 | 6.526 2 | 6.628 2 | 6.730 1 | 6.832 1 | 6.934 1 | 7.036 0 |
| 70 | 7.138 0 | 7.240 0 | 7.342 0 | 7.443 9 | 7.545 9 | 7.647 9 | 7.749 8 | 7.851 8 | 7.953 8 | 8.055 8 |
| 80 | 8.157 7 | 8.259 7 | 8.361 7 | 8.463 6 | 8.565 6 | 8.667 6 | 8.769 6 | 8.871 5 | 8.973 5 | 9.075 5 |
| 90 | 9.177 4 | 9.279 4 | 9.381 4 | 9.483 4 | 9.585 3 | 9.687 3 | 9.789 3 | 9.891 2 | 9.993 2 | 10.095 2 |
| 100 | 10.197 2 | 10.299 1 | 10.401 1 | 10.503 1 | 10.605 0 | 10.707 0 | 10.809 0 | 10.911 0 | 11.012 9 | 11.114 9 |
| 110 | 11.216 9 | 11.318 8 | 11.420 8 | 11.522 8 | 11.624 8 | 11.726 7 | 11.828 7 | 11.930 7 | 12.032 7 | 12.134 6 |
| 120 | 12.236 6 | 12.338 6 | 12.440 5 | 12.542 5 | 12.644 5 | 12.746 5 | 12.844 4 | 12.950 4 | 13.052 4 | 13.154 3 |
| 130 | 13.256 3 | 13.358 3 | 13.460 3 | 13.562 2 | 13.664 2 | 13.766 2 | 13.868 1 | 13.970 1 | 14.072 1 | 14.174 1 |
| 140 | 14.276 0 | 14.378 0 | 14.480 0 | 14.581 9 | 14.683 9 | 14.785 9 | 14.887 9 | 14.989 8 | 15.091 8 | 15.193 8 |
| 150 | 15.295 7 | 15.397 7 | 15.499 7 | 15.601 7 | 15.703 6 | 15.805 6 | 15.907 6 | 16.009 5 | 16.111 5 | 16.213 5 |
| 160 | 16.315 5 | 16.417 4 | 16.519 4 | 16.621 4 | 16.723 3 | 16.825 3 | 16.927 3 | 17.029 3 | 17.131 2 | 17.233 2 |
| 170 | 17.335 2 | 17.437 1 | 17.539 1 | 17.641 1 | 17.743 1 | 17.845 0 | 17.947 0 | 18.049 0 | 18.150 9 | 18.252 9 |
| 180 | 18.354 9 | 18.456 9 | 18.558 8 | 18.660 8 | 18.762 8 | 18.864 7 | 18.966 7 | 19.068 7 | 19.170 7 | 19.272 6 |
| 190 | 19.374 6 | 19.476 6 | 19.578 6 | 19.680 5 | 19.782 5 | 19.884 5 | 19.986 4 | 20.088 4 | 20.190 4 | 20.292 4 |
| 200 | 20.394 3 | 20.496 3 | 20.598 3 | 20.700 2 | 20.802 2 | 20.904 2 | 21.006 2 | 21.108 1 | 21.210 1 | 21.321 1 |
| 210 | 21.414 0 | 21.516 0 | 21.618 0 | 21.720 0 | 21.821 9 | 21.923 9 | 22.025 9 | 22.127 8 | 22.229 8 | 22.331 8 |
| 220 | 22.433 5 | 22.535 7 | 22.637 4 | 22.739 7 | 22.841 6 | 22.943 6 | 23.045 6 | 23.147 6 | 23.249 5 | 23.351 5 |
| 230 | 23.453 5 | 23.555 4 | 23.657 4 | 23.759 4 | 23.861 4 | 23.963 3 | 24.065 3 | 24.167 3 | 24.269 2 | 24.371 2 |
| 240 | 24.473 2 | 24.575 2 | 24.677 1 | 24.779 1 | 24.881 1 | 24.983 0 | 25.085 0 | 25.187 0 | 25.289 0 | 25.390 9 |
| 250 | 25.492 9 | 25.594 9 | 25.696 8 | 25.798 8 | 25.900 8 | 26.002 8 | 26.104 7 | 26.206 7 | 26.308 7 | 26.410 6 |
| 260 | 26.512 6 | 26.614 6 | 26.716 6 | 26.818 5 | 26.920 5 | 27.022 5 | 27.124 5 | 27.226 4 | 27.328 4 | 27.430 4 |
| 270 | 27.532 3 | 27.634 3 | 27.736 3 | 27.838 3 | 27.940 2 | 28.042 2 | 28.144 2 | 28.246 1 | 28.348 1 | 28.450 1 |
| 280 | 28.552 1 | 28.654 0 | 28.756 0 | 28.858 0 | 28.959 9 | 29.061 9 | 29.163 9 | 29.265 9 | 29.367 8 | 29.469 8 |
| 290 | 29.571 8 | 29.673 7 | 29.775 7 | 29.877 7 | 29.979 7 | 30.081 6 | 30.183 6 | 30.285 6 | 30.387 5 | 30.489 5 |

| Newt-ons | 0 | 1 | 2 | 3 | 4 | 5 | 6 | 7 | 8 | 9 |
|---|---|---|---|---|---|---|---|---|---|---|
| | Kilograms-force (kgf) | | | | | | | | | |
| 300 | 30.591 5 | 30.693 5 | 30.795 4 | 30.897 4 | 30.999 4 | 31.101 3 | 31.203 3 | 31.305 3 | 31.407 3 | 31.509 2 |
| 310 | 31.611 2 | 31.731 2 | 31.815 1 | 31.917 1 | 32.019 1 | 32.121 1 | 32.223 0 | 32.325 0 | 32.427 0 | 32.528 9 |
| 320 | 32.630 9 | 32.732 9 | 32.834 9 | 32.936 8 | 33.038 8 | 33.140 8 | 33.242 7 | 33.344 7 | 33.446 7 | 33.548 7 |
| 330 | 33.650 6 | 33.752 6 | 33.854 6 | 33.956 5 | 34.058 5 | 34.160 5 | 34.262 5 | 34.364 4 | 34.466 4 | 34.568 4 |
| 340 | 34.670 4 | 34.772 3 | 34.874 3 | 34.976 3 | 35.078 2 | 35.180 2 | 35.282 2 | 35.384 2 | 35.486 1 | 35.588 1 |
| 350 | 35.690 1 | 35.792 0 | 35.894 0 | 35.996 0 | 36.098 0 | 36.199 9 | 36.301 9 | 36.403 9 | 36.505 8 | 36.607 8 |
| 360 | 36.709 8 | 36.811 8 | 36.913 7 | 37.015 7 | 37.117 7 | 37.219 6 | 37.321 6 | 37.423 6 | 37.525 6 | 37.627 5 |
| 370 | 37.729 5 | 37.831 5 | 37.933 4 | 38.035 4 | 38.137 4 | 38.239 4 | 38.341 3 | 38.443 3 | 38.545 3 | 38.647 2 |
| 380 | 38.749 2 | 38.851 2 | 38.953 2 | 39.055 1 | 39.157 1 | 39.259 1 | 39.361 0 | 39.463 0 | 39.565 0 | 39.667 0 |
| 390 | 39.768 9 | 39.870 9 | 39.972 9 | 40.074 8 | 40.176 8 | 40.278 8 | 40.380 8 | 40.482 7 | 40.584 7 | 40.686 7 |
| 400 | 40.788 6 | 40.890 6 | 40.992 6 | 41.094 6 | 41.196 5 | 41.298 5 | 41.400 5 | 41.502 4 | 41.604 4 | 41.706 4 |
| 410 | 41.808 4 | 41.910 3 | 42.012 3 | 42.114 3 | 42.216 3 | 42.318 2 | 42.420 2 | 42.522 2 | 42.624 1 | 42.762 1 |
| 420 | 42.828 1 | 42.930 1 | 43.032 0 | 43.134 0 | 43.236 0 | 43.337 9 | 43.439 9 | 43.541 9 | 43.643 9 | 43.745 8 |
| 430 | 43.847 8 | 43.949 8 | 44.051 7 | 44.153 7 | 44.255 7 | 44.357 7 | 44.459 6 | 44.561 6 | 44.663 6 | 44.765 5 |
| 440 | 44.867 5 | 44.969 5 | 45.071 5 | 45.173 4 | 45.275 4 | 45.377 4 | 45.479 3 | 45.581 3 | 45.683 3 | 45.785 3 |
| 450 | 45.887 2 | 45.989 2 | 46.091 2 | 46.193 1 | 46.295 1 | 46.397 1 | 46.499 1 | 46.601 0 | 46.703 0 | 46.805 0 |
| 460 | 46.906 9 | 47.008 9 | 47.110 9 | 47.212 9 | 47.314 8 | 47.416 8 | 47.518 8 | 47.620 7 | 47.722 7 | 47.824 7 |
| 470 | 47.926 7 | 48.028 6 | 48.130 6 | 48.232 6 | 48.334 5 | 48.436 5 | 48.538 5 | 48.640 5 | 48.742 4 | 48.844 4 |
| 480 | 48.946 4 | 49.048 3 | 49.150 3 | 49.252 3 | 49.354 3 | 49.456 2 | 49.558 2 | 49.660 2 | 49.762 2 | 49.864 1 |
| 490 | 49.966 1 | 50.068 | 50.170 | 50.272 | 50.374 | 50.476 | 50.578 | 50.680 | 50.782 | 50.884 |
| 500 | 50.986 | 51.088 | 51.190 | 51.292 | 51.394 | 51.496 | 51.598 | 51.700 | 51.802 | 51.904 |
| 510 | 52.006 | 52.107 | 52.209 | 52.311 | 52.413 | 52.515 | 52.617 | 52.719 | 52.821 | 52.923 |
| 520 | 53.025 | 53.127 | 53.229 | 53.331 | 53.433 | 53.535 | 53.637 | 53.739 | 53.841 | 53.943 |
| 530 | 54.045 | 54.147 | 54.249 | 54.351 | 54.453 | 54.555 | 54.657 | 54.759 | 54.861 | 54.963 |
| 540 | 55.065 | 55.167 | 55.269 | 55.371 | 55.473 | 55.575 | 55.677 | 55.778 | 55.880 | 55.982 |
| 550 | 56.084 | 56.186 | 56.288 | 56.390 | 56.492 | 56.594 | 56.696 | 56.798 | 56.900 | 57.002 |
| 560 | 57.104 | 57.206 | 57.308 | 57.410 | 57.512 | 57.614 | 57.716 | 57.818 | 57.920 | 58.022 |
| 570 | 58.124 | 58.226 | 58.328 | 58.430 | 58.532 | 58.634 | 58.736 | 58.838 | 58.940 | 59.042 |
| 580 | 59.144 | 59.246 | 59.347 | 59.449 | 59.351 | 59.653 | 59.755 | 59.857 | 59.959 | 60.061 |
| 590 | 60.163 | 60.265 | 60.367 | 60.469 | 60.571 | 60.673 | 60.775 | 60.877 | 60.979 | 61.081 |
| 600 | 61.183 | 61.285 | 61.387 | 61.489 | 61.591 | 61.693 | 61.795 | 61.897 | 61.999 | 62.101 |
| 610 | 62.203 | 62.305 | 62.407 | 62.509 | 62.611 | 62.713 | 62.815 | 62.916 | 63.018 | 63.120 |

**(Annexure IV Continued)**

| Newtons | 0 | 1 | 2 | 3 | 4 | 5 | 6 | 7 | 8 | 9 |
|---|---|---|---|---|---|---|---|---|---|---|
| | Kilograms-force (kgf) | | | | | | | | | |
| 620 | 63.222 | 63.324 | 63.426 | 63.528 | 63.630 | 63.732 | 63.834 | 63.936 | 64.038 | 64.140 |
| 630 | 64.242 | 64.344 | 64.446 | 64.548 | 64.650 | 64.752 | 64.854 | 64.956 | 65.058 | 65.160 |
| 640 | 65.262 | 65.364 | 65.466 | 65.568 | 65.670 | 65.772 | 65.874 | 65.976 | 66.078 | 66.180 |
| 650 | 66.282 | 66.384 | 66.485 | 66.587 | 66.689 | 66.791 | 66.893 | 66.995 | 67.097 | 67.199 |
| 660 | 67.301 | 67.403 | 67.505 | 67.607 | 67.709 | 67.811 | 67.913 | 68.015 | 68.117 | 68.219 |
| 670 | 68.321 | 68.423 | 68.525 | 68.627 | 68.729 | 68.831 | 68.933 | 69.035 | 69.137 | 69.239 |
| 680 | 69.341 | 69.443 | 69.545 | 69.647 | 69.749 | 69.851 | 69.953 | 70.055 | 70.156 | 70.258 |
| 690 | 70.360 | 70.462 | 70.564 | 70.666 | 70.768 | 70.870 | 70.972 | 71.074 | 71.176 | 71.278 |
| 700 | 71.380 | 71.482 | 71.584 | 71.686 | 71.788 | 71.890 | 71.992 | 72.094 | 72.196 | 72.298 |
| 710 | 72.400 | 72.502 | 72.604 | 72.706 | 72.808 | 72.910 | 73.012 | 73.114 | 73.216 | 73.318 |
| 720 | 73.420 | 73.522 | 73.624 | 73.725 | 73.827 | 73.929 | 74.031 | 74.133 | 74.235 | 74.337 |
| 730 | 74.439 | 74.541 | 74.643 | 74.745 | 74.847 | 74.949 | 75.051 | 75.153 | 75.255 | 75.357 |
| 740 | 75.459 | 75.561 | 75.663 | 75.765 | 75.867 | 75.969 | 76.071 | 76.173 | 76.275 | 76.377 |
| 750 | 76.479 | 76.581 | 76.683 | 76.785 | 76.887 | 76.989 | 77.091 | 77.193 | 77.294 | 77.396 |
| 760 | 77.498 | 77.600 | 77.702 | 77.804 | 77.906 | 78.008 | 78.110 | 78.212 | 78.314 | 78.416 |
| 770 | 78.518 | 78.620 | 78.722 | 78.824 | 78.926 | 79.028 | 79.130 | 79.232 | 79.334 | 79.436 |
| 780 | 79.538 | 79.640 | 79.742 | 79.844 | 79.946 | 80.048 | 80.150 | 80.252 | 80.354 | 80.456 |
| 790 | 80.558 | 80.660 | 80.762 | 80.863 | 80.965 | 81.067 | 81.169 | 81.271 | 81.373 | 81.475 |
| 800 | 81.577 | 81.679 | 81.781 | 81.883 | 81.985 | 82.087 | 82.189 | 82.291 | 82.393 | 82.495 |
| 810 | 82.597 | 82.699 | 82.801 | 82.903 | 83.005 | 83.107 | 83.209 | 83.311 | 83.413 | 83.515 |
| 820 | 83.617 | 83.719 | 83.821 | 83.923 | 84.025 | 84.127 | 84.229 | 84.331 | 84.433 | 84.534 |
| 830 | 84.636 | 84.738 | 84.840 | 84.942 | 85.044 | 85.146 | 85.248 | 85.350 | 85.452 | 85.554 |
| 840 | 85.656 | 85.758 | 85.860 | 85.962 | 86.064 | 86.166 | 86.268 | 86.370 | 86.472 | 86.574 |
| 850 | 86.676 | 86.778 | 86.880 | 86.982 | 87.084 | 87.186 | 87.288 | 87.390 | 87.492 | 87.594 |
| 860 | 87.696 | 87.798 | 87.900 | 88.002 | 88.103 | 88.205 | 88.307 | 88.409 | 88.511 | 88.613 |
| 870 | 88.715 | 88.817 | 88.919 | 89.021 | 89.123 | 89.225 | 89.327 | 89.429 | 89.531 | 89.633 |
| 880 | 89.735 | 89.837 | 89.939 | 90.041 | 90.143 | 90.245 | 90.347 | 90.449 | 90.551 | 90.653 |
| 890 | 90.755 | 90.857 | 90.959 | 91.061 | 91.163 | 91.265 | 91.367 | 91.469 | 91.571 | 91.672 |
| 900 | 91.774 | 91.876 | 91.978 | 92.080 | 92.182 | 92.284 | 92.386 | 92.488 | 92.590 | 92.692 |
| 910 | 92.794 | 92.896 | 92.998 | 93.100 | 93.202 | 93.304 | 93.406 | 93.508 | 93.610 | 93.712 |
| 920 | 93.814 | 93.916 | 94.018 | 94.120 | 94.222 | 94.324 | 94.426 | 94.528 | 94.630 | 94.732 |
| 930 | 94.834 | 94.936 | 95.038 | 95.140 | 95.241 | 95.343 | 95.445 | 95.547 | 95.649 | 95.751 |

| Newtons | 0 | 1 | 2 | 3 | 4 | 5 | 6 | 7 | 8 | 9 |
|---|---|---|---|---|---|---|---|---|---|---|
| | Kilograms-force (kgf) | | | | | | | | | |
| 940 | 95.853 | 95.955 | 96.057 | 96.159 | 96.261 | 96.363 | 96.465 | 96.567 | 96.669 | 96.771 |
| 950 | 96.873 | 96.975 | 97.077 | 97.179 | 97.281 | 97.383 | 97.485 | 97.587 | 97.689 | 97.791 |
| 960 | 97.893 | 97.995 | 98.097 | 98.199 | 98.301 | 98.403 | 98.505 | 98.607 | 98.709 | 98.811 |
| 970 | 98.912 | 99.014 | 99.116 | 99.218 | 99.320 | 99.422 | 99.524 | 99.626 | 99.728 | 99.830 |
| 980 | 99.932 | 100.034 | 100.136 | 100.238 | 100.340 | 100.442 | 100.544 | 100.646 | 100.748 | 100.850 |
| 990 | 100.952 | 101.054 | 101.156 | 101.258 | 101.360 | 101.462 | 101.564 | 101.666 | 101.768 | 101.870 |
| 1000 | 101.972 | | | | | | | | | |

Note : 1. By simply shifting the decimal point to one place to the right, the above table can also be used for converting Kilonewtons per square metre to Kilogram force per square centimetre.

For example, $1 kN/m^2 = 1.01972 kgf/cm^2$

2. By simply shifting the decimal point to two places to the right, the above table can be used for converting mega newtons per square metre to Kilograms force per square millimetre.

For example, $1 MN/m^2 = 10.1972 kgf/mm^2$.

# Text Book of
# Computers for Hotel Management